蚊 MOSQUITOES

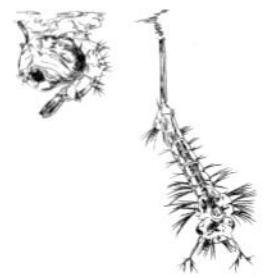

［第2版］

池庄司敏明──［著］

東京大学出版会

The Interface between
Mosquitoes and Humans
(Second Edition)
Toshiaki IKESHOJI
University of Tokyo Press, 2015
ISBN978-4-13-060229-7

はじめに

およそ40億年前の生命の起源を午前0時にたとえれば，ヒトは午後11時59分に誕生したことになる．そして最初の昆虫類は午後8時20分に生まれ，さらにカは午後10時ごろ発生したと考えられる．したがって，カとヒトとのかかわりは人類誕生以来であるといえる．カの親人性はこれからも人類滅亡まで続くのかもしれない．また，現在地球上には150万種の生物が知られており，それは全生存種のわずか5%にすぎないとされている．しかしこれだけの多様な種も，地球環境の変化によって，30年以内に25–50%は失われるという予測もある．いっぽう，カは現在3146種知られているが，この数は今までの新種発見ペースから考えて，まだ半分程度と予想されている．さらに，約60種の主要疾病媒介種に関するかぎり，環境や宿主動物への柔軟な適応性から考えて，ほかの生物種と同様に消滅するとはとても考えられないのである．

カとヒトとのかかわりについての研究は，基礎科学の分野では，カの酵素や遺伝物質分析による種の分化の研究やヒトの移動にともなって起こったカの分散の歴史的研究により，先史時代以来の関係が解明されつつある．いっぽう応用科学の分野では，カは疾病媒介昆虫として駆除の対象であり，また最近では，その優れた生理機能を利用したいという狙いも生じている．カが媒介する疾病にはマラリア，フィラリア，デング熱，出血性熱炎，黄熱，各種脳炎などがあり，現在でも世界人口の約2/3に当たる30億人は，人類最大の病気であるマラリアに脅かされているといわれている．第2次大戦後，約50年間の世界各国政府や国際保健機構（WHO）の努力で，DDTなどの残留噴霧により，カの駆除は一時的に成功した．ところが，それらは殺虫剤抵抗性のカの出現や環境汚染問題へ発展し，カ疾病は復活してきた．カが猛威をふるっているのは，とくに熱帯，亜熱帯の開発途上国で，そこは太陽光と降雨に恵まれた持続性農業と森林生産の最適地であり，また，炭酸ガスを吸収し酸素再生によって大気浄化を行うことができる最良の地でもある．こうした食糧生産と地球環境浄化地帯に住む人々の保健にかかわるカの駆除は大切で，殺虫剤に頼らない新駆除法の開発が必要となっている．現在カの新駆除法には，昆虫成長調節剤や誘引忌避物質，遺伝子工学による新病原微生物，遺伝的駆除法の継続，あらたな物理的駆除法などが考えられている．

いっぽう，昆虫の持つ多様な生理生態機能を人類の生活福祉に応用する機運も高まっている．なかでもカは，霊長類であるヒトに対して適応進化してきた昆虫だけに，ほかの昆虫にはみられない優れた機能を獲得している．たとえば，吸血宿主探索のための鋭敏な温度感覚器として，1対の寒度計測細胞と暖度計測細胞を持ち，それらはリアルタイムで作動する．また，炭酸ガス感覚器はバイオセンサーとして注目に価する．触角の集音構造と高感度聴覚器であるジョンストン器官の応用も考えられる．そして吸血のメカニズムは，無痛の微細注射器や組織採集ディバイスへの応用が試みられている．さらに，唾液のなかの抗凝血物質などは医薬として研究に価するであろう．

このように，カの新駆除法の開発および機能応用のいずれについても，その基礎となるカの生理生態学的，あるいは生化学的知識は不可欠であるといえる．本書が，カの研究者や関連領域の研究者にとって，それらの知識への指針となれば幸いである．また，カは私たちにとってもっとも身近な昆虫の1つで，蚊柱を眺めるにつけ，刺されたかゆみに憤怒するにつけ，なぜという素朴な疑問が起こる．本書は，そのような素朴な疑問にも，できるだけ平易に答えることができるように心がけたつもりである．

目　　次

・1・

人間とのかかわり

1.1　カ媒介疾病の政治社会史へのインパクト

カと人間とのかかわりは，ヒト *Homo sapiens sapiens* の歴史の初期段階ですでに始まっていた．狩猟採集時代に山野湖沼を駆けめぐった時代には，ヒトは日夜カの大群に襲われていたことが想像できる．そして紀元前8000年ごろ，河川流域に定着して農業を始めてからも，カによる疾病はますます悪化したと考えられ，現に新石器時代人はマラリアの病徴に悩まされていた証拠がある．さらに数千年を経て中国，エジプト，メソポタミア河口へ人口が集中すると，媒介害虫とともに，食糧生産に結びつく農作害虫にも注目が集まるようになった．まず収穫から次期収穫までの貯穀には，種々の貯穀害虫が問題となった．事実，ツタンカーメン（紀元前1350年ごろ）はコナナガシンクイ，タバコシバンムシ，ノコギリヒラタムシ，コクヌストモドキなどに殺虫剤の使用を含めた行政指導をしている．のちのギリシヤ，ローマ帝国時代にも植物油などの忌避剤が噴霧されたことが知られている．またバッタも作物の大害虫で，その被害記録は枚挙に暇がない．

カ疾病に関する多くのエピソードも，たんなる憶測だけでなく史実に基づき，しかも世界史に登場する偉人英雄の死を招き，政治社会史を大きく変えている．たとえばギリシヤの黄金時代は屈強な若者によって築かれたが，マラリアによる死は代替えに多数の奴隷を必要とした．またアレキサンダー大王もマラリアに罹患し，インドから東方への進出をあきらめざるをえなかった．いっぽう紀元1世紀から476年まで続いた大ローマ帝国も，ノミ，シラミ，ダニなどの害虫媒介病にたびたび見舞われている．さらに中世期に入って，英国でもクロムウエル，ジェイムスI世はマラリアで死亡し，ローマの湖沼は“mal aria”（悪い空気）で満ちみちていた．またマラリアと同じくカによって媒介される黄熱は，奴隷貿易でアフリカから南アメリカへ持ち込まれ，アメリカ大陸の開発に多年月を必要とした理由となっている（Harwood and James, 1979）．

カの害は最初は目にみえる形の害，すなわち単純な吸血害虫としてとらえられていたが，そのうち疾病媒介害虫との因果関係について薄々感づかれるようになった．たとえばヒポクラテスは，紀元前400年ごろマラリアを高熱，悪寒，発汗の熱病と理解していたし，ピタゴラスの弟子エンペドクルは，河川の流路を変えて，シシリアのセリナスの町からマラリアの被害を回避している．また稲作は中世紀アラブ人によって欧州へもたらされたが，水田でカが発生するため，キリスト教信者には歓迎されなかった．スペインでは1342年にアラゴン王ペーターII世は町周辺でのイネ栽培を禁止し，さらに流行病と人口の減少を理由に1404年マーチン王が，また1483年にはアーロンゾ王が違反者を死刑とした．その後19世紀まで，食糧のコメとカ疾病のジレンマに陥っている（Najera, 1988）．アメリカインディアンでさえも，1200年ごろニューメキシコ州ミンブルに，ヒトを襲うカの大群を描いた焼物皿を残している．

のちに顕微鏡の発達で病原微生物が確認分離されたが，それまでは市井の通説や経験からヒントを得た研究業績が多い．たとえば1848年，ジョシアノットはカとマラリアや黄熱の関係を主張し，1854年には西インド諸島のフランス外科医ボーペルチは，「脚に白斑を持ったカがヒトを刺咬し，腐食有機物の毒を注入する」と考えていた．

疾病と媒介カの因果関係が実証され，医昆虫学の基礎が築かれ始めたのは，レーウェンフーク（1632–1723）の顕微鏡発明（当時，すでに使用されており，彼は改良しただけとも伝えられる）からで，それ以後次々と病原微生物が目にみえる時代になった．しかし，実際に医昆虫学の基礎が固められたのは1877年，パスツールが病原体説を唱えてからである．さらに1930年代になると，限外濾過を必要とするウイルスが登場し，ウシの口蹄病からヒントを得て，1911年にキャロルとアグラモンテは，黄熱ウイルスを分離した．1869年，イギリスの医学者ルイスはインドでミクロフィラリアを発見し，続いて1877年にはマンソンがネッタイイエカ *Culex pipiens fatigans* の体内で，バンクロフト糸状虫 *Wuchereria bancrofti* の発育を認めた．1880年にラベランはヒトの赤血球中にマラリア原虫を発見した．以後パナマ運河開削などの大土木事業や大戦，天災飢饉のたびに，カの媒介伝染病は多数の犠牲者を出し，それを契機に医昆虫学はさらに発展してきた．この過程の一部は栗原（1975）にもわかりやすく書かれている．表1.1はパナマ運河開削以

表1.1 カ媒介疾病に関する歴史的発見

1850–55		カ媒介病でパナマ運河開削難工事となる
1874	Zeidler	DDT 合成
1882	Howard	カの駆除にケロシンを使用
1897	Ross (1857–1931)	ヒトマラリア原虫の *Anopheles* 体内での観察
1898	Ross	ヒトマラリアの *Culex* による媒介
1898	Grassi, Bignami, Bastianelli	ヒトマラリア原虫の *Anopheles* 体内での発育サイクル確認
1900	Manson (1844–1922)	*Anopheles* による患者からのマラリア感染実験
1900	Reed, Carroll, Lazear, Agramonte	1881年のFinleyの説に基づき，*Aedes aegypti* による黄熱病媒介実証
1902	Graham	カによるデング熱媒介を実証
1907	Ashbury, Craig	デング熱媒介カを *Ae. aegypti* と同定
1931	Meyer, Haring, Howitt	西部馬脳炎ウイルス分離
1933	Giltner, Shaban	東部馬脳炎ウイルス分離
1933	Muckenfuss, Armstrong, McCordoc	セントルイス脳炎ウイルス分離
1933	Kelser (1892–1952)	*Ae. aegypti* による西部馬脳炎媒介実証
1934	Hayashi	日本脳炎ウイルス分離
1937	Mitamura	*Culex pipiens pallens*, *Cx. tritaeniorhynchus* 媒介実証
1940	DeMeillon, Ross, Rusell	マラリア駆除の殺虫剤の残留噴霧提唱
1941	Hammon	*Cx. tarsalis* から西部馬脳炎ウイルス分離
1948	Müller	DDT の殺虫効力発見(1939年)でノーベル賞受賞
1948	WHO	世界的規模でマラリア駆除プログラム開始

Philip and Rozeboom, 1973 から抜粋，一部ほかから付加．

後のカ疾病に関する歴史的発見を Philip and Rozeboom（1973）の年表から抜粋し，さらにほかの文献から付加しまとめたものである．

1.2　最近のカの研究動向

社会のニーズによって学問研究には栄枯盛衰があり，近年とくにその傾向が強い．その傾向を知る一方法は最近の研究出版物の数を調査してみることである．そこで表1.2に過去18年間の世界の昆虫に関する論文数を示した．これは世界の著名な関係雑誌5000誌から収録している *Entomological Abstracts* から算出したものである．収録論文著者数は1974年の1万400から1991年には1万3600に増加している．実際には収録されない雑誌論文があり，とくに新雑誌についてそうであるから，論文著者数はもっと増加しているであろう．そのなかで日本人の著者割合は3%から6%程度へ倍増している．これは日本における昆虫研究者数の増加と，研究費の増加による研究活動の活性化によると考えられる．そこで昆虫研究者数と予算は，自然科学領域総研究者数と予算に比例するとみなし比較してみる．この表では日本総研究者数は大学，研究機関の実験補助員，技能員を含み（昆虫の研究発表はもっぱら公共機関が多いので），総研究予算は給料を含む．ほぼ同期間の1975

表1.2　世界の昆虫研究者の出版活動[1)]と日本の研究予算[2)]

年　次	1974	1978	1982	1984	1986	1988	1991	1992 (3月まで)
世界の昆虫論文著者数(千人)	10.4	11.1	12.1	12.4	13.3	14.5	13.6	2.6
日本人論文著者割合(%)	3.0	3.7	2.6	4.5	6.1	5.5	4.7	7.8

年　次	1970	1975	1980	1985	1988	1989	1990
日本総研究者数(千人)	276	337	293	335	357	365	374
(会社を含む)	527	655	625	763	841	868	906
日本総研究予算(百億円)	44	113	192	176	334	341	359
(会社を含む)	107	272	458	789	984	1063	1182
予算/人(百万円)	1.6	3.3	6.6	8.2	9.4	9.3	9.6
(会社を含む)	2.0	4.2	7.3	10.4	11.7	12.2	13.0

1)　*Entomological Abstracts, Cambridge Scientific Abstracts, Bethesda, USA* から作成．
2)　『第14回日本統計年鑑』（総務庁統計局編，1991）から作成．

年から1990年に，研究者数は1.1倍にしか増加していないが，総予算は4.3倍に，1人当たりの予算は2.9倍に増加している．予算の増額は大部分，給料のベースアップに回ったと考えられるが，研究者数の微増にもかかわらず，日本人論文の割合が倍増したことは特筆すべき事柄である．

カについての研究動向を知るため，世界の昆虫論文数と，カの種類ごとの論文数を表1.3に示す．昆虫論文数は微増しかしていないが，さきの著者数は40%程度増加していた．このことは1論文当たりの著者数が多くなったことを意味している．すなわち世界的には，昆虫研究者が増加していることを意味している．昆虫に対するカの論文比は，3.1から5.1まで変動しているが，ほぼ一定の傾向にある．ヤブカ属 *Aedes*，ハマダラカ属 *Anopheles*,

表1.3　世界の昆虫論文数と各種カの論文数[1)]

年　次	1974	1978	1982	1984	1986	1988	1991	1992 (3月まで)
昆虫論文数	8167	9100	9504	9174	9900	9850	8800	2550
カの論文比(%)	5.1	3.1	5.0	3.7	3.8	3.8	3.4	—
Aedes 不明種	—	25	16	9	10	11	16	—
Ae. aegypti	—	44	70	67	61	62	41	—
Ae. albopictus	—	8	18	11	10	24	10	—
他種論文数/他種数	—	57/33	113/54	92/51	95/51	63/31	26/21	—
全論文数/全種数	165	134/35	217/56	179/53	179/53	161/33	93/23	—
Anopheles 不明種	—	19	14	7	6	22	22	—
An. albimanus	—	5	4	7	6	7	4	—
An. arabiensis	—	0	3	1	4	2	5	—
An. culicifacies	—	2	12	5	7	3	1	—
An. gambiae	—	3	4	3	3	13	13	—
An. quadrimaculatus	—	2	5	3	8	10	5	—
An. stephensi	—	9	24	13	13	13	16	—
他種論文数/他種数	—	27/18	68/41	38/23	42/33	38/20	41/27	—
全論文数/全種数	112	62/24	134/47	77/29	89/39	108/26	107/33	—
Culex 不明種	—	18	6	9	4	11	10	—
Cx. p. pipiens	—	27	30	23	21	27	24	—
Cx. quinquefasciatus	—	11	36	23	36	33	22	—
Cx. tarsalis	—	5	9	6	13	8	7	—
他種論文数/他種数	—	23/9	41/25	20/14	38/18	27/16	28/21	—
全論文数/全種数	137	85/12	127/28	81/17	113/21	108/19	95/24	—

1）*Entomological Abstracts, Cambridge Scientific Abstracts, Bethesda, USA* から作成．

イエカ属 *Culex* それぞれに関する論文数，扱った全カ種数にも増減傾向はない．つまり過去20年間にとくに問題提起した種，あるいは駆除しつくされ研究対象からはずされた種はなかったといえる．ヤブカは自然界では914種存在するが，論文に現われた種の年平均数は42.2種で，4.6%が研究対象となっている．さらにハマダラカは377種存在し，論文掲載種数は33種で8.8%が，イエカでは744種が存在し，論文掲載数は20.2種で2.7%が研究対象となっている．すなわちヤブカは地域種が多く，世界的に種類数が多い．ハマダラカは他種と比較し1/2–1/3と少ないが，世界最大の疾病マラリアを媒介し，地域により媒介種が異なるので研究種割合は当然高くなる．

さらに各属の代表種について考察してみると，まずヤブカ属に関する全論文のうち，35.7%がネッタイシマカ *Ae. aegypti* に関する論文である．その理由は，デング熱，黄熱病の媒介種で分布域が世界的規模であり，また乾燥卵として保存でき，昼間活動性で吸血意欲の高い好実験材料種であることによる．ハマダラカ属については前述のように各地域でそれぞれ重要媒介種が異なるので，論文掲載種は分散している．*Anopheles stephensi* についての論文が相対的に多いのは，飼育方法が簡単で大量飼育ができるからであろう．イエカ属の論文については，*Cx. p. pipiens* とネッタイイエカ *Cx. quinquefasciatus*（*Cx. p. fatigans*）で，それぞれ23.8%，25.2%である．これに *Cx. tarsalis*，コガタアカイエカ *Cx. tritaeniorhynchus* を加算すると4種で70–75%に達する．これらの種は人家付近で発生し，脳炎ウイルスやフィラリアを媒介する汎地球種である．

以上のカ研究論文の出版傾向は，カ駆除の必要性から，将来も疾病媒介種について多くの研究がなされることを示している．

1.3　地球温暖化とカの分布拡大

人間活動の活性化にともなう地球温暖化は，カ疾病の分布拡大をもたらす可能性があり無縁ではない．本節では温暖化によるカの発育促進，日本での分布限界の北進，世界での分布拡大について予測してみる．

地表面は吸収した太陽光エネルギーの一部を熱放射する．大気中の「温室効果ガス」は赤外線を吸収し，地表面へ向かっても再放射するので，地表面の温度はより高温となる．これが温室効果である（東京農工大学農学部生物圏環境科学専修編集委員会，1992）．温室効果ガスには炭酸ガス，メタン，亜酸化窒素，フロン，対流圏オゾンが考えられ，オゾンを除くそれぞれの地球温暖化ポテンシャル（炭酸ガスと比較して等分子数が起こす温室効果）は21倍，206倍，1万2000–1万3000倍である．したがって，人間活動によるわずかな増加も温暖化を促進する．19世紀末，すでにスウェーデンの科学者アレニウスは，大気中の炭酸ガス濃度が倍加すれば地表温度は4–6℃上昇すると計算している．いっぽう，スクリプス海洋学研究所のレヴエルは，ハワイのマウナロア天候観測所で高度3700 mの炭酸ガス濃度を1957年から測定し始めており，1880年に290 ppmであったものが，1989年には352 ppmに増加していると報告した．すなわち，わずか1世紀の間に20%増加していたのである．とくに増加傾向は加速しており，21世紀の中ごろには倍加すると予想されている．計算モデルにより異なるが，炭酸ガス濃度が倍加すれば平均地球温度は1℃ないし5℃上昇すると計算されている（White, 1990；Jones and Wigley, 1990）．しかし気温上昇度は緯度により異なり，北極では13℃，赤道では2℃である．

（1）　カの発育ゼロ点と有効積算温度

桐谷（1991）は，気温上昇が日本における食植性昆虫の分布に与える影響について予測している．すなわち気温上昇にともなう食植性昆虫の北限の北上は，まず食物となる植物の移動が前提となる．気候の温暖化速度と同調して自然植物が北上するには，1年に4–6 kmの速度で移動する必要があるが，古生物学的な花粉分析によると0.05–2.0 kmの速度でしか移動できない．そこで植物の限界域に生息する自然昆虫は，温暖化速度と植物の移動速度の違いの影響を受ける．ところが，人間が運ぶ栽培植物と害虫の関係では話が違う．イネの例では，気温2℃の上昇で栽培期間は日本各地で20–35日長くなり，北海道でも25日早植できる．このことは水田からのコガタアカイエカの発生時期を早め，数も増大させるであろう．

カは動物吸血性で植生とは直接関係なく，カ自体の発育可能温度と日長だけを考慮すればよいので，分布拡大はより簡単に推測できる．いま気温 T ℃ における昆虫の発育日数を Y，T_0 を発育ゼロ点（発育限界温度），k を有効積算温度とすると，$Y(T-T_0)=k$ の法則がある．

カの幼虫は致死温度以上ならなんとか発育する．熱帯産のカである *An. quadrimaculatus, An. subpictus, An. stephensi, An. culicifacies* は10℃ で，ネッタイシマカ *Ae. aegypti* は8℃ で致死するが（Clements, 1963），温寒帯のカでは，*Cs. morsitans, Ae. flavescens, Wy. smithii*，ネッタイイエカ，*An. lesteri, An. walkeri* などは氷水のなかでも生存する．実際，室内飼育あるいは自然界での発育記録から計算すると，表1.4のように熱帯種であるネ

表1.4　各種カの臨界発育温度（T_0）と有効積算温度（k）（幼虫/さなぎ）

種	T(℃)	T_0(℃)	k	種	T(℃)	T_0(℃)	k
Ae. aegypti[1)]	16	13.3	92	*Cx. tarsalis*	17	10.0*	112
	20	13.3	118	（カリフォルニア 35°N）	31	10.0	168
	22	13.3	122	（カリフォルニア 35°N）[4)]	16	10.0	132
	24	13.3	119		21	10.0	147
	30	13.3	115		27	10.0	152
	32	13.3	119	（ウイニペグ 50°N）[5)]	15	10.0	173
	34	13.3	143		20	10.0	182
	36	13.3	161		25	10.0	192
Ae. albopictus[2)]	14	12.0*	115	*Cx. restuans*[6)]	15	10.0	110
(South Bend；42°N)	18	12.0	160	（ウイニペグ 50°N）	20	10.0	116
	25	12.0	135		25	10.0	122
	30	12.0	140	（オンタリオ 45°N）	15	10.0	133
Ae. impiger[3)]		1.1	167		20	10.0	143
Ae. nigripes		1.1	167		25	10.0	128
Ae. punctor		3.3	144	*Cs. inornata*[5)]	15	10.0	119
Ae. communis		3.3	178	（ウイニペグ 50°N）	20	10.0	206
Ae. hexodontus		7.2	122		25	10.0	204
Ae. pionips		3.9	233	*Cx. tritaeniorhynchus*[6)]	18–34	8.3	111
Ae. excurcians		4.4	244				
Ae. flavescens		4.4	244				
Ae. campestris		3.3	178				
Ae. cinereus		3.3	144				
(F. Churchill；59°N)							

*　温度は推定による．

T_0(℃）および k は，次の文献の幼虫/さなぎ発育データから計算した．1）Bar-Zeev（1958），2）Hawley（1988），3）Haufe and Burgess（1956），4）Bailey and Gieke（1968），5）Buth *et al.*（1990），6）吉田政弘ら（1974）．

ッタイシマカでは，T_0 は 13.3℃，k は温度により多少異なるが 20–32℃ の範囲で約 120 日度である．温帯にも生息するヒトスジシマカ *Ae. albopictus* では，T_0 は 12℃ で，k は 14–30℃ の範囲で約 138 日度となる．いっぽうカナダ北部（北緯 59°）のヤブカでは，T_0 は 0℃ に近く極端に低い．k も 160–240 日度と増大する．同属の *Cx. tarsalis* についても T_0 は同じ 10℃ と仮定し，カリフォルニア（北緯 35°）とカナダのウイニペグ（北緯 50°）では k はそれぞれ 132–168, 173–192 と寒帯個体群のほうが大きい．*Cx. restuans* や *Cs. inornata* は寒帯種で，T_0 は実際はここで推定した 10℃ より低く，k もさらに高いであろう．要するに寒帯のカは熱帯，温帯のカより T_0 は小さく，k は大きいことがわかる．寒帯のカは極端に低温でも発育を始め，長時間をかけてゆっくり発育するが，反対に熱帯のカは温暖になってから発育を開始し，すばやく発育する．いずれの種についても，わずかな温度上昇が発育に大きく影響し発生回数を多くする．これらのデータを桐谷（1991）の図 1.1 に挿入すると，アブラムシ類やハダニの領域と重なる．すなわちカは安定した環境で成育する貯穀害虫と異なり，アブラムシやダニと同様に，寒帯から熱帯まで広く不安定な環境ですばやく成育するよう適応したと考えられる．なお緯度と昆虫の T_0 の関係について，桐谷は 9 種の農作害虫についてリストし，ニカメイガ以外では明らかな傾向はないとしている．この点，熱帯か

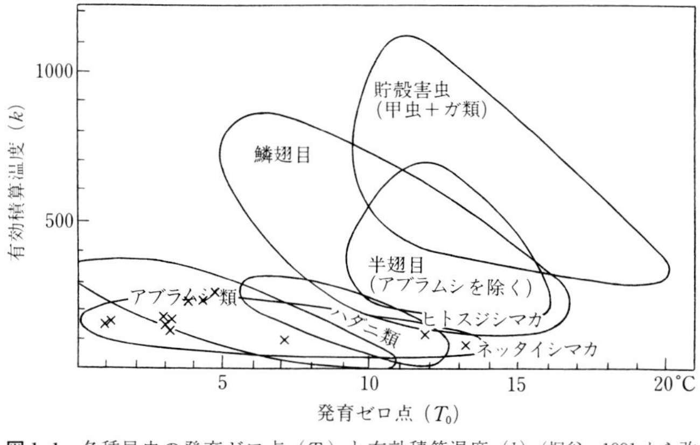

図 1.1　各種昆虫の発育ゼロ点（T_0）と有効積算温度（k）（桐谷，1991 から改変）

表1.5　各種カの休眠臨界日長

種	休眠期	臨界日長		成育地	緯度°N	温度℃
An. m. messeae[1]	成　虫	17時間50分		レニングラード	60	22-24
Cx. p. pipiens[1]	成　虫	16	00	レニングラード	60	22-24
Wy. smithii[2]	幼　虫	14	30	ペナワ（カナダ）	50	
Wy. smithii[2]	幼　虫	14	30	ケノラ（カナダ）	49	15
An. m. messeae[1]	成　虫	14	10	アストラカーン	46	22-24
An. hyrcanus[1]	成　虫	12	45	アストラカーン	46	27
Cx. p. pallens[7]	成　虫	13	00	札幌	43	21
An. barberi[3]	幼　虫	13	50	セントジョーゼフ（インディアナ）	41	21
Ae. albopictus[4]	卵	12	30	インディアナポリス	40	
An. superpictus[1]	成　虫	14	30	スターリナバッド	38	
An. hyrcanus[1]	成　虫	11	20	ダジスキスタン	37	23
Cx. tritaeniorhynchus[8]	成　虫	13	30	大阪	34	25
Ae. albopictus[5]	卵	11	30	長崎	32	
Ae. albopictus[6]	卵	13	30	上海	32	25
Cx. p. pallens[7]	成　虫	11	30	長崎	32	21
Cx. p. pallens[7]	成　虫	11	30	鹿児島	31	21
Ae. albopictus[4]	卵	12	30	ヒューストン	30	

1) Clements (1963), 2) Evans and Brust (1972), 3) Copeland and Craig (1989), 4) Pumpuni *et al.* (1987), 5) Mori and Oda (1981), 6) Wang (1966), 7) Oda *et al.* (1987), 8) 吉田政弘ら (1974).

ら亜寒帯まで広く分布するヒトスジシマカ，*Cx. tarsalis* では，ニカメイガのように T_0, k の地理的変異は大きいであろう．

温暖化で昆虫が高緯度へ分布を拡大するとき，関与するもう1つの環境要因は日長である．熱帯種は無休眠であるが，寒帯，温帯種は日長と関係し，温度と関係あるいは無関係に休眠する．また表1.5に示すように，一般にヤブカ属，*Psorophora*, *Haemagogus* は卵で，多くの温帯種は幼虫で，またイエカ属やハマダラカ属は成虫で休眠する種が多い．休眠誘導日長は成育地の緯度と関連して大きく変化し，高緯度の種では休眠日長が長く，反対に低緯度の種では短い．このことは同種内の異系統でもいえる．たとえば *An. maculipennis messeae* や *An. hyrcanus* はレニングラード（北緯60°）系統では長く，アムステルダム（北緯46°）系統では短い．さらにヒトスジシマカのアジアから北米への侵入問題と関連して，Hawley *et al.* (1987) はアジアと北米各地産20系統の卵休眠性を比較し，図1.2に示すように，九州以北（北米系統は温帯系統が侵入したとしている）の温帯系統と，台湾以南の熱

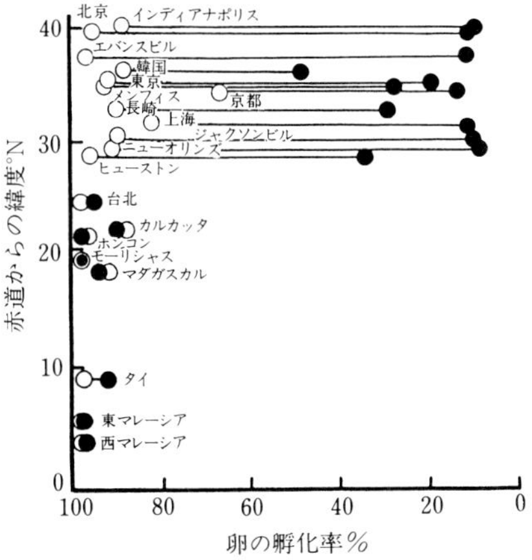

図 1.2　世界から採集したヒトスジシマカ各系統の卵孵化率（Hawley *et al.*, 1987）
黒丸は短日処理，白丸は長日処理.

帯系統に分けている．すなわち温帯系統は短日（10 時間明期：14 時間暗期，10L：14D）では休眠し，長日（18L：10D）ではほとんど休眠せず孵化する．反対に熱帯系統はいずれの日長条件下でも孵化し，孵化幼虫は耐寒性がないので冬季に死滅する．

（2）　日本におけるシマカ分布の北進

現在，日本におけるヒトスジシマカの北限は仙台付近とされ，ここでの 1

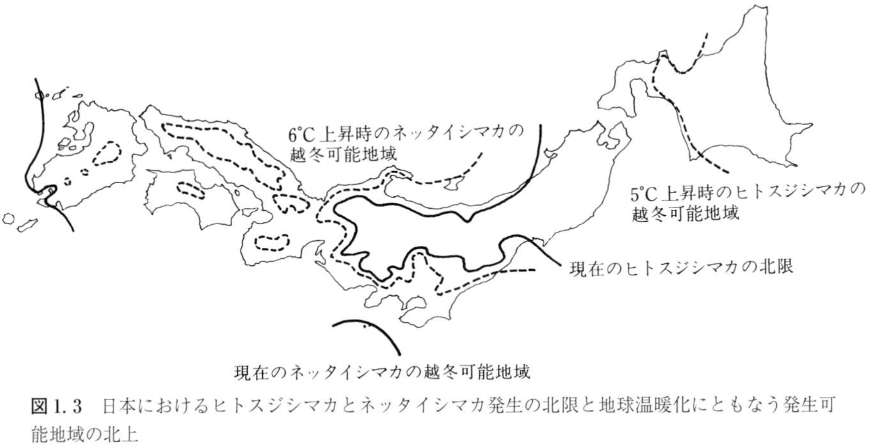

図 1.3　日本におけるヒトスジシマカとネッタイシマカ発生の北限と地球温暖化にともなう発生可能地域の北上

月の平均気温は0℃であり，この温度はヒトスジシマカ卵の耐寒性とほぼ一致する（図1.3）．この等温線の南は温帯多雨夏高温気候である．温度が5℃上昇すると，この北限は室蘭，札幌付近の−5℃等温線まで北上する．いっぽうネッタイシマカは8℃以下では死滅するので，8℃等温線を引くと，南西諸島，小笠原諸島，鹿児島県南端が越冬可能地となる．温暖化が6℃進むと，越冬可能区域は現在の2℃等温線まで北上し，関東一円，名古屋，金沢や，中国，四国，九州地方の山地を除く西日本全地域がネッタイシマカの発育可能地となる．

各地における月平均気温が一様に4–6℃上昇したとすると，表1.6に示すように，ネッタイシマカは那覇では1年中発育可能となる．東京では夏季だけ発育可能であったのが，5–10月まで発育するようになり，現在のヒトスジシマカと同程度の発生量を示すであろう．北限を越えた青森でも7–9月には発育可能となる．また，このカは熱帯種で日長とは無関係であるから休眠に入ることはない．とくにこのカは親人的（anthropophilic）で，強烈な刺咬痛を与え，またデング熱媒介種で都会の人工用水に発生するので，大問題

表1.6　各地の月平均温度と温暖化によるネッタイシマカの発育日数の短縮

	月	1	3	5	7	9	11
那　覇	現平均温度[1]	16.0	18.0	23.7	28.6	27.1	21.3
26.1°N	上昇時温度	20.0	22.0	27.7	32.6	31.1	25.3
4℃	現発育日数[2]	44.4	25.5	11.5	8.1	8.7	15.0
上　昇	上昇時発育日数	17.9	13.8	8.3	6.4	6.7	10.0
	短縮日数	26.5	11.7	3.2	1.7	2.0	5.0
東　京	現平均温度	4.7	8.4	18.4	25.2	22.9	12.3
35.4°N	上昇時温度	10.7	14.4	24.4	31.2	28.9	18.3
6℃	現発育日数	—	—	23.5	10.1	11.5	—
上　昇	上昇時発育日数	—	—	10.8	6.7	7.7	24.0
	短縮日数	—	—	12.7	3.4	3.8	—
青　森	現平均温度	−1.8	1.3	12.9	20.9	18.1	6.2
40.0°N	上昇時温度	3.2	6.3	17.9	25.9	23.1	11.2
5℃	現発育日数	—	—	—	15.8	25.0	—
上　昇	上昇時発育日数	—	—	26.1	9.5	12.2	—
	短縮日数	—	—	—	6.3	12.8	—

1）『理科年表』（丸善，東京）による．2）発育日数＝tは，$t(T-T_0)=k$，$T_0=13.3$℃，$k=120$日度から計算した．

表1.7 各地の月平均温度，日長と温暖化によるヒトスジシマカの発育日数の短縮

	月	3	4	5	6	7	8	9	10	11
東　京	現平均温度[1)]	8.4	13.1	18.4	21.1	25.2	26.4	22.9	16.7	12.3
35.4°N	上昇時温度	14.4	19.1	24.4	27.1	31.2	32.4	28.9	22.7	18.3
6℃	現発育日数[2)]	—	—	21.9	15.4	10.6	9.7	12.8	—	—
上　昇	上昇時発育日数	—	19.7	11.3	9.3	7.3	6.9	8.3	13.1	22.2
	日長[3)]	11:25	12:30	13:40	14:30	14:20	14:00	12:40	11:20	9:50
盛　岡	現平均温度	1.2	7.5	13.3	17.5	21.7	23.1	18.1	11.5	5.5
39.7°N	上昇時温度	6.2	12.5	18.3	22.5	26.7	28.1	23.1	16.5	10.5
5℃	現発育日数	—	—	21.9	15.4	10.6	9.7	12.8	—	—
上　昇	上昇時発育日数	—	19.7	11.3	9.3	7.3	6.9	8.3	13.1	22.2
	日長	11:25	12:30	13:40	14:30	14:20	14:00	12:40	11:20	9:50
札　幌	現平均温度	−1.0	5.7	11.3	15.5	20.0	21.7	16.8	10.4	3.6
43.1°N	上昇時温度	4.0	10.7	16.3	20.5	25.0	26.7	21.8	15.4	8.6
5℃	現発育日数	—	—	—	—	17.5	14.4	29.2	—	—
上　昇	上昇時発育日数	—	—	32.6	16.5	10.7	9.5	14.3	41.2	—
	日長	11:10	12:40	14:10	15:20	15:10	14:10	12:50	12:30	10:00

1)『理科年表』(丸善，東京)による．2) 発育日数$=t$は，$t(T-T_0)=k$，$T_0=12.0$℃，$k=140$日度から計算した．3) 臨界日長は11:30 (11時間30分).

となるであろう．

いっぽう日本のヒトスジシマカは温帯種で，低温短日で卵休眠する．したがって温暖化によって発育温度が上昇しても，日長条件で分布が制限される可能性がある．たとえば表1.7に示すように，東京では10月に22.7℃となり発育には十分に暖かいが，日長が11時間20分で短日となり，カは休眠卵を産下する．盛岡では9月に気温23.1℃，発育日数は12.8日で，日長は12時間40分の長日で非休眠卵を産下する．10月卵も非休眠卵で孵化するが，冬季に発育せず死滅するであろう．同様に札幌でも9月卵は孵化し死滅する．すなわち温暖化によってカの分布は北進するが，日長条件が変化しないのでこれが制限要因となる．しかし臨界日長は幼虫期の日長，栄養条件で多少変化し，また数世代の選抜で容易に変化するので，自然界でも新しい環境条件に適応し，臨界日長を延長し，休眠可能卵を産む能力を獲得するであろう．

(3) 世界におけるヒトスジシマカの発生地域拡大

ヒトスジシマカやネッタイシマカは親人的で，人間活動の世界的な活性化

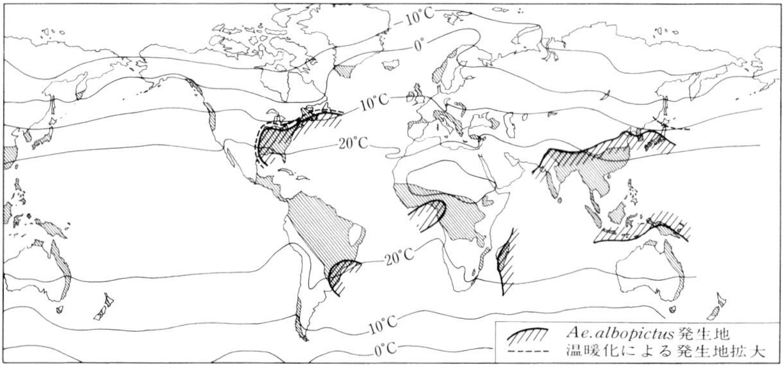

図 1.4　世界のヒトスジシマカ発生地と温暖化にともなう発生可能地域の拡大
影のついた地域は年降水量 1000 mm 以上を示す.

とともに発生地拡大の危険が潜在している．ここでは，とくに地球温暖化にともなう拡大を考察してみる．Nawrocki and Hawley（1987）によれば，北米大陸東部では現在の北限は1月の0℃ 等温線で，ニューヨーク，イリノイ，カンサス各州の南端を結ぶ線以南が越冬地である．また，これら各州の北端を結ぶ線は−5℃ 等温線で夏季繁殖可能地となっている．温暖化がこの地域の気温を5℃ 上昇させると，夏季繁殖可能地は現在の−10℃ 等温線まで，すなわちカナダ国境まで北上する（図 1.4）．北米大陸西部は夏季極端に雨量が少なく発生地とはなっていない．したがって，乾燥地であるかぎり発生地とはなりえないであろう．南のメキシコへは温暖化とは関係なく分布拡大しており，現在ブラジルから北上している熱帯系と，将来融合して北中南米大陸を覆うであろう．

東アジア大陸では中国の済南や韓国の群山で，1月の平均気温がそれぞれ−1.2℃，−3℃ で越冬可能である．また，−5℃ の北京やソウル付近まで夏季繁殖可能地となっている．したがって温度上昇により，越冬限界は北京，ソウル付近の北緯 40° まで北進するであろう．インド大陸では北はヒマラヤ山系で遮られ，西は砂漠地帯で拡散しない．しかし，マダガスカルではすでに東半分に侵入している．アフリカ中部の熱帯雨林では発生可能であるが，最近ナイジェリアに侵入したものの大々的な発生は確認されていない．このカはネッタイシマカとの競合関係にあり，この問題については後述する．

1.4 農作地と居住地でのカの発生

東京と大阪の文化人が集まって書いた「ジオカタストロフィー」(地球の破滅) のシナリオによると, 2090 年には人類は滅亡するかもしれないそうである. 年率 3% の経済成長によって, 2024 年には人口は現在の 1.6 倍になり, 食糧, 資源不足が始まり, 2057 年までに生活水準が低下し, 慢性的な不況時代が到来し, 最後には世界は無秩序状態となり, 環境破壊などとあいまって人類は滅亡する. このようなシナリオでなくとも, 人口増加が続けば 21 世紀中には食糧不足に陥ることは, 統計数値をみれば予測できることである. そこで, 食糧増産のため農耕地の拡大は必至である. 農作は多量の水を必要とし, 灌漑水管理システムにはかならずカの発生と媒介疾病の問題が絡んでいる. すなわち農業は, カの媒介疾病なくしては語れないほどカと密接な関係にある. たとえば, 1950 年代のテネシー渓谷の大農地開発計画, 南カリフォルニアの砂漠灌漑農作地でのカの発生, アスワンハイダム建設による農地拡大と風土病の蔓延, 中国での長江と黄河に挟まれた大運河, 水田地帯のマラリアなどの問題がある.

カが大発生するには, 幼虫発生のための広い水域と, 成虫発育のための豊富な動物吸血源が必要である. 農林業はこの両方を兼備している場合が多く, その典型は家畜舎のある水田や灌漑畑作, 牧草地, 野生動物の豊富な熱帯雨林である. まず地球的な規模で, カの分布, おもな媒介伝染病と気候の関係をみてみよう.

(1) 地球的規模でのカの分布と媒介病

世界 102 カ国で毎年 2 億人がマラリアに感染し, その 2% が死亡している. 50 種以上のハマダラカがマラリア原虫を媒介する. これらのカは広い豊富な水源に発生するので, 熱帯多雨地帯とその周辺の草原, 農作地帯がマラリア侵淫地となっている. 図 1.5 に示すように南アジア一帯, アフリカ中央部, メキシコからギアナ高地, アンデス山脈を除く中南米大陸中部まで広がり, 図 1.4 に示す年間降水量 1000 mm 以上の地帯とよく一致している. 1000–2000 mm の降水量があるにもかかわらず, マラリアの侵淫地ではない米国

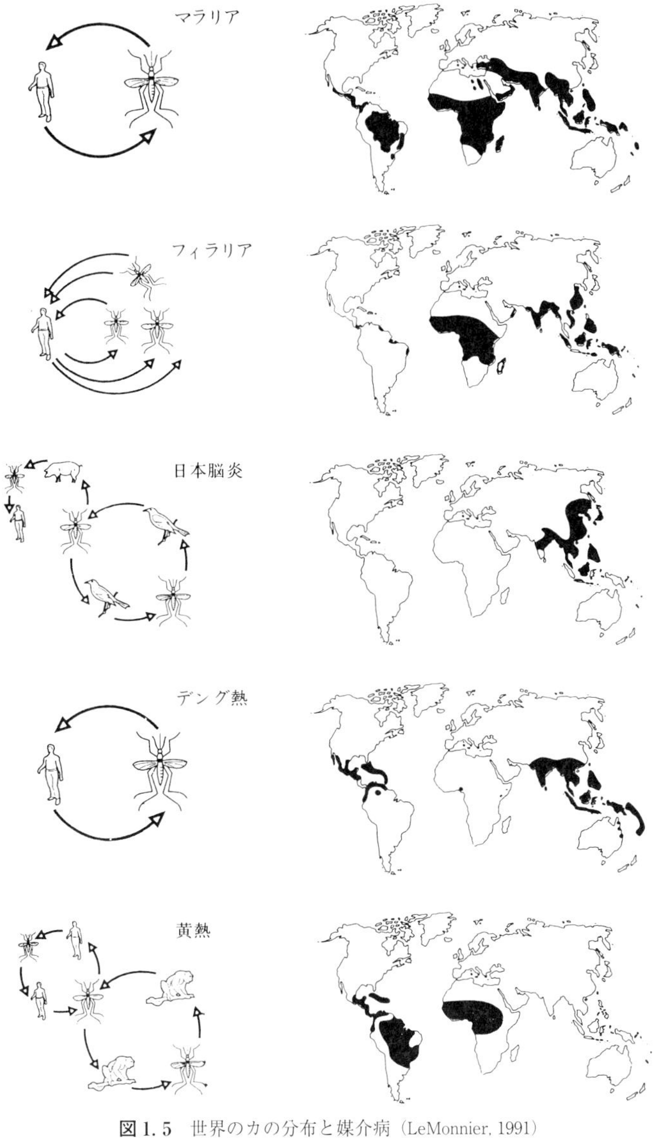

図 1.5　世界のカの分布と媒介病（LeMonnier, 1991）

東南部，豪州東部海岸，欧州，極東地域では，カ媒介種が分布していてもマラリアの発生を抑えている開発国である．

フィラリアは主としてネッタイイエカと *Cx. p. pipiens* が，東南アジアではハマダラカ，ヌマカ，ヤブカが，アフリカでは *An. gambiae*, *An. funestus*, アメリカ大陸では *An. darlingi* がミクロフィラリアをヒトからヒトへ伝播する．50カ国で毎年9100万人が罹患する．図1.4と図1.5を対比すると，南米大陸を除く東南アジア，インド，アフリカ大陸中部の熱帯多雨地帯と一致する．東南アジア，インドでは，媒介カが水田に発生するネッタイイエカであり，アフリカではマラリアも媒介する *An. gambiae* が生息するからである．

東アジア，インドの水田に発生するコガタアカイエカは日本脳炎ウイルスを媒介する．ウイルスは温帯では冬季に，サギなどのトリに保持され夏季ブタで増殖し，田植期以降カが増殖すると事故的にヒトに伝播する．16カ国で毎年3万人罹患し，25%の致死率を示す．将来，北米，アフリカへの稲作の拡大とともに，日本脳炎も伝播する恐れがある．

東南アジア旅行でもっとも心配する伝染病は，マラリアとデング熱である．デング熱の患者は50カ国で年間100万人，致死率はゼロであるが，デング出血性熱炎は20万人で3%の致死率を示す．ウイルスはカを介してヒトからヒトへ伝播し，ヒト体内では短命であるから，高人口密度の都市でしか流行しない．とくに媒介カのネッタイシマカはもっとも親人的なカで，熱帯地方の都会で人工容器などに発生し，しかも家屋内でヒトだけを吸血する．ほかの媒介カであるヒトスジシマカは，植樹の多い都会や森林境界に発生し，ウイルス常在地である森林から都市への効率的な伝播者である．ウイルスは東南アジアの森林でサルに保持され，*Ae. niveus* により媒介され，サル–カ–サルの森林サイクルを形成している．森林境界に生息するヒトスジシマカが，事故的にウイルスをヒト社会に持ち込む．したがって世界の熱帯雨林に近接する都市周辺では，とくに雨季にデング熱の発生を繰り返している．なお，熱帯アジア諸島部では *Ae. polynesiensis* が媒介カとなっている．

図1.5をみれば明らかなように，世界の熱帯雨林地帯はデング熱と黄熱で2分されている．すなわちデング熱が発生しないアフリカ，中南米地帯では

黄熱が流行している．この理由は媒介カの種の違いによる．黄熱ウイルスは森林のサルが保持しており，アフリカでは *Ae. africanus* が，南米では *Haemagogus* spp. が常時伝播し，森林サイクルを形成している．森林に入ったヒトが事故的に感染し，部落へ持ち帰る．そこではネッタイシマカによる市井サイクルが完成し，流行し始める．もともとこのウイルスは黒人奴隷貿易でアフリカから南米へ伝播したもので，サル個体群は25年周期で絶滅するとされている．しかしウイルスはカの体内でも経卵伝染し，継続保持することができる．20カ国で1万人が罹患し，致死率は常発地で10%以下，新流行地では50%以上に達する．近年，航空運輸の発達から東南アジアへの黄熱侵入の機会は多いが，流行しない理由は，デング熱ウイルスと黄熱ウイルスは同じフラビウイルスで交叉免疫性を示し，黄熱の定着を防いでいるからである．また，東南アジアのネッタイシマカは黄熱ウイルスを媒介しないことにもよる．1937年以来，強力な黄熱ワクチンもできたが，現在も重要な熱帯病である．

（2） 世界の水田のカ

コメはコムギに次ぎ，トウモロコシと並んで世界第2位の生産量をほこる穀物で，世界人口に21%のカロリーを供給している．また，耕地面積当たり最大カロリーを生産する穀物でもある．世界の水田面積1億4600万ha

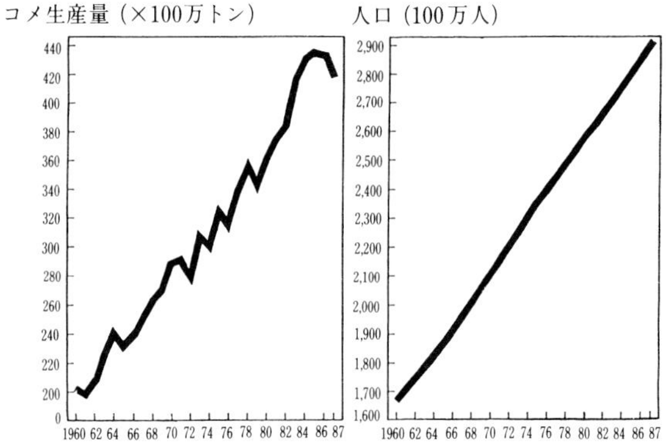

図1.6　アジアのコメ生産量と人口の増加，1960–87年（Lacey and Lacey, 1990がHargrove, IRRIから引用）

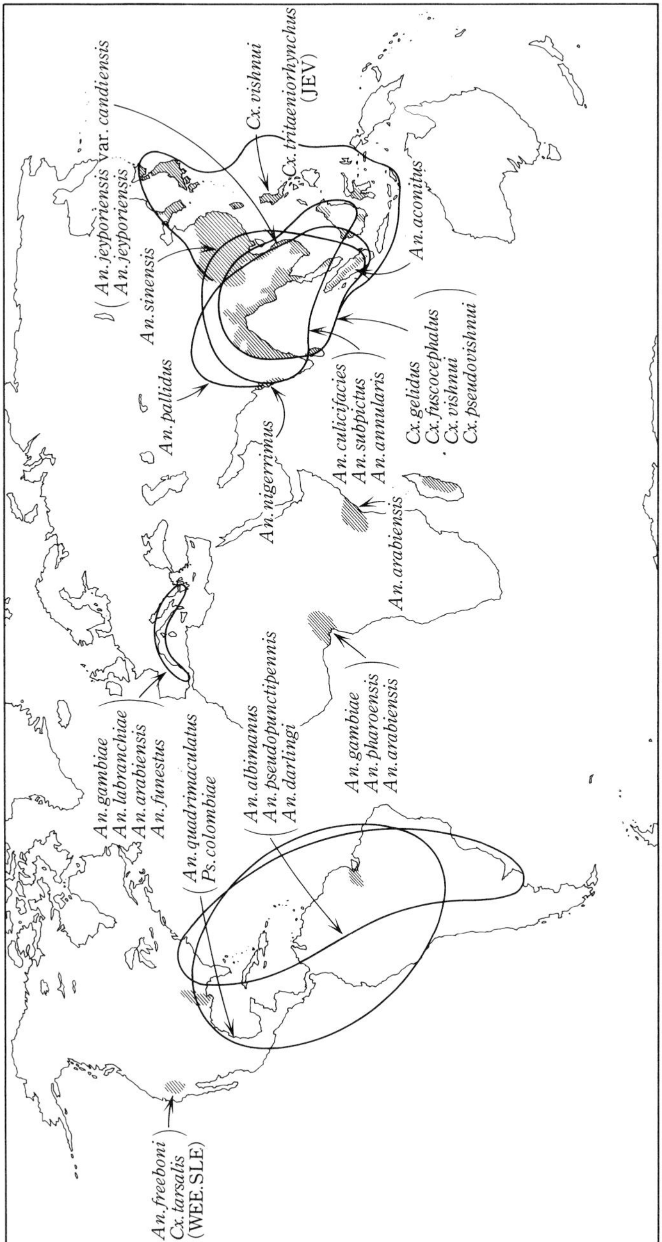

図 1.7 世界の水田分布と発生カの種類
斜線部分は水田を示す.

のうち 90% はアジアに存在し，残りは南米，北米，アフリカに点在する．図 1. 6 は 1960 年から 1987 年までの 27 年間にアジアでの人口増加が 55% に達し，それを賄うために，コメ生産量が 60% 増加したことを示している．コメの増産は多収量品種の育種と水田面積の拡大による．広大な水田面積は，すなわちカ発生面積の拡大を意味し，そこでのカ媒介性疾病の危険性を増大させている．さらに灌漑システムの導入は，ヒトや家畜，野生動物の移動をともない，カ成虫に吸血源を供給し，湿潤なイネ群叢はカの生存率や感染率を高める．Lacey and Lacey（1990）は世界の水田に発生する 142 種，ヤブカ属 7 種，ハマダラカ属 89 種，イエカ属 40 種，ヌマカ属 *Mansonia* 2 種，*Psorophora* 4 種のリストを作成している．それをもとにして，図 1. 7 は世界の水田分布と，そこで発生するおもな疾病媒介カの種類を示す．

Bang（1988）は，1934 年のマドラスのカウベリームツール灌漑プロジェクトで付近がマラリア感染地に変貌し，ビスベリバラヤ運河の開削で，カルナタカ地域ではマラリア患者が 20 倍に増加した事実を引用している．日本脳炎についても同様で，1978–87 年の 10 年間で 3 万 9149 人の患者が発生し，36% が死亡している．皮肉にもイネの多収量品種（HYV, High Yield Varieties）はカの増殖を促進したようである．すなわち多収量品種の性質である短幹，倒伏抵抗性は水面への日照性をよくし，カの産卵幼虫生育を増大した．またイネの早熟性も多期作を可能にし，総水面積を増加させカの増殖を促した．インドのナイニタ地区では灌漑ネットワークの整備とともに，乾季でも HYV 作が行われるようになり，総作付け面積は 1966–67 年の 90 万 ha から，1985–86 年の 2660 万 ha へ増加した．その結果，*An. culicifacies* が主媒介種となり，*An. subpictus, An. annularis* も発生し，三日熱マラリア（*Plasmodium vivax* による）が雨季に，遅れて後期には熱帯熱マラリア（*P. falciparum* による）が流行するようになった．

インドネシアの中部ジャワでは 90% 以上の耕地は水田で，*An. aconitus* が発生し，11–4 月の雨季には月平均 200 mm，5–10 月の乾季にはわずか 60 mm の降雨がある．降雨量と患者発生数とは相関関係にあるが，稲作の続く水田地帯では 1 年中マラリア患者が発生する．

世界最大の水田面積を持つ中国でも事情は同じで，40 種以上のカが発生

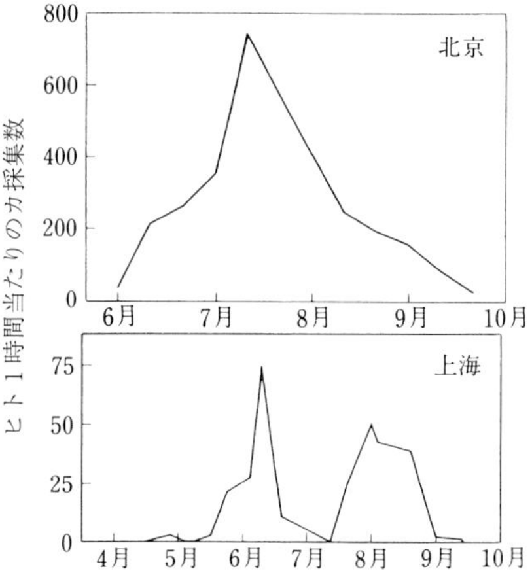

図 1.8　中国における稲作1期作（北京），2期作（上海）とコガタアカイエカの発生数（Baolin, 1988）

するが，マラリアやフィラリアの媒介カであるシナハマダラカ *An. sinensis* と，日本脳炎媒介カであるコガタアカイエカが主である．また 50–70% のカは家畜やヒトから吸血している（Baolin, 1988）．幼虫密度は田植 10 日後から増加し始め，8 月の出穂期まで増え続け，9 月の登熟期の落水まで発生し続けている．カの年発生周期は図 1.8 のように，長江の北側（北京）では年 1 回の稲作に対応してカの発生も 1 回 1 ピーク，南側（上海）では 6 月と 8 月の 2 回に対応して 2 ピークとなる．

米国では，水田はアーカンサス，カリフォルニア，フロリダ，ルイジアナ，ミシシッピー，テキサス州にあり，総面積は 4000 ha である．カリフォルニアでは停滞水で *An. freeboni* が発生し，ときに三日熱マラリアを，*Cx. tarsalis* が西部馬脳炎を媒介している．南部各州では停滞水に発生する *An. quadrimaculatus*，灌漑水に発生する *Psorophora columbiae* が主で，ヒトや家畜の厄介種となっている（Dame *et al.*, 1988）．

メキシコ，中南米やアフリカでは現在，水田面積は小さく，そこからのカの発生は問題にはならないが，将来コメの需要が増大し栽培面積が拡大すれば，たちまち *An. gambiae, An. pharoensis* や *An. albimanus, An. pseudopunctipennis* が水田に侵入し大きな問題となる．中部アマゾンの大湿地でもイネ栽培が始まり，*An. darlingi* の発生が拡大し，マラリアの知識がなく免疫を持たぬ新開拓者の間でマラリア患者が発生している．

水田の拡大が潜在種を爆発的に発生させ，在来種のマラリア媒介カと交代し，反対に有利になる場合もある．たとえば，西アフリカでは*An. gambiae*, *An. arabiensis*が地域特異的な非媒介タイプの遺伝子を持ち，隔離されている．ブルキナファソではヒト刺咬率が平均の4倍にもかかわらず，マラリア感染率は1/4–1/10となっており，カの刺咬率と感染率とは逆相関を示している（Najera, 1988）．ヴァレンシアでも同様に種の交代があり，媒介種である*An. labranchiae*が媒介効率の悪い*An. atorparvus*や非媒介種*An. melanoon*で置換されている．

（3） 都市生活のなかのカ

日本環境衛生センターのある教育資料によると，地方自治体衛生課や害虫駆除業者に寄せられる苦情注文は，1980年では24%がハエ，17%がカ，7%がダニとシロアリで，ゴキブリ，カメムシ，ハチ，ユスリカと続いた．1990年になると19%がハエ，19%がハチ，12%がカとなっている．カは古今を通じて重要な生活害虫であるが，開発国ではかならずしも病原媒介害虫ではなく，都市では不快害虫（nuisance）にすぎない．Morris and Clanton（1989）はフロリダ州ポルク郡のカ駆除センターに，1986年6月から1987年7月までの1年間に寄せられた1521通の電話注文を解析している．極言すれば，不快害虫は駆除する必要はなく，苦情回数を少なくする対策を講ずれば十分である．そこで，まず苦情の来た42カ所のうち32カ所を調査し，カ発生の有無と苦情回数には高い相関関係があることを確かめた．16カ所では1種だけが発生し，苦情はカの発生数とは無関係で（$r=-0.17$），むしろカの種と関係していた．たとえば，発生数で5番目に多いヤブカだけで，もっとも多い30%以上の苦情が樹木の多い北部地域から寄せられて，続いてハマダラカでは，湖沼周辺の高級住宅地から苦情が寄せられていた．

熱帯都市のカは病原媒介害虫で，より深刻である．図1.9はChan *et al.*（1977）によるシンガポールでのネッタイシマカとヒトスジシマカの発生と，デング出血性熱炎患者の発生状況である．カと患者の発生は全体的に一致しており，とくにネッタイシマカの発生分布とは完全に一致している．

日本の農村でも，カの発生量や発生種は農業形態の変化とともに変遷して

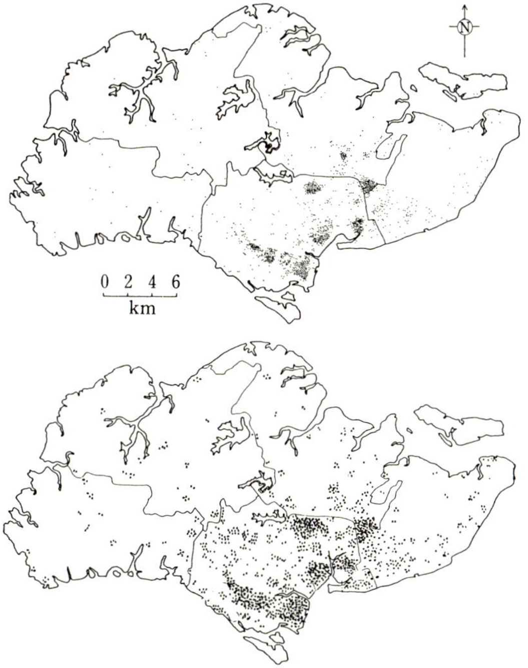

図 1.9　シンガポールにおけるデング出血性熱炎患者（上）とヤブカ発生状況（下），1973 年（Chan *et al.*, 1977）

いる．池内（1980）によれば，コガタアカイエカやシナハマダラカの発生する水田では，ブタやウシなどの家畜舎が近接していれば，吸血–産卵–吸血の生殖サイクルが短絡し大増殖する．水田畑作化や施設園芸が広がれば，排水溝や漏水，貯水池にアカイエカが発生し，吸血源の養鶏が近接すれば大発生する．家畜の排尿水は有機質を多く含み，オオクロヤブカやアカイエカの好発生源となる．また森林や竹藪はヤブカ類が発生する．しかし，日本の水田では過去 20 年来，コガタアカイエカの発生は激減している．その理由は上村・渡辺（1973）によれば，農業技術の近代化，具体的には水田の水管理（乾田化）や農薬散布の拡大，家畜多頭化による飼育管理技術の向上による．

最近の休耕田の拡大や農薬散布量の減少は，カの発生を増加させる傾向にある．また持続型有機農業（sustainable agriculture）のための有機肥料のすき込みは，水の富栄養化を促し，ユスリカの場合と同様に水田でのカ発生を増加させるであろう（Ikeshoji *et al.*, 1980）．

（4） カの害虫化と分散

カはすでに数億年前から，森林の木ずえ，草原や水源のまわりで生活していた脊椎動物と寄主寄生虫関係にあり，ヒトは進化の最初から吸血源動物の1種であった．ヒトの生活様式が森での狩猟から平地での農耕へ変わり，集団生活を営むようになると，そこにはすでに草原湖沼のカが生活していたと考えられる．このカは進化適応し，一部は吸血源をヒトに切り替えた．その証拠はカの吸血動物種の多様性と嗜好性に残されている（第5章1節参照）．また，幼虫発生源もヒトの生活用水に適応した．その極限には幼成虫ともに屋外から屋内へ侵入し始めたネッタイシマカがある．カが媒介する病原微生物も，個別生活するヒトではすぐに消滅するが，集団社会では流行し保持される．したがってカの害虫化とは，ヒトの集団生活様式へのカの適応といえる．この過程を典型種であるネッタイシマカとヒトスジシマカを例にとって述べる．

a. ネッタイシマカの分散

地球規模でのカの分散は，地理的，歴史的なできごとや，生理生態的な特性を考慮しながら多くの昆虫学者により推察されている．最近の Tabachnick（1991）の学説を図示すると図1.10のようになる．ネッタイシマカを含む *Stegomyia* 亜属はアフリカでは34属存在し，そのうち1種しか都市型に変化していないので，アフリカが祖先型の発祥地と考えられる．紀元前2000年ごろから乾燥し始めたサハラ砂漠に隔離され，南側では祖先型の *Aedes aegypti formosus* が残った．この型は黒色で森林型と呼ばれ，森林の樹洞などに発生し，あまりヒトから吸血しない．北側に残された祖先型は乾燥地に適応し，ヒト嗜好性を獲得し，人家のまわり，家屋内の小容器で発育するようになった．胸背部に白斑を持ち，都市型と呼ばれる *Aedes aegypti aegypti* で，デング熱や出血性熱炎を媒介する．さて *Ae. a. aegypti* は地中海を越えて欧州へ，また8世紀後半にはアラブの金–塩交換貿易にともなって，サハラを越えアフリカ中部へ侵入した．現在，西アフリカでは都市型の *Ae.*

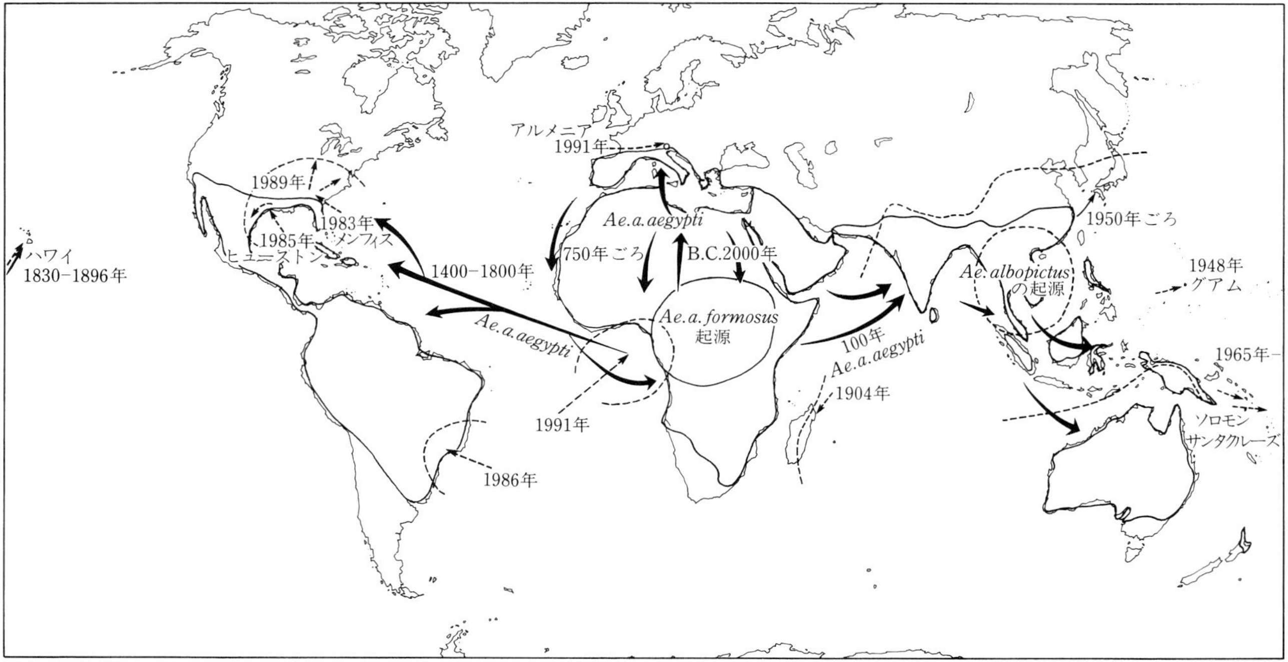

図 1.10　ネッタイシマカとヒトスジシマカ分散の歴史
——▸：ネッタイシマカの分散，……▸：ヒトスジシマカの分散.

a. aegypti は存在せず，在来の森林型と交雑したと考えられている．実際，形態や吸血性などで中間型が多い．東アフリカへは近年侵入したと考えられ，まだ両型が独立併存している．紀元1世紀の東アフリカ–インド貿易は *Ae. a. aegypti* のインド亜大陸への侵入をもたらし，東南アジアの港湾都市へは19世紀半ば，内陸都市へはさらに遅れて入った．

西アフリカからは *Ae. a. aegypti* が，15世紀から18世紀にかけ奴隷貿易船の水溜りで新大陸へ運ばれた．現在の米国では地域により生態，生化学特性が異なり，たいへん複雑である．この理由は第2次大戦後の完全駆除や1972年の再発生，カリブ海沿岸からの再移入などによる．

以上の地理・歴史に基づく学説を裏づけるため，最近は生化学的手法も用いられている．Tabachnick and Powell（1979）は発生全地域から採集した34個体群について，19–22種の異型酵素の遺伝変異を調べ，遺伝的距離を計算した．その結果，西アフリカと東アフリカの森林型は，アジア都市型とは0.018で近く，アメリカ大陸とは0.034，東アフリカ都市型とは0.038であった．このように全般的に遺伝的距離が近いのは，*Ae. aegypti* の分化がごく近年，ヒトの生活習慣の変化にともなって起こったからである．また米国種の変異性はかならずしも小さくなく，反対にアジアでは小さい．このことは米国では何度にもわたって侵入し，アジアではごく近年移入したことを示している．

b. ヒトスジシマカの分散

Albopictus 亜種の大部分は東南アジアの樹洞で発生するので，ヒトスジシマカもこの地域の森林に起源すると考えられている．ネッタイシマカ（以後 *Ae. a. aegypti* を意味する）がより親人的で屋内吸血性，人工容器発育性を獲得したのに反して，ヒトスジシマカは樹洞性，屋外吸血性を維持した．しかし，ヒトスジシマカは耐寒性と短日休眠性を獲得したので，温帯地域へも拡大分散することができた．図1.10に示すように，東洋区の東南アジアからニューギニアやインド洋の島々からマダガスカル島東半分，北は仙台，ソウル，北京まで，今世紀に入って南太平洋の島々，ハワイ，グアム，ソロモンへ侵入している．北米へも波状的に侵入していたらしいが，1985年に初めてヒューストンに定着しているのが発見され，数年後の1989年には北緯

42°の南部，東部，中西部18州まで拡散した．これはHawley *et al.*（1987）の，東アジア一帯から採集した系統の休眠性，耐寒性，異型酵素の比較から出た結論で，過去に日本から輸入された大量の中古タイヤに幼虫がまぎれて入ったとしている．1986年にはブラジルのサンパウロでも定着が認められ，分布拡大している．こちらは休眠性を持たないことから熱帯系統が侵入したと提唱されたが，最近，Kambhampati *et al.*（1991）は各種酵素の遺伝子変異分析の結果から，日本産，米国産，ブラジル産のカは98%の確率で同起源で，やはり日本から侵入したとしている．

ネッタイシマカと比較して現在の分布はまだせまく，分散時期も新しい．したがって，これからも分散し続けるであろう．とくに米国（1985），ブラジル（1986）での定着は，疫学上の大問題ともなっている．米国北部では先住の *Ae. triseriatus* が媒介するラクロスウイルスや，南部ではネッタイシマカが媒介するデング熱ウイルスを媒介するので，たいへん恐れられている．つい最近はアルメニア（1991）にも飛び火しているようで，近い将来，現在の北限である北緯42°の地中海沿岸へも分散するであろう．温暖化すれば，さらに欧州内陸部へも広がる可能性も出てくる．

c．侵入種と在来種の攻防

前述のように同種は今でも分布拡大しており，その前線では同所性（sympatric）を示すことが多く，攻防を繰り広げている．Hawley（1988）の総説に沿って，最初に東南アジア戦線での様子をみてみる．今世紀に入って，ネッタイシマカはこの地域の沿岸都市から内陸の大都市へ，在来種のヒトスジシマカを駆逐しながら侵入し始めた．競合による種の交代は，ネッタイシマカがヒトスジシマカより幼虫成育も速く，雄成虫も性的に旺盛で生物学的に強いという説と，都市化による自然環境の破壊によるという説がある．事実，実験室での両種幼虫の混合飼育では，ネッタイシマカのほうが強いし，都市化による樹木の伐採もヒトスジシマカに不利に働いている．

しかし北米南部での攻防は，逆に侵入種のヒトスジシマカがネッタイシマカを駆逐したとされている．前2項a，bで述べたように，北米の両種は東南アジアの両種と起源が異なるが，実験室での幼虫混合飼育では，やはりネッタイシマカが強い．ところが北米都市では自然が保たれ樹木も多く，ネッタイシマカが好む人血は摂取しにくい．逆にヒトスジシマカが好む鳥獣も多いことから，発生環境はこの種に有利である．

北米北部では，在来種の *Ae. triseriatus* がヒトスジシマカと同所性を示し，混合飼育では前種の成育が遅く生存率も低いことから，いずれは置換される可能性がある（Rai, 1991）．

また太平洋諸島では在来種の *Ae. polynesiensis* と，グアムでは *Ae. guamensis* と競合している．ハワイでは1830–96年ごろヒトスジシマカとネッタイシマカが同時に移入された．1892年ごろにはネッタイシマカが全盛を極めていたが，1943–44年にはほとんどヒトスジシマカに代わっており（Rai, 1991），現在は絶滅している．

競合置換ではなく好適環境条件に適応し，すみわけている例がマダガスカルに存在する．Fontenille and Rodhain（1989）によれば，ここでは1904年にVentrillonが初めてヒトスジシマカを発見した．現在は高温乾燥地の西半分で *Ae. a. formosus*（森林型でヒト吸血性がなく，形態的にも *Ae. a. aegypti* ではない）が分布し，温暖多雨の高原森林地帯である東半分にはヒトスジシマカが分布している．

引用文献

Bailey, S. F. and P. A. Gieke（1968）A study of the effects of water temperatures on rice field mosquito development. *Proc. Calif. Mosq. Control Assoc.*, **36**：53–61.

Bang, Y. H.（1988）Vector-borne diseases associated with rice cultivation and their control in Southeast Asia. In：*Vector-borne Diseases Control in Humans Through Rice Agroecosystem Management.* IRRI, Los Banos, Philippines, 93–100.

Baolin, Lu（1988）Environmental management for the control of ricefield-breeding mosquitoes in China. In：*Vector-borne Diseases Control in Humans Through Rice Agroecosystem Management.* IRRI, Los Banos, Philippines, 111–121.

Bar-Zeev, M.（1958）The effect of temperature on the growth rate and survival of the immature stages of *Aedes aegypti*（L.）. *Bull. Entomol. Res.*, **49**：157–163.

Buth, J. L., R. A. Brust and R. A. Ellis（1990）Development time, oviposition activity and onset of diapauses in *Culex tarsalis*, *Culex restuans* and *Culiseta inornata* in Southern Manitoba. *J. Am. Mosq. Cont. Assoc.*, **6**：55–63.

Chan, K. L., S. K. Ng and L. M. Chew（1977）The 1973 dengue haemorrhagic fever outbreak in Singapore and its control. *Singapore Med. J.*, **18**：81–93.

Clements, A. N.（1963）*The Physiology of Mosquitoes.* Pergamon Press, Oxford, 393.

Copeland, R. S. and G. B. Craig, Jr. (1989) Winter cold influences the spatial and age distributions of the North American treehole mosquito *Anopheles barberi*. *Oecologia*, **79**：287–292.

Dame, D. A., R. K. Washino and D. A. Focks (1988) Integrated mosquito vector control in large-scale rice production systems. In：*Vector-borne Diseases Control in Humans Through Rice Agroecosystem Management*. IRRI, Los Banos, Philippines, 185–196.

Evans, K. W. and R. A. Brust (1972) Introduction and termination of diapause in *Wyeomyia smithii* (Diptera：Culicidae) and larval survival studies at low and subzero temperatures. *Can. Entomol.*, **104**：1937–1950.

Fontenille, D. and F. Rodhain (1989) Biology and distribution of *Aedes albopictus* and *Aedes aegypti* in Madagascar. *J. Am. Mosq. Cont. Assoc.*, **5**：219–225.

Harwood, R. F. and M. T. James (1979) *Entomology in Human and Animal Health*. Macmillan Pub. Co., NY., 548.

Haufe, W. O. and L. Burgess (1956) Development of *Aedes* (Diptera：Culicidae) at Fort Churchill, Manitoba and prediction of dates of emergence. *Ecology*, **37**：500–519.

Hawley, W. A., P. Reitter, R. S. Copeland, C. B. Pumpuni and G. B. Craig, Jr. (1987) *Aedes albopictus* in North America：probable introduction in used tires from Northern Asia. *Science*, **236**：1114–1116.

Hawley, W. A. (1988) The biology of *Aedes albopictus*. *J. Am. Mosq. Cont. Assoc.* Suppl., **1**：1–40.

Ikeshoji, T., A. Iseki, T. Kadosawa and Y. Matsumoto (1980) Emergence of chironomid midges in four differently fertilized rice paddies. *Jpn. J. Sanit. Zool.*, **31**：201–208.

池内まき子（1980）農村における蚊の発生動態に関する研究．農業技術研究所報告，H **53**：91–158.

Jones, P. D. and T. M. L. Wigley (1990) Global warming trends. *Sci. Am.*, **263**：66–73.

Kambhampati, S., W. C. Black IV and K. Rai (1991) Geographic origin of the US and Brazilian *Aedes albopictus* inferred from allozyme analysis. *Heredity*, **67**：85–94.

上村　清・渡辺　護（1973）日本脳炎媒介蚊の激減を導いた農業の近代化について．防虫科学，**38**：245–253.

桐谷圭治（1991）地球の温暖化は昆虫にどんな影響を与えるか．インセクタリゥム，**28**：212–223.

栗原　毅（1975）蚊の話．北隆館，東京，202.

Lacey, L. A. and C. M. Lacey (1990) The medical importance of riceland mosquitoes and their control using alternatives to chemical insecticides. *J. Am. Mosq. Cont. Assoc.* Suppl., **2**：1–93.

Le Monnier, J. (1991) Major mosquito-borne diseases. *Natural History*, **7**：64–65.

Mori, A. and T. Oda (1981) Studies on the egg diapause and overwintering of *Aedes albopictus* in Nagasaki. *Tropical Medicine*, **23**：79–90.

Morris, C. D. and K. B. Clanton (1989) Significant association between mosquito control service requests and mosquito populations. *J. Am. Mosq. Cont. Assoc.*, **5**：36–41.

Najera, J. A.（1988）Malaria and rice : strategies for control. In : *Vector-borne Diseases Control in Humans Through Rice Agroecosystem Management*. IRRI, Los Banos, Philippines, 124–132.

Nawrocki, S. J. and W. A. Hawley（1987）Estimation of the northern limits of distribution of *Aedes albopictus* in North America. *J. Am. Mosq. Cont. Assoc.*, **3** : 314–317.

Oda, T., A. Mori, M. Ueda, K. Kurosawa, O. Suenaga and M. Zaitsu（1987）Studies on imaginal diapause in *Culex pipiens* complex in Japan. 長崎大学医療技術短期大学部紀要，**1** : 1–19.

Philip, C. B. and L. E. Rozeboom（1973）Medico-veterinary entomology : a generation of progress. In : *History of Entomology*. R. F. Smith, T. E. Mittler and C. N. Smith eds., Annual Reviews Inc., Palo Alto, Calif., 333–360.

Pumpuni, C. B., W. A. Hawley, R. S. Copeland and G. B. Craig, Jr.（1987）Photoperiodism and cold tolerance in *Aedes albopictus*. *Proc. Ohio Mosq. Cont. Assoc.*, **17** : 59–65.

Rai, K. S.（1991）*Aedes albopictus* in the Americas. *Annu. Rev. Entomol.*, **36** : 459–484.

Tabachnick, W. J. and J. R. Powell（1979）A world-wide survey of genetic variation in the yellow fever mosquito, *Aedes aegypti*. *Genet. Res. Camb.*, **34** : 215–229.

Tabachnick, W. J.（1991）Evolutionary genetics and the yellow fever mosquito. *Am. Entomologist*, Spring : 14–26.

東京農工大学農学部生物圏環境科学専修編集委員会編（1992）地球環境と自然保護．培風館，東京，199.

Wang, Ren-Lai（1966）Observations on the influence of photoperiod on egg diapause in *Aedes albopictus* Skuse. *Acta Entomol. Sinica*, **15** : 75–77.

White, R. M.（1990）The great climate debate. *Sci. Am.*, **263** : 18–25.

吉田政弘・中村　央・伊藤寿美子（1974）コガタアカイエカ幼虫の発育に及ぼす温度と日長の影響．衛生動物，**25** : 7–11.

・2・
カの生物学と産卵

カについて論ずるには，まずカの生物学を知る必要がある．本章ではとくに種の多様性と生活史を取り上げて解説し，さらに「ボーフラはどこにわくか」の疑問に答える．

2.1　種の多様性

分類学に基づいて，カとヒトを対比させると以下のようになる．まずカは節足動物門 Arthropoda，昆虫綱 Insecta，双翅目 Diptera，直縫亜目 Orthorrhapha，カ科 Culicidae，属と種はそれぞれシナハマダラカ *Anopheles sinensis*，ヒトスジシマカ *Aedes albopictus*，アカイエカ *Culex pipiens pallens* などとなる．それに対して，ヒトは脊椎動物門 Vertebrata，哺乳動物綱 Mammalia，霊長目 Primates，真猿亜目 Anthropoidea，属と種は *Homo sapiens sapiens* と対応する．化石人は 12 亜種に分けられているが，現存人は交配可能で，どの人種間でも子供ができるので 1 属 1 種である．ところが，カは 1990 年の時点で 3146 種（Zavortink, 1990）存在し，それ以後も新種が増え続けている．

これほどカの種類が多い理由は，起源がヒトとは比較にならないほど古く，地球の隅々まで分散し，多様な生息場所に適応し，分離分化してきたからである．その過程を示す例を，Ross（1964）は大陸から新大陸への種の分散について，次のように示している．7000 万年前から 1 億年前の白亜紀にカの

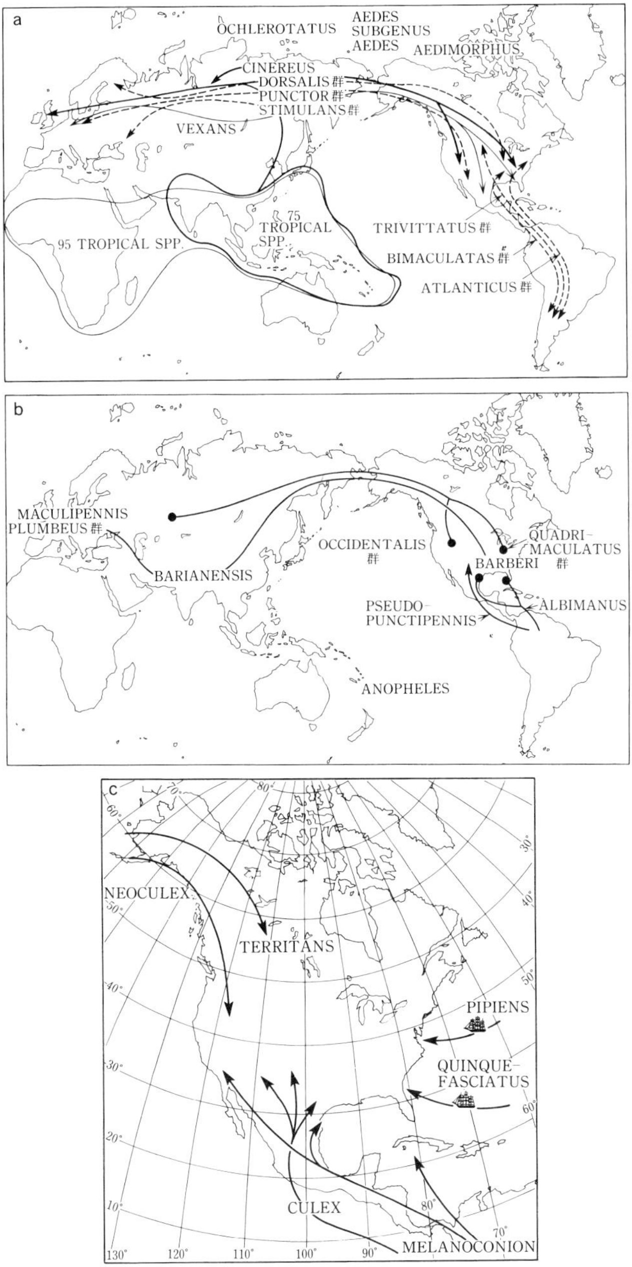

図 2.1　旧大陸から新大陸へのカの移動（Ross, 1964）

各属が興り，5000万年前の始新世には両大陸の分断で属は分離し，一方は旧大陸熱帯亜属に，他方は新大陸熱帯亜属の対として存在するようになった．そのころは熱帯，亜熱帯気候が北まで広がり，熱帯種も広く北方へ分布していた．しかし，過去1億年間に繰り返された寒暖期に応じて，暖期には熱帯種が侵入し，寒期には温帯に孤立して適応し種の分化を遂げたと考えられる．具体的には，ヌマカ属 *Mansonia*（キンイロヌマカ亜属 *Coquillettidia* から *Rhynchotaenia* 亜属の分離，*Mansonioides* 亜属から *Mansonia* 亜属の分離），チビカ属 *Uranotaenia*，イエカ属 *Culex*（旧大陸からエゾウスカ *Neoculex* 亜属の，新大陸熱帯から北米温帯への *Culex* 亜属，*Melanoconion* 亜属の分散）のうち2種，ナガハシカ属 *Sabethines* のうち1種，そしてハマダラカ属 *Anopheles*（*maculipennis* complex から *occidentalis* complex，*quadrimaculatus* complex へ分離），ヤブカ属 *Aedes*（*dorsalis* group，*punctor* group，*stimulans* group はユーラシア大陸から，*atlanticus* group，*bimaculatus* group，*trivittatus* group は新大陸熱帯から分散），ナガスネカ属 *Orthopodomyia* は最低各1種が新大陸へ渡ったと考えられている（図2.1）．

2.2 カの生活史

カの生活史については多くの成書があるが，以下は主として Kettle

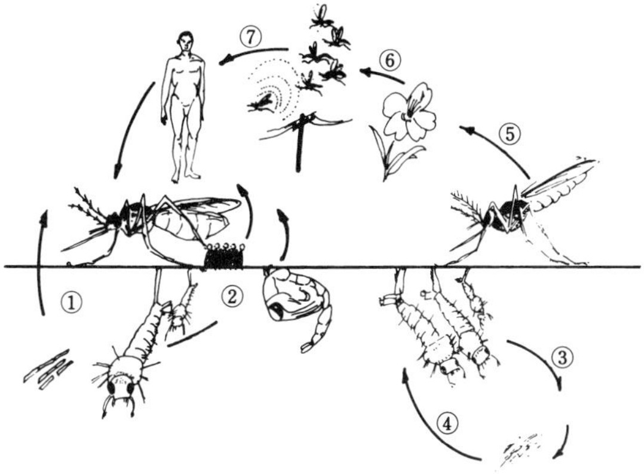

図2.2 アカイエカの生活史

(1984) と Harwood and James (1979) からの要約である．また図2.2に典型的なアカイエカの生活史を図示した．

カは完全変態で，卵，幼虫（ボーフラ），さなぎ，成虫（カ）の4態を持つ．卵はハマダラカやヤブカのように1個ずつ産下されたり，イエカ属，ハボシカ属 *Culiseta*，キンイロヌマカ属 *Coquillettidia*，チビカ属 *Uranotaenia* のように卵塊として産下される（卵塊は，その形から卵舟と呼ばれる）．ハマダラカの卵は両側に浮を，イエカの卵塊は撥水性の脂質を持ち静かな水面に浮揚するが，ヤブカでは水際壁面や湿潤土壌に付着する．ヌマカ属は水没した水草の葉の裏側に塊として産卵する．抱卵カは種特異的な産卵水域を選択するので，幼虫の発生水域は種により異なる．卵は25–30℃ では1.5日くらいで孵化するが，ヤブカ，*Psorophora*，*Haemagogus* は休眠卵を産み，一度乾燥したあと次の洪水時に孵化する．このような特性から樹洞，海岸の塩沼池，農業灌漑の水溜りなどの臨時水域を発生源とし，微生物の繁殖による水中の溶存酸素濃度の低下が卵の孵化刺激となる．遺伝的変異を持ち長年月にわたって孵化する耐乾種もある．また温帯，寒帯種は休眠性を獲得し耐寒性を示す．

イエカ亜科の幼虫は腹部末端の呼吸管を水面に出し，水面から斜めにぶら下がるように静止するが，ハマダラカ亜科は腹部各節にある1対の掌状毛（扇子状，palmate hairs）で，水平面にあおむけにぶら下がる．ヌマカ族 Mansoniini（ヌマカ属，キンイロヌマカ属）は，短小先鋭な呼吸管を水草の根にさしこみ呼吸する．小顎の櫛髭で前方から後横方向へ水流を起こし，水中に懸濁する微細固形物を濾過し摂食する．この水掻き運動が，カの水面浮揚も可能にしている．*Eretmapodites*, *Psorophora*（*Psorophora*），*Aedes*（*Mucidus*），カクイカ *Culex*（*Lutzia*），オオカ *Toxorhynchites* の幼虫は捕食性である．捕食性幼虫は，1齢期には濾過摂食するが，2齢期からは捕食器官が発達する．幼虫期間は7–10日で，1齢から4齢まで4回脱皮する．しかしヌマカ族では25–40日間である．

さなぎ期間は2–3日で摂食しないが，活発に水面水底を浮き沈みする．運動は幼虫の櫛髭による「いぬかき」水泳とは異なり，腹部の屈折伸展をすばやく繰り返す「ドルフィンキック」である．

成虫は人間の生活にもっともかかわりが深い時期で，昔から落語や俳句などの文叢に取り込まれた「虫」である．成虫の活動エネルギーは糖で，花蜜や植物の汁液から摂取する．また種を維持し分化するには交尾が必要で，雌は羽化2–4日後，一生に1回交尾する．種により薄暮時間に飛群（蚊柱）で，あるいは昼間単独で行う．雄には雌の羽音，動き，あるいは性フェロモンが交尾刺激となる．

オオカなど数種の無吸血種を除いて，雌は卵発育のため高タンパク質の血液を必要とする．カ，ブユ，ヌカカなどのNematoceraや，アブのBrachyceraは雌だけが吸血し，ハエなどのCyclorrhaphaは雌雄ともに吸血する．哺乳類だけを吸血する *An. gambiae*，ハボシカ *Culiseta inornata*，ネッタイシマカや，鳥類だけを吸血する *Cs. melanura* などがあるが，普通は両方から吸血する種が多い．特異な種には，陸に上がったトビハゼを吸血するチビカ *Uranotaenia lateralis*，両生類だけを吸血する *Cx. territans*，爬虫類を吸血する *Deinocerites dyari* がいる．またネッタイシマカが鱗翅目幼虫を吸血したことも報告されている．

吸血行動と関連して，種や個体群を，ヒト吸血性（anthropophilic）と動物吸血性（zoophilic），あるいは屋内吸血型（endophagy）と屋外吸血型（exophagy）に区別する．また家屋内壁への殺虫剤残留噴霧と関連して大切な性質として，屋内係留型（endophily）と屋外係留型（exophily）がある．吸血行動は日周性を示し，大部分のハマダラカやイエカは夜行性であるが，一部のヤブカは昼行性である．しかし，日周性は生息環境によって変化する．

雌は数日ごとの吸血と産卵のサイクル（gonotrophic cycle）を繰り返すので，卵巣小管に残される黄体の数や卵巣の形態から，産卵回数や生理的年齢が推定できる．自然界でのカの年齢寿命は，病原微生物の伝播効率と関連してひじょうに大切である．普通，1日の平均生存率が80%程度であるから，病原微生物がカの体内で感染態になる10日後までには，約10%しか生存していない．すなわち1/10の雌しか感染カにはならない．しかし寿命は低温多湿条件では長く，とくに越冬中では4カ月以上も生存する．

13属70種のカは無吸血産卵性（autogeny）を示し，幼虫時に十分な栄養を蓄え，最初の産卵は無吸血で卵発育し産卵することができる．またイエカ，ハボシカ，ハマダラカ属の温帯種は，低温短日条件では無吸血か，あるいは吸血しても卵巣発育分離を起こし，タンパク質を脂肪や多糖類へ代謝し蓄積し越冬する．

2.3　幼虫の発生源

50年前に著者がカの産卵誘引物質の研究を始めたころは，「親カは幼虫の発育を考えて，最適な水を選択し産卵する」という進化過程からみて当然な命題が，新鮮な研究テーマとして取り上げられていた．そこに介在する産卵誘引，刺激物質の発見とその生物的意義の確認は，当時世界的に始まりつつあった昆虫誘引物質に関する研究の先駆けの1つであった．事実，抱卵カによる産卵水域の発見と選択は，カの生活史上もっとも大切な選択で，種の分布を規定する重要な要因でもある．逆に，幼虫駆除の面からみると，産卵行動の研究や産卵水質の解析は，発生水域の調査や発生数推定に役立つ．ここでは幼虫発生源の種による違いと発生源の水質について述べる．

自然界でせまい特定水域に産卵する種は分布も限られるが，機械的にどのような水域にも産卵する種は，広範囲に分散できる長所を持っている．たとえば，*Wyeomyia*, *Deinocerites*, *Ae. triseriatus*，ネッタイシマカは，それぞれリュウゼンカツラの葉腋のカニの巣穴，樹洞や人工容器などに産卵するので分布も限られるが，反対に，*Ae. taeniorhynchus* は半かん水の海岸沼地一帯に発生し，長距離移動し広く分散する（Bentley and Day, 1989）．

日本の幼虫発生源については，正垣ら（1979）が名古屋付近の発生源12カ所を調査している．すなわち，コガタアカイエカ，ハマダライエカ *Cx. orientalis*，アカイエカ，トラフカクイカ *Cx. vorax* は池，水溜り，側溝，水田，竹株，樹洞など各種水域に発生し，とくにヒトスジシマカは水槽，花筒，磁器壺などの小型容器にも広く発生していた．また，発生源の水質特性である生物的酸素要求度（Biological Oxygen Demand, BOD）は5–55 ppmの広範囲にわたった．いっぽう，リュウキュウクシヒゲカ *Cx. ryukyensis*，ヤマトヤブカ *Ae. japonicus*，ハトリヤブカ *Ae. hatorii* は石穴で，ヤマダシマカ *Ae. flavopictus*，キンパラナガハシカ *Tripteroides bambusa*，フタクロホシ

チビカ *Uranotaenia bimaculatus*，ハマダラナガスネカ *Orthopodomyia anopheloides*，オオクロヤブカ *Armigeres subalbatus* は樹洞でだけ発生していた．BOD が 15 ppm 程度のきれいな水質の水田ではシナハマダラカ，コガタアカイエカ，アカイエカが発生していた．

ある種が発生する水質特性にも幅がある．Ikeshoji（1965a）はビルマのラングーン市で，ネッタイイエカの発生源 39 カ所の水質（アルブミン態窒素濃度）と幼虫の発生成育の相関関係について調べている．図 2.3 に示すように幼虫発生水のアルブミン濃度は 1–36.6 ppm の範囲で，非発生水は 1 例を除いて 1 ppm 以下か 57.8 ppm 以上であった．ところが発生源での 3–4 齢幼虫発生密度（*a*），アルブミン濃度（*b*），発生成虫の羽長（*c*）の間の偏相関を計算したところ，$r_{ab,c}$ は −0.05 で，幼虫密度とアルブミン濃度は無関係であった．いっぽう，実験室で 1 齢幼虫から飼育したところ，$r_{ab,c}$ は 0.98 で，

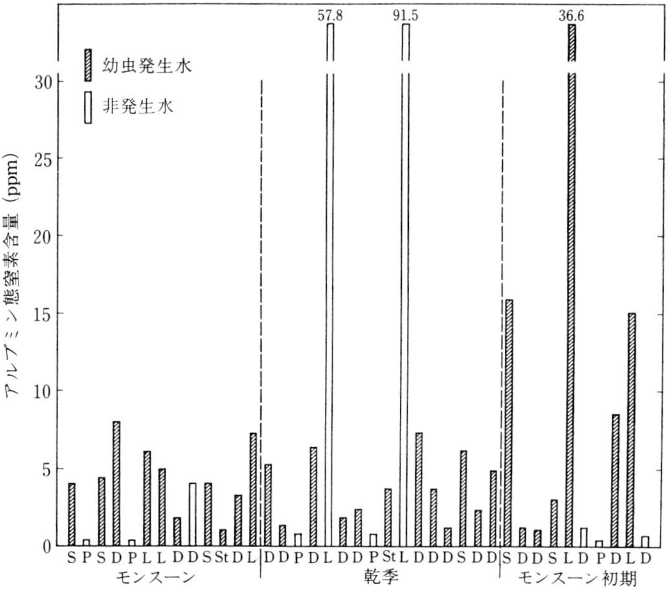

図 2.3　ラングーン市（1964 年）におけるネッタイイエカ発生源の幼虫密度とアルブミン態窒素含量（Ikeshoji, 1965a）

S：便池，P：水溜り，D：溝，L：湖沼，St：小川．

アルブミン濃度は幼虫成育に高い相関関係を示した．したがって，野外での幼虫密度すなわち産卵率は，アルブミン濃度（栄養量）とはかならずしも一致せず，ほかに多くの産卵誘引，刺激要因が存在すると結論された．

化学的要因ばかりでなく生物的，物理的環境要因も発生源を規定している．Imai and Panjaitan（1990）は北スマトラ海岸で38カ所の池から7環境要因を抽出測定し，*An. sundaicus* 幼虫の発生数との重相関を調べた．その結果，塩濃度がもっとも相関性が高く，0.5–0.8%（海水の塩濃度は4%程度）が最適で，捕食性魚の生息密度は低いほど，また水面の日照度は高いほど，幼虫密度は高いことがわかった．すなわち，適度の塩濃度と植生が繁茂しない広い水面が，この種の産卵誘引要因といえる．

もう1つせまい発生源の典型である樹洞について，Petersen and Chapman（1969）は114カ所の水質を分析している．その結果，オオカ *Tx. septentrionalis* と *An. barberi* は高塩濃度，高pHで，反対にナガスネカ *Or. signifera* と *Ae. triseriatus* は低塩濃度，さらに *Cx. restuans, Cx. territans, Ae. thibaulti, Ae. canadensis* は極低塩濃度の水に発生していた．Udevitz *et al.*（1987）は，この研究をさらに幼虫発生の予察へ前進させた．まずノースカロライナの87発生源の水質につき，無機塩濃度，pH，電気電動度など13項目につき分析し，段階的ロジスティック回帰法で幼虫発生の有無と関係づけた．その結果，*An. punctipennis* の発生はpHと正相関があり，Cl濃度とは負の関連があった．*Cx. territans* はpHと正相関があり，*An. atlanticus* は負相関があった．さらに *Psorophora ferox* はNa濃度と正相関が，K, Cl濃度とは負相関があった．これらの関係から次年度の幼虫発生確率を計算し，調査値とを比較したところ，そこそこの確率で発生予察ができた．また将来，無機塩濃度だけでなく有機質濃度の測定も加えれば，より精度の高い予察が可能になるとしている．

2.4　産卵誘引，刺激物質の存在

前節で解析したように，カの産卵を規定する要因は，生物的，物理的な環境条件と水の化学成分である．とりわけ高濃度の無機物質は産卵制限因子と

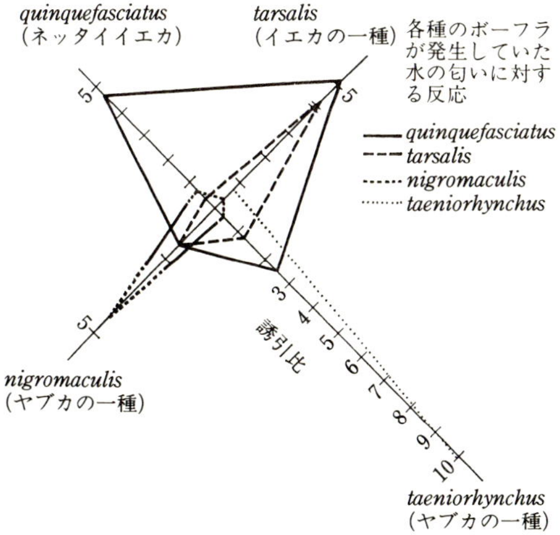

図 2.4　ボーフラ発生水の匂いに対する種特異的な誘引性
(Ikeshoji and Mulla, 1970)

して働き，有機物質は積極的に誘引刺激物質として働くことが多い．本節では，カ発生水のなかに種特異的な産卵誘引，刺激物質が存在することを示す．

Ikeshoji and Mulla (1970) は，カリフォルニアで発生水域の異なるネッタイイエカ *Cx. quinquefasciatus*（発生は富栄養の地面水），*Cx. tarsalis*（やや富栄養の地面水），*Ae. nigromaculis*（寡栄養の灌漑水路），*Ae. taeniorhynchus*（海岸窪地の半かん水）の産卵誘引性を調べた．まず野外の各発生水 100 *l* を水蒸留し，エーテルで抽出後 2 m*l* に濃縮した．そのうち 50 *μl*（発生水 2.5 *l* 分）を 4 種のカに対して産卵誘引性を試験したところ，図 2.4 に示すように，*Cx. tarsalis* は自種抽出物に 4 倍，他種抽出物には 1–1.5 倍，*Ae. nigromaculis* も自種抽出物に 4 倍，他種抽出物に 0.3–0.7 倍，*Ae. taeniorhynchus* は自種抽出物に 10 倍，他種抽出物に 0.8 倍の誘引性を示した．すなわち，3 種のカは自種抽出物に特異的に誘引された．

ところが，ネッタイイエカは自種抽出物に 4.8 倍，*Cx. tarsalis* の抽出物に 5 倍，*Ae. taeniorhynchus* の抽出物に 2.5 倍，*Ae. nigromaculis* の抽出物に 1.5 倍誘引された．ネッタイイエカは発生範囲が広く汎産卵性を示す種であることが知られており，その事実とよく一致した．この結果は，幼虫が種特異的な水に発生し，それは種特異的な産卵誘引物質の存在によることを証明している．のちに産卵誘引物質には2つの起源があり，1つは水中微生物が生産するカイロモン（他種生物が生産し，自種に有利な交信物質）と，ほかの1つはカ自身が生産するフェロモン（自種が生産し，自種が活用する交信物質）が存在することが証明された．

（1） 産卵誘引，刺激カイロモン

a．野外幼虫発生水の誘引物質

Ikeshojiら（1965a, 1966a, d, 1967）はアカイエカ，ネッタイイエカの野外発生水やイネ藁浸漬液に産卵誘引物質と刺激物質が存在することを証明した．産卵実験では，野外幼虫発生水に51％産卵するとき，イネ藁浸漬液には23％，非発生水と水道水には12–14％しか産卵しないことを認めた．そこで

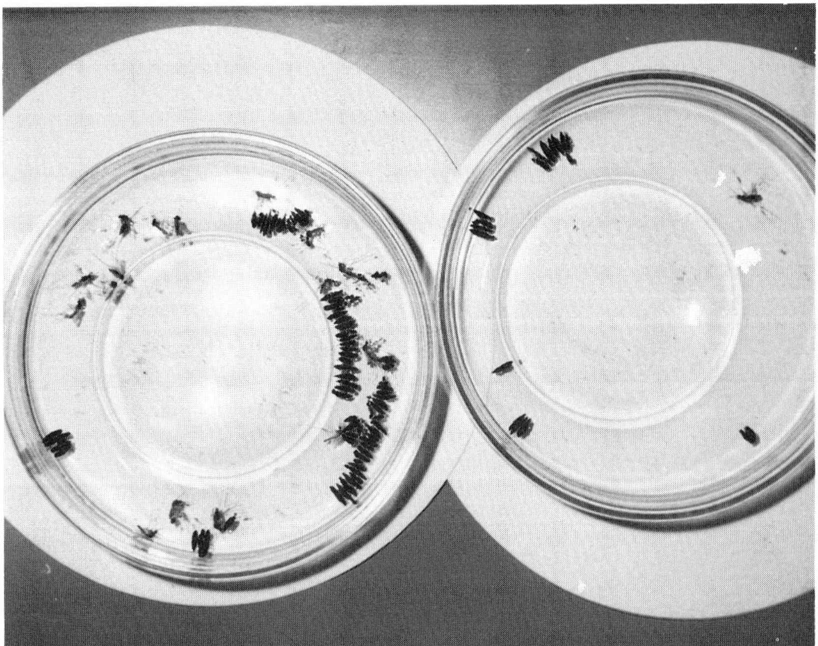

写真2.1　ネッタイイエカの産卵誘引物質
左側シャーレは野外幼虫発生水のエーテル抽出物で処理されている．右側は無処理．

野外発生水から誘引物質のエーテル抽出液を得た．これは揮発性が高く触角の嗅覚器で感知されるので産卵誘引物質と呼ぶ（写真2.1）．この抽出物質はカラムクロマトグラフィーで分離され，中性分画は誘引性を，フェノール分画は刺激性を示した．さらに中性分画をガスクロマトグラフィーで分離したところ，2-ブトキシエタノールに類似の低沸点の誘引性の高い物質を得た．また誘引定着性（arrestancy）の高いアルキルケトンや *m*-トルイル酸アルケニルに類似の3物質を分離したが，最終的な同定には至っていない（Ikeshoji, 1968）．なお，現在の分析機器の発達普及条件下では，化学構造の決定も容易であろう．

b. タンパク質，アミノ酸の産卵刺激性

いっぽう，イネ藁浸漬液には誘引物質はほとんどなく，水蒸留残液にトリクロロ酢酸，あるいは炭酸アンモニウムを加え沈殿物を取り，脱塩したのち産卵試験すると，水道水に対して4倍の産卵率を示した．この物質は低揮発性で，カの口針，とくに下唇の味覚子で感知されるので，産卵刺激物質と呼ぶ．カは産卵のため着水したとき，かならず口針で微量吸水し水を確かめることは ^{32}P を使った実験で証明されている（池庄司，未発表）．この刺激物質は水溶性タンパク質で，5種穀物のアルブミン，グロブリン，プロラミン，グルテリンと鶏卵アルブミン，ペプトン，プロタミンなどと比較試験したところ，とくにコメのグロブリン，グルテリンが3.5-4.8倍の強い刺激性を示した．

のちに抱卵カの胸背部をガラススライドに固定し，脚と口針のみを水面に接触させ産卵させる強制産卵法を考案し（Ikeshoji, 1965b, 1966b），各種アミノ酸，糖，核酸の産卵刺激性を調べたところ，グルタミン酸は200 ppm，鶏卵アルブミンは20 ppmで50% 産卵時間（50% Oviposition Time, OT_{50}）は14-15分で高い刺激性を示した．いっぽう，糖は産卵を抑制した．またイノシンやイノシン1燐酸は，0.2-2 ppmの極低濃度で10-12分という高い刺激性を示した．これらの窒素化合物は脚付節と口針で，核酸物質は口針でのみ感知された．

c. 刺激物質産生微生物

自然界の幼虫発生水は，植物の浸出成分や無数の生物，微生物，代謝産物が混在する複雑なバイオコスモスである．また水草や雑草，木材やヤシ殻，動物の糞尿，既知化合物などが混入すれば，カの産卵を誘引あるいは忌避することは経験的に知られ，多くの報告がある．そこで Ikeshoji *et al.*（1967）は，まずアカイエカ幼虫が生息する水田排水や幼虫飼育水から，誘引物質を生産する細菌，糸状菌の分離を試みた．まず通常の寒天培地で15種を分離し，ゼラチン培地で培養し，希釈液を強制産卵法で検定したところ，幼虫発生水中に多い *Pseudomonas reptilivora* が最高の産卵刺激性を示し，OT_{50} は 14. 4分，30分間の産卵率は 70. 2% を示した．ついで *P. convexa* は 18分，69. 4%，*P. aeruginosa* は 21. 3分，58. 3% で，対照の無菌培地希釈液は 24分，57. 1% であった．そのほかの細菌はむしろ抑制性を示した．なお Hazard *et al.*（1967）もアルファルファー浸漬液から分離した *Aerobacter aerogens* の，ネッタイイエカやネッタイシマカに対する誘引性を，それぞれ10倍，2倍と報告している．

いっぽう，Maw（1970）はカプリン酸を人工池に処理したとき，7日以内に *Cx. restuans*，ネッタイシマカ，アカイエカ，*Cx. tarsalis* に誘引性を発揮することを示し，処理水から数種未同定の Pseudomods を分離している．そこで Ikeshoji *et al.*（1975）は，土壌を敷いたガラス容器に5種の類縁短鎖脂肪酸を 100 ppm 処理し，産卵誘引性を比較した．図2. 5のようにチカ

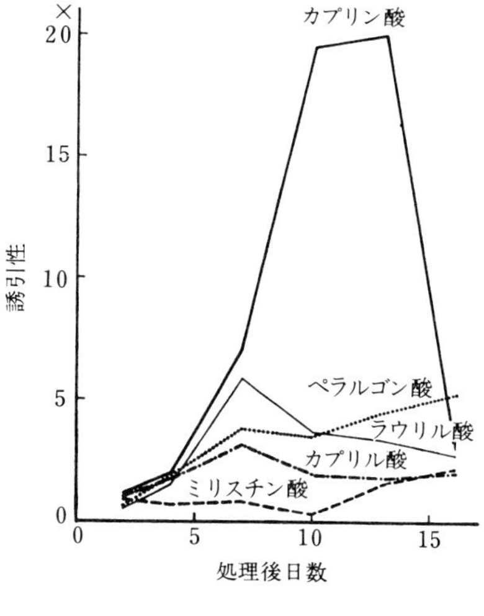

図2. 5　各種脂肪酸（200 ppm）処理水のネッタイシマカに対する産卵誘引性（Ikeshoji *et al.*, 1975）

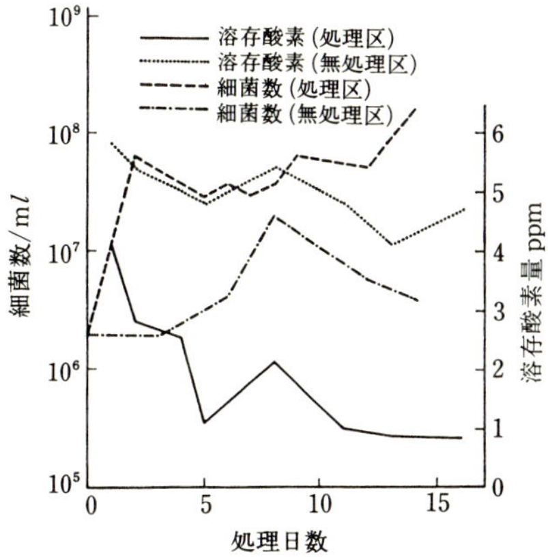

図 2.6 カプリン酸（300 ppm）処理水中の溶存酸素量の減少と細菌数の増加（Ikeshoji *et al.*, 1975）

イエカに対してカプリン酸（炭素数 10）が特異的に，10–13 日後には 20 倍の誘引性を示した．処理水では数日後から細菌数は増殖し，無処理水に対して約 10 倍の 10^8/m*l* を示した（図 2.6）．ところがネッタイシマカにはペラルゴン酸（C_9）は 1 ppm 処理で 16.8 倍の誘引性を示した．

カプリン酸処理水から各種細菌を分離し，1% カプリン酸を含む栄養培地で培養したところ，数種の *Pseudomonas* のうち，*aeruginosa* がとくに高い誘引性を示した．さらに *P. aeruginosa* の 1% カプリン酸培養液を溶媒分離したところ，チカイエカには水溶性分画が，ネッタイシマカにはエーテル可溶性分画の中性分画が高い誘引性を示した．のちに中性分画の活性成分は 6.9 倍の誘引性を示し，7,11–ジメチルオクタデカンと同定したが，合成物質は 2.9 倍の誘引性しか示さなかった（Ikeshoji *et al.*, 1979）．この差については分離の不正確さによるか，あるいは天然物と合成物の光学特異性の違いによるか不明である．この点に関して，後述するカの卵由来の産卵フェロモンや吸血誘引物質では，特定の光学異性体のみが活性を示す場合が多い．

d. リグニン由来の刺激物質

産卵刺激物質については，もう 1 つのタイプのフェノール物質が存在する．前述の野外幼虫発生水から分離されたフェノール分画や，イネ藁リグニンの微生物分解産物である *p*–ヒドロキシン安息香酸，*p*–クマリン酸，バニリン酸，フェルリ酸，*o*–ヒドロキシフェニール酸などが多感作用物質として働いている事実もあり（Chou and Lin, 1976），フェノール物質がカの産卵を刺激することに疑問はないであろう．また木材浸漬水，樹洞，竹の切株に発生するヤブカ類も多く，ここでもリグニン由来のフェノール成分が刺激物質として働いている可能性が高い．事実 Kochhar *et al.*（1972）は15種の材木片を2日間浸漬し，ネッタイシマカ，ヒトスジシマカ，*Ae. vittatus* に対する産卵刺激性を試験した．その結果，ヒマラヤスギ *Cederus deodara* がもっとも刺激性が高く，ついでキダチョウラク *Gmelina arborea*，サルスベリ *Lagerstroemia lanceolata*，フジ *Dalbergia latifolia*，フタバガキ *Dipterocarpus turbinatus*，ネムノキ *Albizzia lebbek* の順で，ほかは刺激性を示さなかった．すなわち，樹種により違いがあることがわかった．

樹洞性のハマダラカは珍しく，日本ではオオモリハマダラカ *An. omorii* が富山県の立山山系で発見されているが，米国中西部では *An. barberi* がタンニンの溶出した赤褐色の樹洞水で成育する．このカは蒸留水に対してシラカバやカエデの樹洞水に，それぞれ3倍，11倍産卵する（Copeland and Craig, 1989）．いっぽう，Gjullin（1961）は誘引物質のスクリーニング研究で，ブナ樹脂の乾留液であるクレオソートの誘引性を認めている．

そこで Ikeshoji（1975）は，まず市販のクレオソートの産卵誘引性を6種

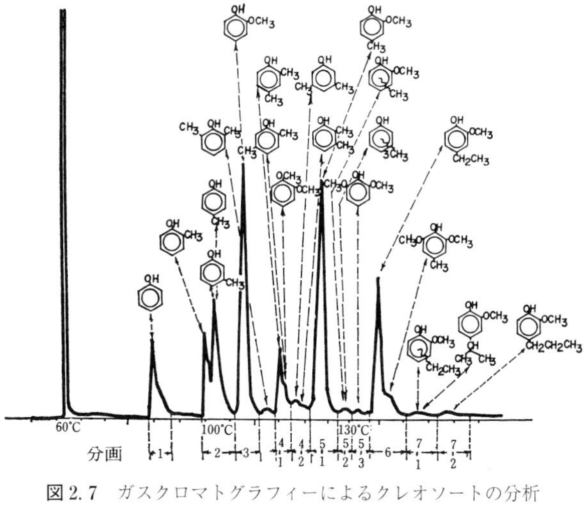

図 2.7　ガスクロマトグラフィーによるクレオソートの分析

のカについて試験し，海岸の半かん水に発生するトウゴウヤブカ *Ae. togoi* を除く，アカイエカ，チカイエカ *Cx. p. molestus*，ネッタイシマカ，ヒトスジシマカ，オオクロヤブカ *Ar. subalbatus* の 5 種に対する誘引性を確認した．さらにクレオソートをガスクロマトグラフィーで分析し，図 2. 7 のように置換基を異にする 20 種以上のフェノール化合物を分離した．この 11 分画の誘引性と個々成分化合物の誘引刺激性を検討し，次のように結論した．すなわち，分画 4 と成分 3,5–キシレノール，2,3–キシレノールはアカイエカに 4–5 倍の誘引性を示し，2, 3–キシレノールはネッタイシマカに 2. 6–3. 6 倍，3,5–キシレノールはトウゴウヤブカに 2–3 倍の誘引性を示した．分画 5–2 はチカイエカに 7. 2 倍の誘引性を示し，その成分は 2,3,6–トリメチルフェノールとクレゾール（2–メトキシ–*x*–メチルフェノール）で，それぞれ 2. 6 倍の誘引性を示した．アカイエカに 2. 5 倍，チカイエカに 4. 3 倍の誘引性を示す分画 7–1 は，2–メトキシ–*x*–エチルフェノールを含み正確な構造式は同定できなかったが，活性を示す置換配置から推察して，2–メトキシ–3–エチルフェノールであると考えられた．分画 4–2 はオオクロヤブカに 3. 2 倍の誘引性を示したが，これは 2 成分 2,3–キシレノールと 3,5–キシレノールの混合物の 7. 7 倍の誘引性に対応していた．

e. フェノール化合物と匂い物質の物理化学的特性

クレオソート成分の分析結果が示すように，誘引成分と他成分との混合物が誘引するとはかぎらず，逆に誘引混合物が誘引成分を含むとはかぎらない．すなわち誘引刺激性は，混合によって協力作用や抑制作用が発揮され，たいへん複雑である．この複雑さに多少の秩序をみいだすため，Ikeshoji（1976，一部未発表）は 3 種のクレゾール，6 種のキシレノール，3 種のトリメチルフェノールを，単体または 2 種等量混合剤として，4 種 5 系統のカに対して産卵試験した．その結果を図 2. 8 に示す．化合物を結ぶ実線は誘引性を示す組み合わせで，数値は誘引比を，ベンゼン環内の数値は単体の誘引比を示す．いっぽう，点線は誘引性を示さない組み合わせを意味する．また誘引性を示す各化合物が，全 5 種のカに対して誘引性を示す確率を計算すると，最高確率は 2,3–ジメチルフェノールの 56. 3% で，ついで *p*–クレゾール 46. 4%，*o*–クレゾール 42. 3%，*m*–クレゾール 37. 5%，3,5–ジメチルフェノール

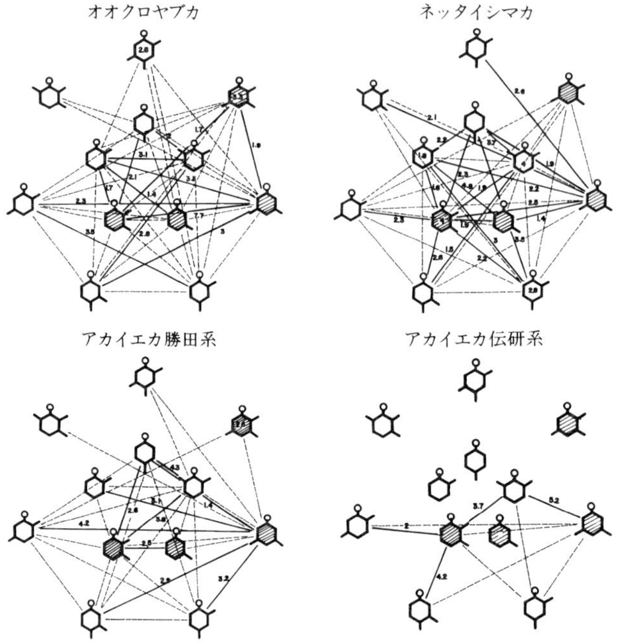

図 2.8　フェノール置換化合物の各種カに対する産卵誘引性
数値は対照に対する誘引比，太線，点線はそれぞれ誘引性，非誘引性の組み合わせ．

35.3%，2,6–ジメチルフェノール 35.0% と続いた．いっぽう，これら化合物のパイ電子の最高準位分子軌道（HOMO）を計算し，図 2.9 に図示すると 2 グループに完全に分離した．

この結果を説明するには電気生理学的な実験，感覚細胞膜タンパク質の 3 次構造解析など難問があり，現時点では不可能である．そこで 1 つの知的冒険として次のような仮説をたて，それに基づいて説明する．まず匂い分子と

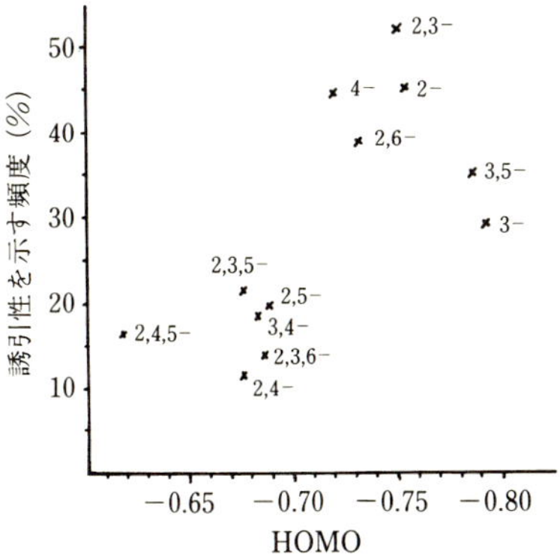

図 2.9　フェノール置換化合物のパイ電子最高準位分子軌道（HOMO）と産卵誘引性の関連
図中の数値はベンゼン環上の置換基位置を示す．

受容位タンパク質の空間構造とは「鍵と鍵穴」の関係（Amoore, 1964, 1971 の鍵穴説）にあり，一致するほど匂い分子は受容位タンパク質に近接できる．匂い分子が受容位タンパク質におよぼす作用力は，両者の距離に反比例して大きくなる．たとえば分散力（dispersion force, London force）は距離の−6 乗に比例する．いっぽう，両者はパイ電子密度を通じてなんらかの形で作用する（Shaha *et al.*, 1968；Kier, 1971；Koster, 1974）．好都合にもここで取り扱っている化合物は配位異性体を持たず，類似の分子振動を示すベンゼン環を持つ簡単な分子ばかりである．そこでカは種特異的な 1 つの受容位を持つと考え，それにフィットするフェノール分子群を探し，共通の分子群

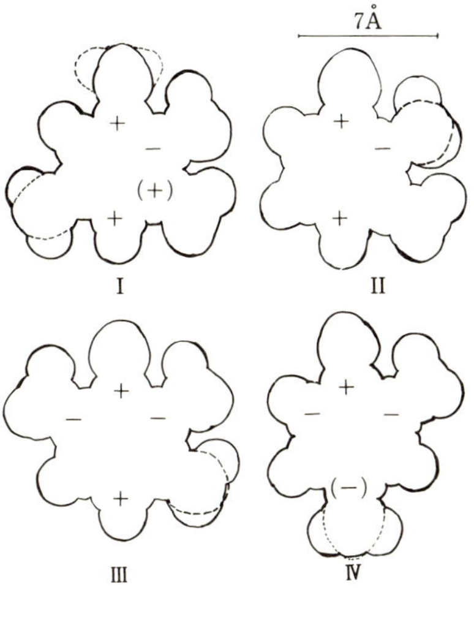

図 2.10　フェノール置換化合物の分子シルエットとパイ電子密度
電子密度 1 以上のとき「−」，1 以下のとき「+」，I：アカイエカ勝田系，オオクロヤブカ，III：アカイエカ両系，IV：ネッタイシマカをそれぞれ誘引する．II は構造，電子密度が部分的に I, III と共通しており，アカイエカ伝研系，オオクロヤブカを誘引する組み合わせもある．

から逆に受容位の構造とパイ電子密度を探る．パイ電子密度は両者の間で（＋）（－）逆の分布パターンでなければならない．

以上の仮説に基づき，誘引化合物および誘引混合化合物について，立体分子構造とパイ電子配置の共通性を調べたところ，共通性が高く，しかもカの種で特異的であった．図2.10でベンゼン環炭素上のパイ電子密度が，混合した両分子とも1以上のときに（－）で示し，両分子とも1以下のときは（＋）で示してある．またベンゼン環上の炭素番号は，置換基の種にかかわらず上から時計回りに1から6の番号をつける．たとえば，2,6-キシレノールと *p*-クレゾールの混合剤では，共通のパイ電子配置パターンは（＋1, －2, ＋3）となる（図2.10, I）．このようにして勝田系アカイエカでは，44検体のうち10検体が誘引性を示し，そのうち9検体が1, 2, 3, 5位か1, 2, 3, 6位の4置換体であった（I, III）．このパターンからの外れは誘引性も示さなかった．同じアカイエカでも伝研系では，19検体のうち3検体が（＋1, －2, ＋4）を持つ1, 2, 3, 6位の4置換体であった（III）．同じ種でも系統によって受容位の構造に多少の違いがあると考えられる．同じ属のチカイエカでは，46検体のうち，1, 2, 3, 4位の4置換体で（＋1, －2, ＋4, －6）が誘引性を示した（III）．しかし（＋1, －2, －6）が理想的であった．

オオクロヤブカでは56検体のうち13検体が誘引性を示し，9検体は1, 2, 3, 5位の4置換体で，（＋1, －2, ＋4）か（＋1, －2, ＋3）の電子パターンを示し（I），ほかに誘引4検体も電子パターンが同様でこの範ちゅうに入る．

ネッタイシマカに対しては，52検体試験し22検体が誘引性を示した．6種は1, 2, 4位の3置換体で（＋1, －2, －6）の電子パターンを示した（IV）．このパターンはネッタイシマカに特異的で，他種には例外なく忌避性を示した．ほかのパターンは，オオクロヤブカに共通した1, 2, 3, 5位の4置換体（I）であった．

フェノール類の産卵誘引，刺激性については，少し遅れて Bentley *et al.*（1979）も，米国東部で重要な樹洞性のラクロスウイルス媒介カである *Ae. triseriatus* について研究している．まず腐食したカバ *Betula papyrifera* 材を水蒸留し，ヘキサン抽出により，4.5倍程度の誘引性を示す *p*-クレゾールを分離した．さらに Bentley *et al.*（1981）は16種のフェノール化合物を試験し，誘引比が5.7倍の*p*–クレゾール（4–メチルフェノール），7.3倍の4–エチルフェノール，11.5倍の2,4–ジメチルフェノールを得た．この結果は，前述のIkeshoji（1976）の同じヤブカ亜属のネッタイシマカに対する結果とよく一致している．さらに4–ブロムフェノールや4–クロロフェノールは不活性で，これら化合物の4位炭素では，パイ電子密度がひじょうに低く1以下で，同じ立体構造を持つ誘引性化合物*p*–クレゾールや4–エチルフェノールとは，この点で異なる．また2,6–ジメチルフェノールも不活性で，ネッタイシマカに誘引性を示す1,2,4の3置換体とは異なっている．

Bentley *et al.*（1982）は*p*–クレゾールの誘引性と，それとは空間構造と水素結合性の異なるトランス–4–メチルシクロヘキサン（エネルギー的に安定した舟形で，メチルとヒドロキシン基ともにエクアトリアルで，その距離は*o*–クレゾールのそれらと異なる）を電気生理学的に比較検討した．その結果，ネッタイシマカ，*Ae. triseriatus, Cx. tarsalis*では触角上の先端丸型短毛状感覚子B–IIが*p*–クレゾールに応答し，先端先鋭短毛状感覚子B–IIはシスおよびトランス–メチルシクロヘキサンに応答した．しかし*An. stephensi*では両方の感覚子が*p*–クレゾールにだけ応答した．なおLinley（1989）は，*p*–クレゾールと4–メチルシクロヘキサンの誘引性を同じ樹洞性の*Tx. brevipalpis, Tx. amboinensis, Tx. splendens*に試験し，2倍程度の誘引性を認めている．以上のように匂い化合物の立体構造や電子配置と，匂い感覚子の間には対応関係があり，カの種によって違いがある．

（2） 産卵誘引，刺激フェロモン

カイロモンより少し遅れて発見された産卵誘引，刺激フェロモンは，和田ら（1977）が指摘しているように，カイロモンほど誘引性は強くない．表2.1に示すように，ヤブカ*Aedes*，イエカ*Culex*ではそれぞれ5,6種でフェロモンの存在が報告されているが，ハマダラカでは報告されていない．フェロモンを分泌する時期は，イエカでは主として卵，幼虫，さなぎ期で，孵化や羽化期にも分泌する．しかし，ヤブカでは幼虫，さなぎ期だけ分泌する．また産卵行動の違いが，卵フェロモンの有無に反映していると考えられ，イエカでは卵舟として水面に産下するが，ヤブカは水際の湿壁面に産卵する．ハ

表 2.1　カの産卵誘引，刺激フェロモン

種	発育期	誘引比	文献
Ae. aegypti	幼虫	2–3倍(特異的)	Soman and Reuben, 1970
Ae. atropalpus	幼虫，さなぎ		Kalpage and Brust, 1973
Ae. albopictus	幼虫	12倍	鈴木，1974
Ae. triseriatus	幼虫	2倍	McDaniel *et al.*, 1976
			Bentley *et al.*, 1976
Ae. caspius	幼虫		Adham, 1979
Cx. tarsalis	幼虫，さなぎ	2–3倍(特異的)	Hudson *et al.*, 1967
	幼虫，卵	2倍	Starratt and Osgood, 1972
Cx. quinqs. and *Cx. p. pipiens*	卵	(特異的)	Starratt and Osgood, 1973
Cx. quinqs.	幼虫，卵，さなぎ	6–10倍	Dadd and Kleinjan, 1974
	卵	2–8倍	Bruno and Laurence, 1979
Cx. p. pallens	卵		中村，1973
Cx. p. molestus	幼虫・卵・さなぎ		中村，1973
	卵		Ikeshoji, 1978
	卵		Sakakibara and Ikeshoji, 1989
Cx. salinarius	さなぎ	2倍	Andreadis, 1977

マダラカは澄んだ広い水面に1個ずつ産下するので，フェロモンは役立たないと考えられる．

もともと産卵誘引，刺激物質は幼虫飼育水に混入し，微生物の代謝を受けるので，物質の起源は判然とせず，フェロモンかカイロモンか定義しがたい．たとえばTrimble and Wellington（1980）は，トウゴウヤブカの4齢幼虫やさなぎに関連した誘引物質は，体表に付着した細菌が分泌すると報告しているし，反対に無菌飼育した幼虫の消化管分泌物をカオリンに吸着し，誘引性を証明した研究もある．このような理由から，現在までに明確に定義された研究は，イエカの卵フェロモンについてだけである．

最初に産卵フェロモンを報告したのはHudson and McLintock（1967）で，*Cx. tarsalis* のさなぎ飼育液や成虫羽化液は，蒸留水より6–9倍産卵率が高く，4齢幼虫飼育水でも同様であった．また *Cx. tarsalis* は，ネッタイシマカやアカイエカの成虫羽化液より，同じ種の成虫羽化液により多く産卵し，種特異性を示した．

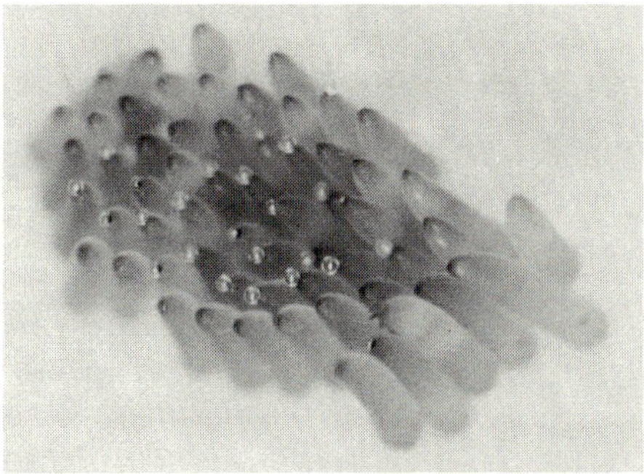

写真 2.2　ネッタイイエカ卵先端の油滴
産卵フェロモンを含む.

a.　イエカの卵油滴フェロモン

卵フェロモンについては，まず Starratt and Osgood（1972, 1973）がネッタイイエカの卵舟表面をエーテルで洗い，誘引成分として 3–ヒドロキシテトラデカン酸，3–ヒドロキシヘキサデカン酸，3–ヒドロキシ–シス–11–オクタデカン酸とエリトロ–5,6–ジヒドロキシヘキサデカン酸の 1,3–ジグリセリドを得て，誘引性を示した．のちに Bruno and Laurence（1979）は，産卵数時間後ネッタイイエカの卵先端に現われる油滴に誘引性を認めた（写真 2.2）．このフェロモンは近縁種のチカイエカや *Cx. tarsalis* にも誘引性を示した．もともとこの油滴の役割は，卵発育時の水分調節や卵の水面直立（撥水性を示すので），あるいは捕食性アリからの卵の防御であると考えられていた．ここであらためて産卵フェロモンとしての意味が発見されたわけである．

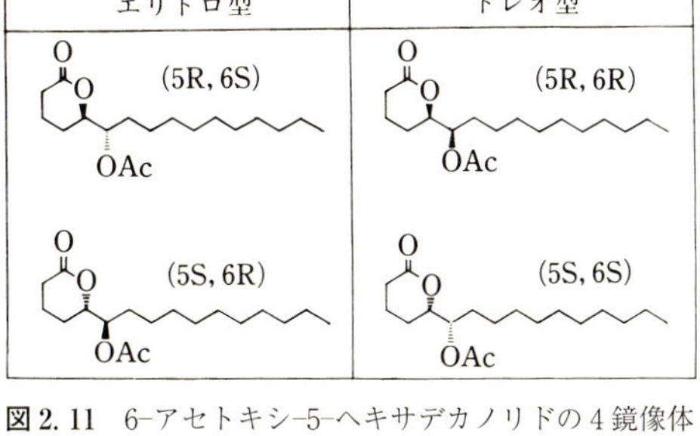

図 2.11　6–アセトキシ–5–ヘキサデカノリドの 4 鏡像体

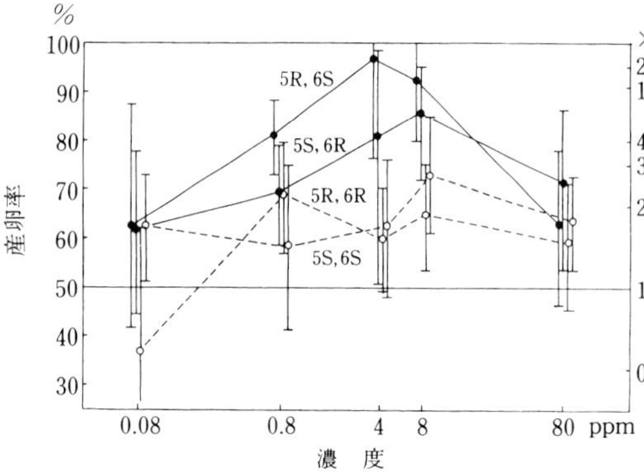

図 2. 12　6–アセトキシ–5–ヘキサデカノリド 4 鏡像体のチカイエカに対する産卵誘引性（Sakakibara *et al.*, 1984）

Laurence and Pickett（1982）はフェロモンのより詳細な分析を行い，エリトロ–6–アセトキシ–5–ヘキサデカノリドと同定し，*Cx. tarsalis* に対する誘引性は，25 卵舟等量で水に対して 5 倍とした．この化合物には 2 つの不整炭素があり，4 鏡像体（図 2. 11）が存在するが分離は不可能で，合成化合物の誘引性検定によって，それぞれの活性の違いが確かめられた．すなわち Sakakibara *et al.*（1984）は図 2. 12 に示すように，チカイエカに対して（5R, 6S）体は 4 ppm で 32. 3 倍，（5S, 6R）体は 8 ppm で 5. 7 倍，（5R, 6R）体は 2. 3 倍，（5S, 6S）体は 1. 7 倍の誘引性を示した．しかし，このフェロモンは近縁種のアカイエカに対しては同様に高い活性を示したが，*An. stephensi* には無効で，ネッタイシマカには（5S, 6S）体はむしろ忌避性を示した．もっとも活性のある（5R, 6S）体も揮発性が低く，ケージのなかでは誘引性を発揮するが，野外ではあまり期待できない．榊原（1982，東京大学博士論文）はカリフォルニア州ベーカスフィールドで野外実験を行い，*Cx. tarsalis* に対して，10 ppm 処理で無処理区のわずか 2 倍，アルブミン 10 ppm を混入して 6 倍の誘引率を得ている．

そこで，Briggs *et al.*（1986）はこのフェロモンに揮発性を持たせるため，炭素が 4 個少ない 6–アセトキシ–5–ドデカノリド，フッ素化合物の 6–トリフロロアセトキシ–5–ヘキサデカノリド，6–トリフロロアセトキシ–5–ドデカノリドを合成した．しかし，最初の化合物 6–アセトキシ–5–ドデカノリドは，天然のフェロモンより気化率が5倍上昇したが，活性は消失した．最後の化合物は気化率が50倍上昇し，実験室での誘引性も損失なく，9.4倍であった．

もともとこのフェロモンは気化性が低く，誘引性より刺激性を示すと考えられていた．そこでPile *et al.*（1991）は（5R, 6S）体に対するネッタイイエカの産卵行動をビデオで詳細に観察し，最初に考えられていた5.5 cm程度の誘引距離より遠く，1.2 mから誘引していることを発見した．さらに誘引されたカは，飛翔速度を落とし曲折回数を高め，頻繁に水を訪れては水質を検証（proving）することを観察している．

b. タンパク質性の刺激フェロモン

カが水に接触して初めて感知できる刺激フェロモンについて述べる．Ikeshoji（未発表）はチカイエカの卵孵化液，3–4齢幼虫脱皮液，蛹化液，さなぎ脱皮液，成虫羽化液の産卵刺激性を試験した．その結果，同じ種のチカイエカに対しては卵孵化液が3.3倍の活性を示したが，異種のネッタイシマカや*An. stephensi*には活性を示さなかった．そこで100–200卵舟/m*l*の孵化液からタンパク質の分離を試み，分子ふるいで分離し，分子量10^4–2×10^5の水溶性分画に7.4倍の刺激性を認めた．のちにSakakibara and Ikeshoji（1989）はこの刺激性タンパク質の起源を探索し，卵タンパク質から分子量1.1–2×10^5の非卵黄タンパク質の水溶性糖タンパク質を分離した．DE 52イオン交換クロマトグラフィーによる分画では25.3倍，最終的なPAGE電気泳動分画では3.5倍の刺激性を示した．対応する標準品タンパク質の産卵試験では，ウシ糖タンパク質は0.1 ppmと1 ppmで，それぞれ2，6.6倍の刺激性を示し，卵アルブミン，ウシ血清アルブミン，ヒト血清アルブミン，コナルブミンは10–100 ppmで3.7–21倍の高い刺激性を示した．しかし，糖タンパク質の構成成分である16種の単糖類や11種のアミノ酸類は，数種の例外を除いて忌避性を示した．

卵は孵化に際しタンパク質を修飾し，あるいは水中微生物が低分子のペプチドに代謝し，それらが刺激性を示す可能性もある．たとえばKrasnobrizhiy *et al.*（1980）は33種の*N*–カルボベンジルオキシのジ–トリ–ヘキサペプチド類のメチルエステルを試験し，総じて刺激性を示す確率が高いことを示している．なかでもトリペプチドの誘引刺激性はとくに高く，チカイエカに対して，DL–フェニールアラニル–L–バリニル–L–ロイシンは14.3倍，グリシニル–L–バリニル–DL–セリンは10倍の刺激性を，またネッタイシマカに対してもDL–フェニールアラニル–L–バリニル–L–ロイシンが9.1倍，L–プロリニル–L–ロイシニル–L–セリニル–DL–フェニールアラニル–D–アラニル–L–ロイシンが11.1倍の誘引性を示した．これらのペプチドは誘引刺激性を示すタンパク質の活性部位（ドメイン）を形成している可能性もあり，ペプチドの合成は容易なので，有望な産卵誘引，刺激物質の探索源となるであろう．

（3）　産卵誘引，刺激物質の探索試験

産卵誘引物質のカ駆除あるいは個体数推定への利用を目的として，標準物質から活性物質を探索する研究もある．とくに昆虫種や生理行動が違っても同じ活性を示すことがあるので，昆虫の生理活性物質一般を対象に広く探査するとよい．しかし現実には，実利と直接結びつく吸血忌避剤とは反対に（第5章3節参照），大規模な選抜研究は行われていない．

Crumb（1924）は *Cx. p. pipiens* に対して，H_2S が水と比較して3.4倍の誘引性を，Fay and Perry（1965）はネッタイシマカに対してプロピオン酸メチルが2.1倍，プロピオン酸エチルが2.0倍，ブチル酸メチルが2.6倍，ブチル酸エチルが1.7倍の誘引性を示すことを報告している．しかし，これらのエステルは一時，産卵誘引トラップに使用されたが有意な効力がなく，現在は使用されていない．Gjullin and Johnson（1965）は296化合物を選抜試験し，7化合物がネッタイシマカに対して5–50 ppmで3.8–7.7倍，*Cx. tarsalis* に対して1–2.3倍の誘引性を示したと報告している．とくに *N*–エチル–*o*–ベラトリルアミンと2,6–ジメチルフェノールとエチレンオキシドの反応化合物（活性物質は定義しがたいが）はネッタイシマカに対して，それぞれ25 ppmで7.5倍と7.7倍誘引している．これらの化合物は，前節でクレオソートから分離された産卵誘引物質，2,3–ジメチルフェノールや2,6–ジメチルフェノール（誘引倍率はいずれも4倍）の立体構造に類似しているのが興味深い．

Ikeshoji and Mulla（1974）は同種のネッタイイエカに対して，主として

アルキルカルボニル化合物95種を選抜試験し，上記Gjullinから入手した29化合物の効果とあわせて，化学構造と誘引性について検討した．まず全供試化合物124種のうち18種が10%の危険率で（5%の危険率では5種）誘引性を，23種が忌避性を示した．直鎖の炭素数に基づき，C_6（以下を含む）から，C_{12}（以上を含む）までの7グループに分けたところ，C_9グループでは19種のうち12種の高い確率で誘引性を示した．反対に，忌避性を示したのは3種であった．C_9化合物のうち側鎖を持つもの，とくにメチル基かエチル基をOHかOの作用基に対してαかγ，あるいはω-1の位置に持つものが活性を示した．たとえば3-メチル-2-ノナノン（誘引比3.2倍），チグリル酸ブチル（2.6倍），2-メチルノナン酸（2.0倍），2-ケトノナノン酸（1.7倍），5-エチル-2-ノナノン（3.0倍），6-エチル-3-デカノン（6.7倍），8-メチル-2-ノナノン（7.3倍）などである．この構造から多少はずれた活性化合物は，2-ノナノン（4.9倍），5-エチル-2-ヘプタノン（3.0倍），7-メチル-3-オクタノン（2.0倍）であった．アルキル基をβやδの位置に持つ化合物は，例外なく活性を示さなかった．

以上の情報を参考に，Knight and Corbet（1991）はアフリカでヘキサン酸，エステル，ヘキサノン酸などをネッタイシマカに試験し，5-メチル-2-ヘキサノン3.3倍，ヘキサン酸，5-メチル-ヘキサン酸が2-2.2倍誘引することを示した．さらにメチル基側鎖は，OHやOなどの作用基の存在より大切であると結論している．側鎖は分子に不整炭素を導入し，2つの光学異性体をつくるが，ここではラセミ体で試験されている．前節の産卵誘引フェロモン，5-アセトキシヘキサデカノリドや，第5章2節2項で述べる吸血誘引物質では，つねにR(+）体が高活性を示しているので，アルキル側鎖を持つ光学異性体の産卵誘引物質の試験は将来の重要な課題である．

2.5 産卵行動と誘引刺激に関与する感覚器

アカイエカの産卵行動を観察すると，まず誘引物質を触角の嗅覚器で感知し好適な水域を発見する．ついで水面への急降下を繰り返し，水質の適不適を選別している．水面に係累した雌カは，脚の付節と口吻でさらに2分間ほど水質を吟味する．産卵開始から産卵完了まで約10分を要する．

産卵に関与する感覚子や吸水行動について研究するため，Ikeshojiら（Ikeshoji, 1965b, 1966c, d；Ikeshoji *et al.*, 1967）はカの各口針片や脚の付節を切除し，染料か ^{32}P を混入した0.25% 鶏卵白，グルタミン酸，イノシン溶液に産卵させた．その結果，頭部か口吻，下唇，下唇先端切除（先端切除では吸水できる）によって，産卵率はほとんどゼロになるが，付節や触角切除では産卵率はあまり減少しない．またグルタミン酸やアルブミンは付節でも感知されるが，口針上の感覚器が産卵行動に必須であることを示した．ところが，最近Weber and Tipping（1990）はより詳細な行動観察を行い，カはまず前脚と中脚で着水し，口吻で吸水したあと，初めて後脚を水面におろすことを発見した．吸水は数回行い66秒間にわたる．このような長時間の吸水は，水の検知だけでなく，腹部を膨張させその圧力で卵が産卵管を下降するのを助けていると考えている．すなわち，前述のIkeshojiの実験結果は，口器切除による吸水否定が産卵行動を機械的に妨害したもので，感覚器の判断による産卵忌避とは異なるとも考えられる．

Davis（1976, 1977）は，ネッタイシマカ触角上の各種感覚子に微細電極を挿入し，既知の産卵誘引物質を試験し，応答の有無から鈍先端短毛状感覚子A2-IIが産卵に関与する嗅覚子であると結論した（触角上の各種感覚子については第5章4節参照）．この感覚子は乳酸エチル，プロピオン酸メチル，ブチル酸メチル，2-ブトキシエタノールによく応答し，反対に他種の吸血誘引物質や忌避物質，植物の匂いには応答しなかった．

いっぽう，McIver and Siemicki（1978）は，脚付節とくに前脚と中脚付節のCタイプ毛状感覚子は味覚子（接触化学感覚子）であると結論している．脚付節には刺状感覚子，窩状感覚子，A, B, C_1, C_2, C_3 タイプの5種の毛状感覚子が存在する．しかし，形態から推察してCタイプ以外はすべて機械感覚子である．Cタイプ毛状感覚子は，雌で100本，雄で60本が前脚付節に集中しており，それぞれ4-5個の感覚細胞を持つ．しかし，産卵刺激物質とCタイプ毛状感覚子の関係についてはまだ研究されていない．

2.6 産卵トラップと物理的誘引刺激

産卵トラップはカの個体群推定法として優れているばかりでなく，カの種により有力な駆除法ともなる．利点は，(1) 安価で設置に労力を要しない．たとえば幼虫数推定法より1/4の費用ですむ．(2) 採集に人為的なバイアスがなく，安定した個体群推定法である．したがって，最初にFay and Perry (1965) が採用して以来，種の分布調査や疫学調査などにも使われ，対象種に応じて頻繁に改良されている．トラップの設置に際しては，自然界における幼虫発生場所を調査し，発生源近くの日陰に設置することである．

東南アジアの都会では，マラリアよりネッタイシマカが媒介するデング出血性熱炎のほうが恐れられている．しかし殺虫剤の煙霧はほとんど駆除効果がない．Chan *et al.* (1977) は産卵トラップを使用し，ネッタイシマカの駆除に大成功をおさめている．すなわち，シンガポール空港周辺の町で，115所帯に自滅型産卵トラップ (autocidal ovitrap) を3個ずつ設置したところ，1カ月以内に，カ発生家指数 (*Aedes* 幼虫が発生した家の割合) は1.3%から41.3%へ，幼虫殺滅数は毎週20匹から834匹へ急増した．この自滅産卵トラップの誘引効率は，自然発生源に対して65倍で，いかに高いかが実証された．その後全島のネッタイシマカが駆除され，20カ月にわたって再発生していない．

この自滅型産卵トラップは直径9.3 cm，高さ11.8 cmの黒色プラスチック容器で，幼虫から成育したカが逃げないよう，上面にナイロン網がはってある．トラップのなかの水に界面活性剤，たとえばラウリル酸スクローズを100 ppm処理すれば，カを誘引し溺死させるので，トラップはより簡素化できるであろう (Ikeshoji and Kabara, 1977)．なお，トラップについてはService (1976) の成書があり，多くの具体例をあげているので参考されたい．

次に抱卵カを効率よく誘引するための物理，化学的条件をあげておく．トラップの色については，Yap (1975) がガラス容器の色を変え，ネッタイシマカの産卵について比較した．黒色は無色と比較して9倍，白色と比較して3倍，赤色はおのおの9.9倍，3.3倍，黄色は3.3倍，1.1倍，緑色は4.1倍，1.4倍，青色は4.9倍，1.6倍の産卵比を得た．また水面反射の少ない暗色は，ネッタイシマカ，*Ae. scutellaris*，ヒトスジシマカ，*Cx. restuans, Tx. rutilus* など大部分の種がよく選択する．さらにシマカの場合は，産卵媒体としてトラップ内に，黒色粗面の小木片（paddle）をたてかけるとよい．

水温は設置場所で決まるが，30℃ 以下の日陰がよく，小容器の場合（19–95 cm^2 の範囲の選択実験で）は，産卵率は水面の広さに比例する（Surtees, 1967）．また，Fay and Perry（1965）はネッタイシマカに対して3種の産卵条件を組み合わせ試験し，相対的な重要度を比較している．すなわち黒色条件で3.2倍，0.1% 短鎖脂肪酸メチル処理では2.6倍，褐色粗面紙挿入では2.1倍，全3条件組み合わせでは12倍の産卵率を示した．

水質も誘引効力に貢献する．Holck *et al.*（1988）はルイジアナで，4種の水を入れた黒色ガラス容器トラップ106個を設置し産卵率を比較した．ヒトスジシマカの卵は，トラップ当たり雑草浸漬液で76個，落葉入りで34.6個，水道水で26.3個，魚油攪拌液で6.7個産下された．*Ae. triseriatus* の卵はそれぞれ2.3個，0.3個，0.04個，21.5個であった．雑草浸漬液は *Cx. restuans, Cx. pipiens, Cx. tarsalis*，ネッタイシマカ，ヒトスジシマカなどの種にも利用されている．

産卵フェロモンを含む幼虫飼育水を使った例もある．McDaniel *et al.*（1976）は *Ae. triseriatus* 幼虫1–3匹/m*l* の飼育水を琥珀色容器で試験し，2倍の誘引性を得た．しかし，同じ幼虫飼育水を緑色容器で試験した場合は24倍，無色容器では49倍の誘引性を得た．容器の色の優位性がフェロモンの誘引性を隠していた証拠である．

引用文献

Adham, F. K.（1979）Studies on laboratory oviposition behavior of *Aedes caspius*（Diptera：Culicidae）. *Acta Entomol. Bohemoslov.*, **76**：99–103.

Amoore, J. E.（1964）Current status of the steric theory of odor. *Ann. N. Y. Acad. Sci.*, **116**：457–476.

Amoore, J. E.（1971）Progress towards some direct quantitative comparison of the stereochemical and vibrational theories of odor. In：*Gustation and Olfaction*. G. Ohloff and A. F. Thomas eds., Academic Press, NY., 147–164.

Andreadis, T. G.（1977）An oviposition attractant of pupal origin in *Culex salinarius*.

Mosq. News, **37** : 53–56.

Bentley, D. B., I. N. McDaniel, M. Yatagai, H. P. Lee and R. Maynard (1979) *p*-Cresol : an ovipositon attractant of *Aedes triseriatus*. *Environ. Entomol.*, **8** : 206–209.

Bentley, D. B., I. N. McDaniel, M. Yatagai, H. P. Lee and R. Maynard (1981) Oviposition attractants and stimulants of *Aedes triseriatus* (Say) (Diptera : Culicidae). *Environ. Entomol.*, **10** : 186–189.

Bentley, D. B., I. N. McDaniel and E. E. Davis (1982) Studies of 4-methylcyclohexanol : an *Aedes triseriatus* (Diptera : Culicidae) oviposition attractant. *J. Med. Entomol.*, **19** : 589–592.

Bentley, M. D., I. N. McDaniel, H. P. Lee, B. Stiehl and M. Yatagai (1976) Studies of *Aedes triseriatus* oviposition attractants produced by larvae of *Aedes triseriatus* and *Aedes atropalpus*. *J. Med. Entomol.*, **13** : 112–115.

Bentley, M. D. and J. F. Day (1989) Chemical ecology and behavioral aspects of mosquito oviposition. *Ann. Rev. Entomol.*, **34** : 401–421.

Briggs, G. G., G. R. Cayley, G. W. Dawson, D. C. Griffiths, E. D. M. Macaulay, J. A. Pickett, M. M. Pile, L. J. Wadhams and C. M. Woodcock (1986) Some fluorine-containing pheromone analogues. *Pestic. Sci.*, **17** : 441–448.

Bruno, D. W. and B. R. Laurence (1979) The influence of the apical droplet of *Culex* eggs on oviposition of *Culex pipiens fatigans* (Diptera : Culicidae). *J. Med. Entomol.*, **16** : 300–305.

Chan, K. L., N. S. Kiat and T. K. Koh (1977) An autocidal ovitrap for the control and possible eradication of *Aedes aegypti*. *Southeast Asian J. Trop. Med. Pub. Hlth*, **8** : 56–62.

Chou, C. H. and H. J. Lin (1976) Autointoxication mechanism of *Oryza sativa*. I. Phytotoxic effects of decomposing rice residues in soil. *J. Chem. Ecol.*, **2** : 353–367.

Copeland, R. S. and G. B. Craig, Jr. (1989) Winter cold influences the spatial and age distributions of the North American treehole mosquito *Anopheles barberi*. *Oecologia*, **79** : 287–292.

Crumb, S. E. (1924) Odors attractive to ovipositing mosquitoes. *Entomol. News*, **35** : 242–243.

Dadd, R. H. and J. E. Kleinjan (1974) Autophagostimulant from *Culex pipiens* larvae : distinction from other mosquito larval factors. *Environ. Entomol.*, **3** : 21–28.

Davis, E. E. (1976) A receptor sensitive to oviposition site attractants on the antennae of the mosquito, *Aedes aegypti*. *J. Insect Physiol.*, **22** : 1371–1376.

Davis, E. E. (1977) Response of the antennal receptors of the male *Aedes aegypti* mosquito. *J. Insect Physiol.*, **23** : 613–617.

Fay, R. W. and A. S. Perry (1965) Laboratory studies of ovipositional preferences of *Aedes aegypti*. *Mosq. News*, **25** : 276–281.

Gjullin, C. M. (1961) Oviposition responses of *Culex pipiens quinquefasciatus* to waters treated with various chemicals. *Mosq. News*, **21** : 109–113.

Gjullin, C. M. and J. O. Johnson (1965) The oviposition response of two species of *Culex* to waters treated with various chemicals. *Mosq. News*, **25**：14–16.

Harwood, R. F. and M. T. James（1979）*Entomology in Human and Animal Health*. Macmillan Pub. Co., NY., 548.

Hazard, E. L., M. S. Mayer and K. E. Savage（1967）Attraction and oviposition stimulants of gravid female mosquitoes by bacteria isolated from hay infusions. *Mosq. News*, **27**：133–136.

Holck, A. R., C. L. Meek and J. C. Holck（1988）Attractant enhanced ovitraps for the surveillance of container breeding mosquitoes. *J. Am. Mosq. Cont. Assoc.*, **4**：97–98.

Hudson, A. and J. McLintoch（1967）A chemical factor that stimulate oviposition by *Culex tarsalis* Coquillett（Diptera：Culicidae）. *Anim. Behav.*, **15**：336–344.

Ikeshoji, T.（1965a）An attractant for ovipositing *Culex pipiens fatigans* Wied. occurring in breeding field waters. *WHO/VC*/130. 65.

Ikeshoji, T.（1965b）An ovipositional arrestant and its detection by the mosquito *Culex pipiens fatigans* Wied. *WHO/VC*/131. 65.

Ikeshoji, T.（1965c）The influence of larval breeding conditions on fecundity of *Culex pipiens fatigans* Wied. *WHO/VC*/135. 65.

Ikeshoji, T.（1966a）Studies on mosquito attractants and stimulants. Part 1. Chemical factors determining the choice of oviposition site by *Culex pipiens fatigans* and *pallens*. *Jpn. J. Exp. Med.*, **36**：49–59.

Ikeshoji, T.（1966b）Studies on mosquito attractants and stimulants. Part 2. A laboratory technique for obtaining mosquito eggs by forced oviposition. *Jpn. J. Exp. Med.*, **36**：61–65.

Ikeshoji, T.（1966c）Studies on mosquito attractants and stimulants. Part 3. The presence in mosquito breeding waters of a factor which stimulates oviposition. *Jpn. J. Exp. Med.*, **36**：67–72.

Ikeshoji, T.（1966d）Attractant and stimulants factors for oviposition of *Culex pipiens fatigans* in natural breeding sites. *Bull. Wld Hlth Org.*, **35**：905–912.

Ikeshoji, T., T. Umino and S. Hirakoso（1967）Studies on mosquito attractants and stimulants. Part 4. An agent producing stimulative effects for oviposition of *Culex pipiens fatigans* in field water and the stimulative effects of various chemicals. *Jpn. J. Exp. Med.*, **37**：61–69.

Ikeshoji, T.（1968）Studies on mosquito attractants and stimulants. Part 5. Gaschromatographic separation of the attractants for oviposition of *Culex pipiens fatigans* from the field water. *Appl. Ent. Zool.*, **3**：176–188.

Ikeshoji, T. and M. S. Mulla（1970）Ovipositional attractants for four species of mosquitoes in natural breeding waters. *Ann. Entomol. Soc. Am.*, **63**：1322–1327.

Ikeshoji, T. and M. S. Mulla（1974）Attractancy and repellency of alkyl carbonyl compounds for mosquito oviposition. *Jpn. J. Sanit. Zool.*, **125**：89–94.

Ikeshoji, T.（1975）Chemical analysis of woodcreosote for species-specific attraction of mosquito oviposition. *Appl. Ent. Zool.*, **10**：302–308.

Ikeshoji, T., K. Saito and A. Yano（1975）Bacterial production of the ovipositional attrac-

tants for mosquitoes on fatty acid substrates. *Appl. Ent. Zool.*, **10** : 239–242.
Ikeshoji, T. (1976) The molecular shapes and pai-electron densities of phenols correlated with the species-specific attractancy for mosquito oviposition. Oral presentation at 15th ICE, Washington, D. C.
Ikeshoji, T. and J. J. Kabara (1977) Surfactants for a mosquito ovitrap. *Jpn. J. Sanit. Zool.*, **28** : 451–452.
Ikeshoji, T. (1978) Oviposition pheromone of mosquitoes. *Jpn. J. Sanit. Zool.*, **29** : 1.
Ikeshoji, T., I. Ichimoto, J. Konishi, Y. Naoshima and H. Ueda (1979) 7, 11-Dimethyloctadecane : an ovipositional attractant for *Aedes aegypti* produced by *Pseudomonas aeruginosa* in capric acid substrate. *J. Pesticide Sci.*, **4** : 187–194.
Imai, C. and W. Panjaitan (1990) Ecological study of *Anopheles sundaicus* larvae in a coastal village of North Sumatra, Indonesia. II. Environmental factors affecting larval density of *An. sundaicus* and other anopheline species. *Jpn. J. Sanit. Zool.*, **41** : 205–211.
Kalpage, K. S. P. and R. A. Brust (1973) Oviposition attractants producing immature *Aedes atropalpus*. *Environ. Entomol.*, **2** : 729–730.
Kettle, D. S. (1984) *Medical and Veterinary Entomology*. Croom Helm, London, 658.
Kier, L. B. (1971) *Molecular Orbital Theory in Drug Research*. Academic Press, NY., 258.
Knight, J. C. and S. A. Corbet (1991) Compounds affecting mosquito oviposition : structure-activity relationships and concentration effects. *J. Am. Mosq. Cont. Assoc.*, **7** : 37–41.
Kochhar, R. K., R. S. Dirit and C. I. Somaya (1972) A study of oviposition of *Aedes* mosquitoes. *Mosq. News*, **32** : 114–115.
Koster, E. P. (1974) Quality discrimination in olfaction. In : *Tansduction Mechanisms in Chemoreception*. T. M. Synder ed., Information Retrieval, London, 307–318.
Krasnobrizhiy, N. Y., L. G. Kovalenko and E. M. Skrynik (1980) Attractive properties of some peptides for egg-laying female *Aedes aegypti* and *Culex pipiens molestus* mosquitoes. *Med. Parasit. i. Parasit. Bolezni*, **49** : 65–68.
Laurence, B. R. and J. A. Pickett (1982) Erythro-6-acetoxy-5-hexadecanolide, the major component of a mosquito oviposition attractant pheromone. *J. Chem. Soc., Chem. Commun.*, 59–60.
Linley, J. R. (1989) Laboratory tests of the effects of *p*-cresol and 4-methylcyclohexanol on oviposition by three species of *Toxorhynchites* mosquitoes. *Med. Vet. Entomol.*, **3** : 347–352.
Maw, M. C. (1970) Capric acid as a larvicide and an oviposition stimulant for mosquitoes. *Nature*, **227** : 1154–1155.
McDaniel, I. N., M. D. Bentley, H. P. Lee and M. Yatagai (1976) Effects of color and larva-produced oviposition attractants on oviposition of *Aedes triseriatus*. *Environ. Entomol.*, **5** : 553–556.
McDaniel, I. N., M. D. Bentley, H. P. Lee and M. Yatagai (1979) Studies of *Aedes triseri-*

atus（Diptera：Culicidae）oviposition attractants. Evidence for attractant produced by kaolin-treated larvae. *Can. Entomol.*, **111**：143–147.

McIver, S. and R. Siemicki（1978）Fine structure of tarsal sensilla of *Aedes aegypti*（L.）（Diptera：Culicidae）. *J. Morph.*, **155**：137–156.

中村　央（1973）卵舟あるいは幼虫により条件づけられた水がアカイエカとチカイエカの産卵に及ぼす影響．衛生動物，**24**：317.

Petersen, J. J. and H. C. Chapman（1969）Chemical factors of water in tree holes and related breeding of mosquitoes. *Mosq. News*, **29**：29–36.

Pile, M. M., M. S. J. Simmonds and W. M. Blaney（1991）Odour-mediated upwind flight of *Culex quinquefasciatus* mosquitoes elicited by synthetic attractant. *Physiol. Entomol.*, **16**：77–85.

Ross, H. H.（1964）The colonization of temperate North America by mosquitoes and man. *Mosq. News*, **24**：103–118.

Sakakibara, M., T. Ikeshoji, K. Machiya and I. Ichimoto（1984）Activity of four stereoisomers of 6-acetoxy-5-hexadecanolide, the oviposition pheromone of culicine mosquitoes. *Jpn. J. Sanit. Zool.*, **35**：401–403.

Sakakibara, M. and T. Ikeshoji（1989）Oviposition-stimulating protein in the eggs of *Culex pipiens molestus*（Diptera：Culicidae）. *Appl. Ent. Zool.*, **24**：334–342.

正垣幸男・井上茂樹・岸川清志（1979）愛知県，豊明市およびその近郊における蚊類の総合調査．豊明市役所講演誌，35.

Service, M. W.（1976）*Mosquito Ecology. Field Sampling Methods.* Applied Science Pub., London, 583.

Shaha, R. K., A. A. Shaikh and L. F. Rabari（1968）Delocalized pai-electrons and odours. *Nature*, **218**：591–593.

Soman, R. S. and R. Reuben（1970）Studies on the preference shown by ovipositing females of *Aedes aegypti* water containing immature stages of the same species. *J. Med. Entomol.*, **7**：485–489.

Starratt, A. N. and C. E. Osgood（1972）An oviposition pheromone of the mosquito, *Culex tarsalis*：diglyceride composition of the active fraction. *Biochem. Biophys. Acta*, **280**：187–193.

Starratt, A. N. and C. E. Osgood（1973）1, 3-Diglycerides from eggs of *Culex pipiens quinquefasciatus* and *Culex pipiens pipiens*. *Comp. Biochem. Physiol.*, B **46**：857–859.

Surtees, G.（1967）Factors affecting the oviposition of *Aedes aegypti*. *Bull. Wld Hlth Org.*, **36**：594–596.

鈴木健二（1974）フェロモン，動物の情報伝達物質．三共出版，東京，246.

Trimble, R. M. and W. G. Wellington（1980）Oviposition stimulant associated with foruth instar larvae of *Aedes togoi*（Diptera：Culicidae）. *J. Med. Entomol.*, **17**：509–514.

Udevitz, M. S., P. Bloomfield and C. S. Apperson（1987）Prediction of the occurrence of four species of mosquito larvae with logistic regression on water-chemistry variables. *Environ. Entomol.*, **16**：281–285.

和田義人・黒川憲次・上田正勝（1977）ヒトスジシマカの産卵選択性についての野外実験. 衛生動物, **28**：33.

Weber, R. G. and C. Tipping（1990）Drinking as a pre-oviposition behavior of wild *Culex pipiens*（Diptera：Culicidae）. *Entomol. News*, **101**：257–265.

Yap, H. H.（1975）Preliminary report on the color preference for oviposition by *Aedes albopictus*（Skuse）in the field. *Southeast Asian J. Trop. Med. Pub. Hlth*, **6**：451–453.

Zavortink, T.（1990）Classical taxonomy of mosquitoes：a memorial to John N. Belkin. *J. Am. Mosq. Cont. Assoc.*, **6**：593–599.

・3・
カ幼虫の過密度制御

生物個体群の大きさは，出生率や死亡率，移出入率で決まる．そのいずれにも天候や食物，居住空間，天敵・病気，種内種間競争などの要因がかかわっている．また個体密度が高くなると，個体間で資源に対する競合が激化する．競合は種によって，原始的で不安定な直接搾取（exploitation, scramble）か，進化し安定した相互干渉（interference, contest）の方法をとる．相互干渉による密度の自己調節現象は，一方では出生率の低下，性比の変化，成育の遅延，休眠率の上昇として，他方では死亡率の増大，病気抵抗性の低下，移出率の増大として現われる．

3.1　カ幼虫の過密度現象

カ幼虫の室内での過密度飼育の影響については，枚挙に暇がないほど具体例が多い．しかし，室内飼育条件は野外での幼虫発育条件とは異なるので，室内実験結果を野外生態へ演繹するときには注意する必要がある．また野外でも過密度状態が存在し，密度調節が行われていることには異論がないであろう．たとえば容器，樹洞，葉腋などの小水域，あるいは灌漑水の臨時水域で発生するイエカやヤブカはしばしば過密度となり，反対に大水域で発生するハマダラカではそのような報告はされていない（Ikeshoji, 1977）．

(1)　野外での過密度現象

幼虫密度は産卵密度に依存するが，卵の孵化率に直接制御されている．イエカやハマダラカの卵は産卵1–2日後に孵化するが，ヤブカの卵は越冬休眠したり，乾燥状態では水条件が好転するまで孵化しない．この好例は，過密度幼虫が卵の孵化率を調節する *Ae. triseriatus* の場合である．Livdahl *et al.*（1984）と Livdahl and Edgerly（1987）は，0–800匹の幼虫が発育中の39カ所の樹洞に休眠卵塊を挿入し，その後16日間の孵化率を調べた．その結果，孵化率は水1 *l* 当たり72匹以下の幼虫密度では60%，以上の密度では39%であった．孵化率低下の原因は，幼虫による卵表面付着微生物の舐食によると推察している．なぜなら，水中の酸素分圧低下が卵孵化の刺激となることは以前から知られており，多数の幼虫による微生物の過舐食により，卵殻吸着水の酸素分圧が低下せず，孵化が遅れるからである．この卵孵化調節機構により，孵化幼虫は過密度による資源供給の悪化，自種4齢幼虫による捕食を回避することができる．

とくに小水域に成育する種では，幼虫の過密状態と資源への競合や物理化学的干渉が起こる確率は高い．Subra（1971）はアパーボルタで便池に発生するネッタイイエカや *Cx. cinereus* の幼虫個体群の動態について報告している．図3.1に示すように，両種の幼虫数は交代しながら大きく増減を繰り返

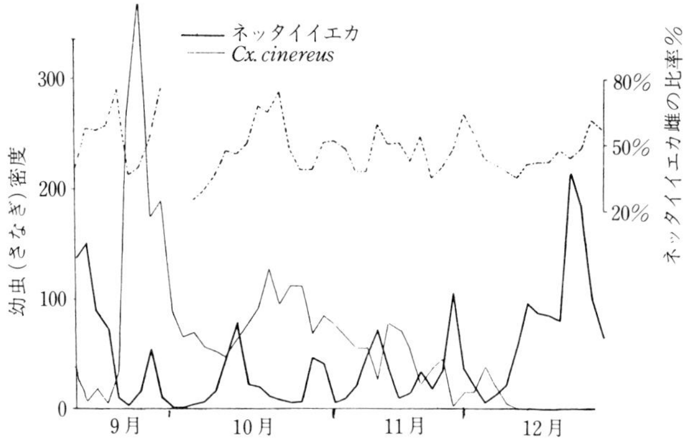

図3.1　1966年アフリカのボボ-ディオロソロ村におけるネッタイイエカと *Cx. cinereus* の個体群動態（Subra, 1971）

し，ネッタイイエカ雌成虫は幼虫数のピークから3–4日遅れて発生している．いっぽう，室内実験の結果から，過密度条件下での幼虫数増減の原因は，幼虫が蛹化時に餌量に比例して生産する毒性物質で，捕食天敵や病死ではないとしている．

幼虫が餌量に制限されるほど過密になる水域があるであろうか．Ikeshoji (1965) は，ネッタイイエカ幼虫の飼育実験で，飼育4齢幼虫＋さなぎ数 (a)，餌量（アルブミン態窒素含量 b)，羽化成虫の大きさ（羽長 c）を測定し，相関関係を調べた．それぞれの偏相関係数 $r_{ab,c}=0.981$，$r_{bc,a}=0.975$，$r_{ca,b}=-0.989$ で有意な相関関係があった．すなわちアルブミン態窒素含量が高ければ，高密度幼虫飼育が可能であり，大きな成虫が飼育できる．いっぽう，ラングーン市郊外の40カ所の大，中発生水域から年間を通して採集したカの形質を測定したところ，まったく相関関係がみられなかった．このことは，野外ではアルブミン態窒素含量が，幼虫生存数の制限因子とはなっていないことを示している．表3.1で，野外水のアルブミン態窒素含量は飼育水のそれより高いが，発生幼虫密度ははるかに低いことがわかる．その結果，羽化したカの羽長は違わず，吸血量に対する産卵数もほぼ同数である．しかし，この例はあくまで平均的な観察で，個々の小水域あるいは特定時期には，過密状態になることは十分考えられる．

大水域の水田で発生するコガタアカイエカについて，Chubachi (1979) は14 haの水田の幼虫を調査し，生命表をつくり次のように結論している．すなわち，カ成虫密度は幼虫密度に依存し，幼虫密度は捕食動物ではなく，種内競争による死亡率で制御されている．また幼虫密度は広い水域全体で均一ではなく，産卵選択による局所的な集中分布をしており，過密度になる可能性は十分にある．しかし種内競争は成長抑制物質や過密度物質によらず，

表3.1 ラングーン市の野外および室内飼育によるネッタイイエカの発育比較

	飼育水(9段階平均)	野外水(40カ所平均)
発育水のアルブミン態窒素含量(ppm)	0.8–7.3 (3.7)	0.3–91.5 (8.5)
4齢＋さなぎ密度/100 cm^2	75.0–989.0 (350.0)	0.0–1070.0 (153.6)
羽化したカの羽長(単位)	22.5–28.0 (25.4)	20.8–29.8 (25.4)
産卵数/鶏血液 mg	72.4–217.4 (125.4)	72.0–228.3 (114.2)

餌不足によるとしている．反対に，Mogi *et al.*（1980）は各種捕食動物の圧力と農薬の影響が大きく，水田環境の異質性が幼虫密度を変化させ，これが夏のカの継続的発生を保証するとしている．

（2）　過密度の制御要因

野外では増殖に対する種々の環境抵抗が存在し，広水域全面に幼虫が過密度になるほど増殖する機会は少ない．たとえ過密度要因が生産されても，希釈流出し効力を発揮する場合は少ないであろう．しかし飼育実験では，幼虫密度や水量，餌量を自由に設定できるので，過密度要因の存在は容易に証明できる．

石井（1963）はシャーレでアカイエカの幼虫数を変えて飼育し，正常に成育できる最低水量を，1–4齢幼虫で0.25–4 m*l*/匹と計算している．この水量以下では発育が停止し死亡率が増加し始める．また，4齢幼虫に対する最低水量4 m*l*は，毎日の水交換によって0.2 m*l*に減少した．このことは継続飼育による水質の劣化を示している．過密度と継代飼育による水質劣化を明らかにするため，Ikeshoji（1976）は3 *l*の水に，200または500匹のチカイエカ1齢幼虫個体群を3–13日間隔で投入し，各個体群の蛹化率を調べた．餌量は1日おきに0.2 gまたは0.5 g過不足なく与えた．図3.2に示すように，最初の個体群1番では同じ個体群内の干渉だけが起こり，200匹区で89%，

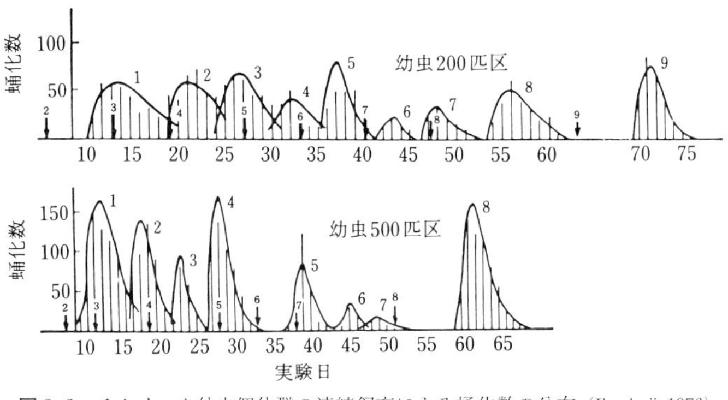

図3.2　チカイエカ幼虫個体群の連続飼育による蛹化数の分布（Ikeshoji, 1976）
←矢印は1齢幼虫投入日を示す．

500匹区で61%が蛹化した．しかし個体群2番ではそれぞれ69%，42%しか蛹化しなかった．蛹化率の低下は個体群内干渉と同時に個体群間干渉が起こったからで，密度調節を行った証拠である．干渉は個体群5番と6番，とくに500匹区ではさらに顕著である．また次の個体群の投入間隔が短いほど，蛹化数は減少し干渉が大きいことを示している．最後の個体群8, 9番では，投入間隔が13日と長く，蛹化数は前の個体群の61.0%，4.3%から61.8%，58.3%へ回復している．すなわち，干渉は短命な化学要因によると推察された．

干渉は蛹化率（幼虫死亡率）だけでなく，チカイエカの特長である無吸血産卵性（吸血しなくても産卵できる性質）も消失させる．そこで繁殖成功率（羽化率×産卵率）で計算すると，200匹区では個体群1番の幼虫1匹当たり30卵から個体群2番で7.4，個体群9番では3.3へ減少し，幼虫期の干渉だけで早い時期に個体群は絶滅することがわかった．ただし野外ではこのような継続的高密度は，ひじょうに限られた時期か場所でしか起こらないであろう．

容器で発生するネッタイシマカについては，より多くの報告がある．Dye（1982）によると1齢と4齢幼虫の混合飼育実験で，餌に対する競合は化学的干渉より重要で，その影響は若齢幼虫の生育遅延として現われる．ここでは4齢幼虫は餌粒子の大きさと関連して，1齢幼虫より摂食に有利である．しかし，のちにDye（1984）はポンスとサンフアンの2系統を使用し，4齢幼虫飼育水（条件づけした水）で1齢幼虫のみを飼育し，生育がそれぞれ1.19, 1.13倍遅延することを示し，生育遅延物質（growth-retardant）の分泌による化学的干渉は系統により異なることを発見した．また，化学干渉を起こさないリバプール系統の1, 4齢幼虫を混在飼育し，1.52倍の生育遅延を得た．この場合の生育遅延は物理的干渉によるもので，1齢幼虫が4齢幼虫と衝突する頻度に依存していた．自然状態では物理的干渉と餌競合が重なるので，1齢幼虫の生育遅延は3倍となった．

同様な現象は樹洞性のオオモリハマダラカ *An. omorii* の飼育でもみられ，荒川ら（1988）は50匹/500 m*l* の密度で，同餌量でもカンナ屑投入の有無で，生育遅延が15.4%と82.8%の差を示すことを観察している．ここではカンナ屑からの浸出栄養素や，カンナ屑表面での増殖微生物による生育遅延物質の代謝，カンナ屑障壁による物理的干渉の軽減も考えられる．

3.2　過密度制御物質

（1）過密度制御物質（overcrowding factor）の分離と細菌による代謝

化学的干渉の存在は，物質の分離同定によって実証される．そのため Ikeshoji and Mulla（1970a）は，まずネッタイイエカ3齢幼虫 1500–2000 匹を 300/m*l* の水に（25匹/m*l*）3–4日間飼育した（写真3.1）．飼育水のなかの固形物を濾過，遠心分離したのち，エーテルで抽出し減圧濃縮液を得た．これを1単位とし試験したところ，蛹化までの死亡率は1齢では 99.1%，2齢では 81.2%，3–4齢では 0% を示した（Ikeshoji and Mulla, 1970a, b；Ikeshoji, 1978）．また，図3.3のように無処理では10日間で蛹化するが，1単位処理では18日間を要する．このような死亡率の増大と顕著な生育遅延は，過密度飼育でみられる現象とまったく同じである．この抽出物の活性は種に対して非特異的で，また幼虫の無菌飼育条件でも分泌する．

抽出物質を薄層クロマト，ガスクロマトグラフィーで分析したところ，*n*-ヘプタデカンと7-メチルオクタデカン，*n*-オクタデカンと8-メチルノナデ

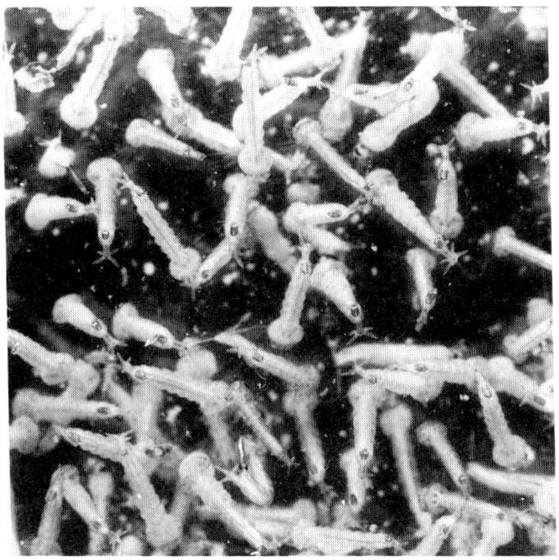

写真3.1　過密度飼育中のネッタイイエカ3齢幼虫

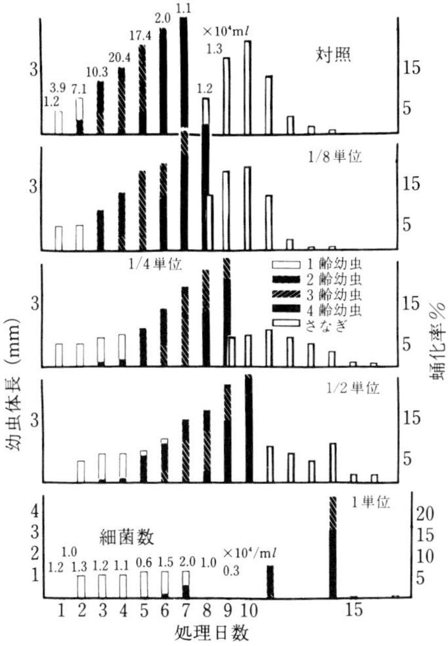

図 3.3　ネッタイイエカ過密度飼育水から抽出した過密度制御物質の効力

カンを含む2活性分画が得られ（Ikeshoji and Mulla, 1974a），さらに質量スペクトルの解析から，各分画は微量の2-メチルや2-エチル側鎖を持つ脂肪酸を含むことがわかった．

該当する合成化合物や類縁化合物を生物検定したところ，C_{16}–C_{19}の炭化水素は幼虫の生育遅延を起こし，直鎖の長さやアルキル側鎖の位置により活性が異なった．いっぽう，C_9–C_{22}の直鎖脂肪酸は活性を示さないが，側鎖を持つ脂肪酸とくにアルキル基を2または3位炭素に持つ脂肪酸は，著しい幼虫致死性（LC_{50}は0.19–2.3 ppmで殺虫剤のマラチオン程度の毒性）を示した．

直鎖炭化水素は水中の細菌によって急速に，反対に側鎖炭化水素はゆっくりと代謝され多様な脂肪酸となる．側鎖炭化水素から生産された側鎖脂肪酸は残存の側鎖炭化水素と協力して，より高い致死性と生育遅延を示す．すなわち細菌の代謝によって活性化される．このことを証明するため，Ikeshoji

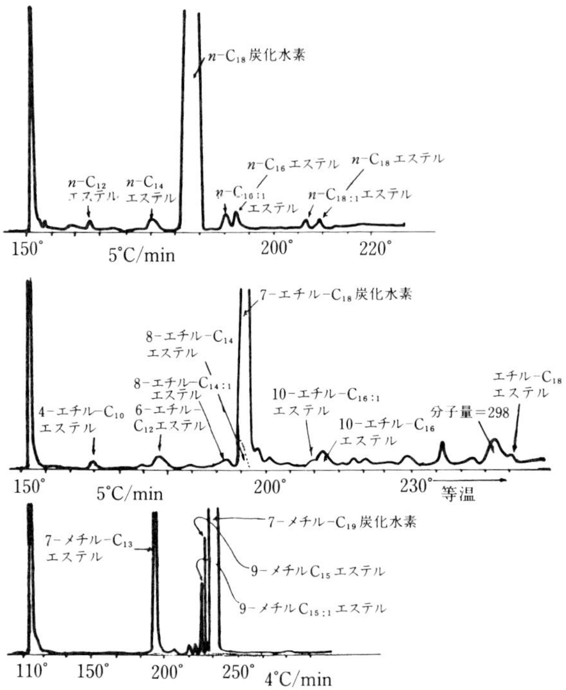

図 3.4　*n*-オクタデカン，7-エチルオクタデカン，7-メチルノナデカンの Pseudomonads による *in vitro* 代謝（エステル化後）

et al.（1977）は 5 ppm の *n*-ノナデカン，7-エチルオクタデカン，7-メチルノナデカンを栄養培地に混ぜ，幼虫飼育水から分離した Pseudomonads を培養し，致死活性と炭化水素の代謝過程を調べた．その結果，致死活性は培養 1 日目から高まり 6 日目まで続くが，*n*-オクタデカンは側鎖炭化水素より早く代謝され消失した．図 3.4 に示すように，*n*-オクタデカンは *n*-オクタデカン酸に酸化され，*β*-酸化によりさらに *n*-テトラデカン酸，*n*-ドデカン酸へと代謝されている．いっぽう，7-エチルオクタデカンは両端から酸化されるが，長端からより早く代謝され，10-エチルヘキサデカン酸，8-エチルテトラデカン酸，6-エチルドデカン酸，4-エチルデカン酸を生成している．短端からも *β*-酸化され，エチル基をほかの位置に持つ脂肪酸シリーズを少量ずつ生成している．

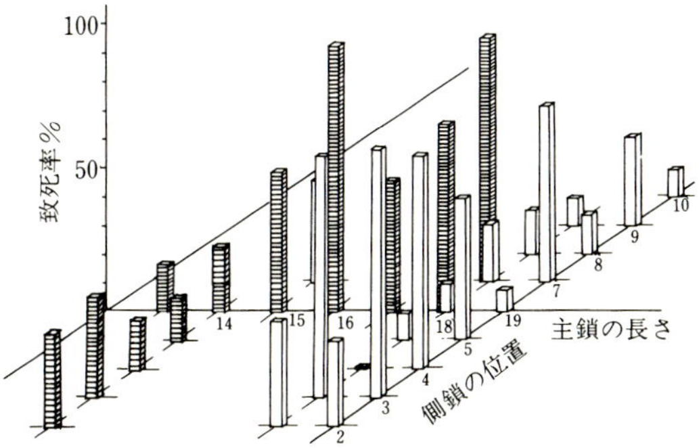

図 3.5　各種側鎖炭化水素の化学構造とチカイエカ幼虫に対する致死活性

図示していないが，最高の致死効力（5 ppm で 83.7% 致死）を示す 3,3-ジメチルオクタデカン酸も細菌で代謝されるが，代謝速度は遅い．3 位のジメチル基の立体特性が細菌による代謝を妨げると考えられ，反対に他端の炭素からゆっくりと代謝されるので，致死活性は持続する．代謝産物の側鎖脂肪酸はさらに短鎖化され，アルキル側鎖が 2, 3 位へ移行し，より致死活性の高い脂肪酸に代謝されるであろう．このようにしてできた多様な側鎖脂肪酸は，もとの炭化水素と協力活性を示す．

池庄司ら（池庄司・櫟本，未発表；Ikeshoji, 1978）はメチル側鎖かエチル側鎖を持つ炭化水素を合成し，構造と致死活性についてさらに検討した．図 3.5 に示すように，直鎖の長さは C_{16}–C_{19}，側鎖の位置は 3 位，あるいは直鎖のほぼ中位が適当であった．さらに 6-エチルヘキサデカンの光学異性体について，細菌による活性化を検討したところ，LD_{50} は S 体で 19 ppm，1 日培養で 4.5 ppm，2 日培養で 10 ppm となり，1 日培養でもっとも活性が高くなった．いっぽう，R 体ではそれぞれ 60 ppm，8 ppm，4.2 ppm と活性化された．すなわち R 体は S 体より遅く代謝されるが，自然界の過密度物質がいずれかは不明である．

（2）　過密度制御物質の起源

過密度制御物質は幼虫の飼育水から分離された．しかし幼虫起源のフェロモンなのか，飼育水の微生物が生産したカイロモンか，あるいは餌由来の物質か不明である．この疑問に答えるには，無菌飼育の幼虫にアイソトープ標識化合物を与え，生成物質を分析するのが直截的である．しかし，残念ながらそのような実験は行われていない．そこで傍証実験の結果から推察してみる．まず無菌状態で過密度飼育しても，過密度制御物質は分泌される．Ikeshoji and Mulla（1970a）はネッタイシマカの卵舟30個（幼虫約1800匹に相当する）を$HgCl_2$/エタノール溶液で消毒滅菌し，滅菌ビーカーに煮沸水800 m*l*を容れ，加熱消毒餌と極微量のペニシリン，ストレプトマイシンを加え飼育した．10日後に飼育水を1齢幼虫で検定したところ，19.4%の蛹化率が得られた．対照の自然飼育では11.8%の蛹化率が得られ，両者にほとんど差がなく，過密度制御物質は無菌状態でも分泌されることを示した．餌だけの対照水では，無菌状態，自然状態にかかわらず33%の蛹化率を示し，過密度制御物質は餌から浸出したともいえない．さらに自然過密度飼育で，飼育水のエーテル抽出物は18.0%，幼虫体の抽出物は59.8%の蛹化率を示したので，幼虫分泌物が飼育水に蓄積したとしか考えられない．

過密度飼育水の化学分析では*n*–オクタデカン，7–メチルオクタデカン，*n*–ノナデカン，8–メチルノナデカンが存在していた．このような直鎖やメチル側鎖を持つ飽和炭化水素は，昆虫の重要な皮膚脂質成分を構成しており，過密度条件が休眠脱皮期に異常脱落を起こすことも考えられる．ちなみに固い皮膚を持つ陸生昆虫では，n–C_{25}–n–C_{35}がおもな炭化水素であり，2–メチル，3–メチル，さらに9–メチル–17–メチルアルカンなども含む．反対に，柔軟な皮膚を持つ幼虫や水生昆虫は，短鎖のアルカンやアルケンを含んでいる．さらに*n*–ペンタデカン，*n*–ヘプタデカンはアリの防衛フェロモンとしても使われている．したがって，カ幼虫の皮膚成分が過密度制御フェロモンとして働いたとも考えられる．Ikeshoji *et al.*（1979）は産卵誘引物質の生成過程で，図3.6のように*Pseudomonas aeruginosa*が*in vitro*で*n*–カプリン酸を基質として，大量の*n*–ヘプタデカン，*n*–オクタデカン，7–メチルオクタデカン，7,11–ジメチルオクタデカンを合成することを示した．このなかで*n*–オクタデカン，7–メチルオクタデカンは過密度制御物質そのものである．また水生細菌やラン藻，原虫は短鎖の*n*–アルカン，メチルアルカンを

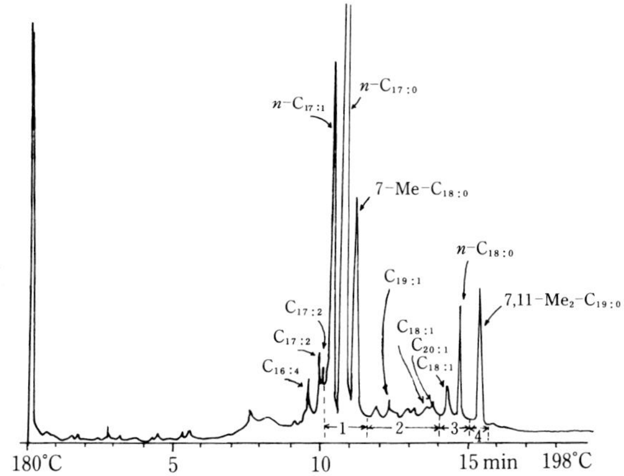

図 3.6 *Pseudomonas aeruginosa* による n–カプリン酸の *in vitro* 代謝と過密度制御物質の生産

生産し，とくに Cyanophycophyta は 7–メチルヘプタデカン，8–メチルヘプタデカンを生産することが知られている．すなわち，飼育水の細菌が幼虫の過密度制御物質を合成していることも否定できない．

もう一方の致死性を発揮する側鎖脂肪酸の起源はどうであろうか．2–メチル，3–エチル脂肪酸は抽出物には微量しか含まれておらず，また，前節では *in vitro* で側鎖炭化水素が Pseudomonads により側鎖脂肪酸に代謝されることを示している．したがって，幼虫過密度飼育水でも同様な代謝が起こり，これが過密度制御カイロモンとなるとも考えられる．

けっきょく，カ幼虫の過密度制御物質の起源については，さらに詳細な検討が必要である．

(3) 過密度制御物質の作用機序

過密度制御物質の致死効果について，生理生化学的考察をしてみる．類縁物質 3–メチルオクタデカン酸 0.4 ppm を 1 齢幼虫に処理すると，図 3.7 のように幼虫死亡は処理時に起こるのではなく，脱皮期とくに 1 齢から 2 齢への脱皮期に集中している．試験 1 から 7 のように，白丸で表わした薬剤処理時刻が，次脱皮期より 8 時間前までであれば脱皮期に死亡する．ところが

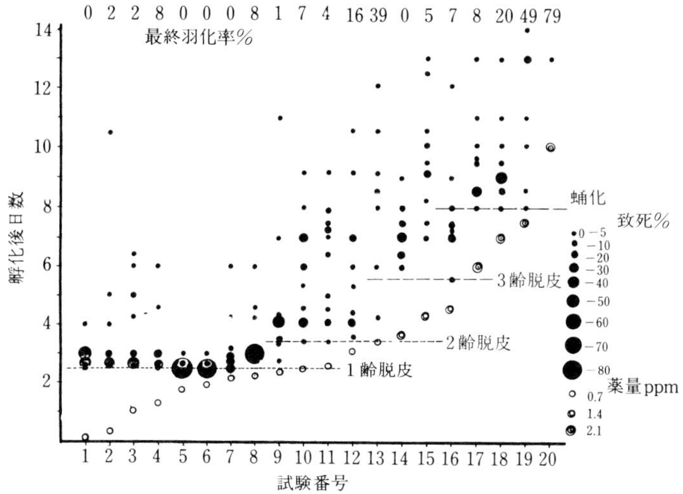

図3.7　過密度制御物質3 メチルオクタデカン酸（0.4 ppm）のネッタイイエカ幼虫に対する致死作用

3, 6時間前処理では実験8, 9のように次脱皮期に死亡しない．この時期は新生2齢幼虫の皮膚再生期で，皮膚脂質の生合成は完了していなければならない重要な時期である．すなわち8時間前処理では，皮膚脂質合成が不完全な状態で脱皮すると考えられる．事実，この時期の処理幼虫は，脱皮数分後に

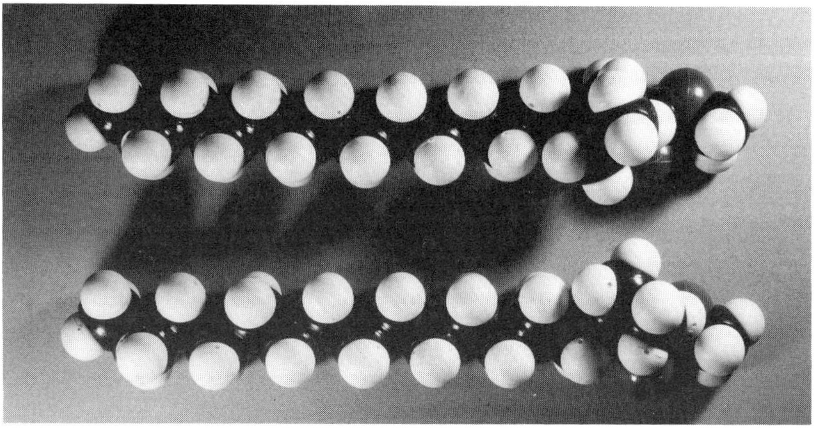

写真3.2　過密度制御物質2-メチルヘキサデカン酸メチルの分子モデル

体を水で膨らませ，そのまま容器の底へ沈むのが観察される．

不完全な皮膚脂質合成には，2つの理由が考えられる．1つは皮膚表面のワックス層とクチクラ層の境界に整列する直鎖脂肪酸やエステルの単分子層に，側鎖脂肪酸が混合すると間隙ができ，水分子が通過しやすくなることである（写真3.2，カルボニル基に近いメチル基の「出っぱり」がわかる）．Weitzel（1954）によれば，C_{14}–C_{18}直鎖脂肪酸エステル単分子層は水分の蒸散を防ぐが，側鎖脂肪酸エステルでは防げないと報告している．もう1つの理由は，脂肪酸のエステル化と脂肪酸代謝の阻害である．Abrahamsson *et al.*（1964）によれば，3–メチル，2–メチル脂肪酸は側鎖の立体干渉により，とくにエステル化されがたい．2–メチル，2, 2–ジメチル脂肪酸がこれらに続き，側鎖がカルボニル基からさらに離れると，立体干渉はなくなる．エステル化の難易順位と幼虫に対する致死活性は完全に一致する（Ikeshoji and Mulla, 1974b）．

Hwang and Mulla（1976）によれば2–ブロムヘキサデカン酸，2–ブロムオクタデカン酸やそのメチルエステルは，メチル側鎖化合物とほぼ同程度の活性を示し，また脂肪酸の長さがC_{16}–C_{18}のとき，とくに活性が高い．この長さの脂肪酸は，一般的に細胞やミトコンドリアが取り込みやすい長さであることと関連しているであろう．またChase and Tubbs（1972）は，脂肪酸がミトコンドリアのなかでβ–酸化されるとき，2–ブロモパルミチン酸のCoAや，カルニチンエステルは，カルニチンパルミチン転換酵素の強力で特異的な不活剤であるとしている．同じような立体配位を持つ2–メチルあるいは2–エチル基も程度の差こそあれ，脂肪酸のエステル化を阻害していると考えられ，とくに皮膚再生時に質的量的な欠陥を示すと考えられる．しかし，この推測は文献からの考察であり，将来実証する必要がある．

引用文献

Abrahamsson, S., S. Stallberg-Stenhagen and E. Stenhagen（1964）The highest saturated branched chain fatty acids. In：*Progress in the Chemistry of Fats and Other Lipids*, Vol. 7. R. T. Holman ed., Pergamon Press, NY., 1–64.

荒川　良・中村正聡・上村　清（1988）樹洞性オオモリハマダラカ *Anopheles omorii* の累代飼育法．衛生動物，**39**：347–353.

Chase, J. F. A. and P. K. Tubbs（1972）Specific inhibition of mitochondrial fatty acid oxidation by 2-bromopalmitate and its coenzyme A and carnitine esters. *Biochem. J.*, **129**：55–65.

Chubachi, R.（1979）An analysis of the generation-mean life table of the mosquito, *Culex tritaeniorhynchus summorosus*, with particular reference to population regulation. *J. Anim. Ecol.*, 681–702.

Dye, C.（1982）Intraspecific competition amongst larval *Aedes aegypti*：food exploitation or chemical interference? *Ecol. Entomol.*, **7**：39–46.

Dye, C.（1984）Competition amongst larval *Aedes aegypti*：the role of interference. *Ecol. Entomol.*, **9**：355–357.

Hwang, Y. S. and M. S. Mulla（1976）Overcrowding factors of mosquito larvae. IX. 2-Bromoalkanoic acids and their methyl esters as mosquito larvicides. *Mosq. News*, **36**：238–241.

Ikeshoji, T.（1965）The influence of larval breeding conditions on fecundity of *Culex pipiens fatigans* Wied. *WHO/VC/*135. 65.

Ikeshoji, T. and M. S. Mulla（1970a）Overcrowding factors of mosquito larvae. *J. Econ. Entomol.*, **63**：90–96.

Ikeshoji, T. and M. S. Mulla（1970b）Overcrowding factors of mosquito larvae. 2. Growth-retarding and bacteriostatic effects of the overcrowding factors of mosquito larvae. *J. Econ. Entomol.*, **63**：1737–1743.

Ikeshoji, T. and M. S. Mulla（1974a）Overcrowding factors of mosquito larvae：isolation and chemical identification. *Environ. Entomol.*, **3**：482–486.

Ikeshoji, T. and M. S. Mulla（1974b）Overcrowding factors of mosquito larvae：activity of branched fatty acids against mosquito larvae. *Environ. Entomol.*, **3**：487–491.

Ikeshoji, T.（1976）Chemical interference of mosquito larvae in the successive cultures. *Jpn. J. Sanit. Zool.*, **27**：283–288.

Ikeshoji, T., I. Ichimoto, T. Ono, Y. Naoshima and H. Ueda（1977）Overcrowding factors of mosquito larvae. X. Structure-bioactivity relationship and bacteria activation of the alkyl-branched hydrocarbons. *Appl. Ent. Zool.*, **12**：265–273.

Ikeshoji, T.（1977）Self-limiting ecomones in the populations of insects and some aquatic animals. *J. Pesticide Sci.*, **2**：77–89.

Ikeshoji, T.（1978）Lipids self-limiting the populations of mosquito larvae. In：*Pharmacological Effects of Lipids.* J. J. Kabara ed., AOCS Monograph, **5**：113–122.

Ikeshoji, T., I. Ichimoto, J. Konishi, Y. Naoshima and H. Ueda（1979）7, 11-Dimethyloctadecane：an ovipositional attractant for *Aedes aegypti* produced by *Pseudomonas aeruginosa* on capric acid substrate. *J. Pesticide Sci.*, **4**：187–194.

石井　孝（1963）アカイエカ（*Culex pipiens pallens*）幼虫の飼育個体密度と成長速度. 日本生態学会誌, **13**：128–132.

Livdahl, T. P., R. K. Koenekoop and S. G. Futterweit（1984）The complex hatching response of *Aedes* eggs to larval density. *Ecol. Entomol.*, **9**：437–442.

Livdahl, T. P. and J. S. Edgerly（1987）Egg hatching inhibition：field evidence for population regulation in a treehole mosquito. *Ecol. Entomol.*, **12** : 395–399.

Mogi, M., A. Mori and Y. Wada (1980) Survival rates of immature stages of *Culex tritaeniorhynchus* (Diptera : Culicidae) in rice fields under summer cultivation. *Tropical Medicine*, **22** : 111–126.

Subra, R. (1971) Etudes ecologiques sur *Culex pipiens fatigans* Wiedemann, 1828 (Diptera : Culicidae) dans une zone urbaine de savane soudanienne ouestafricaine. Dynamique des populations preimaginales. *Cah. O. R. S. T. O. M.*, ser. *Ent. med. Parasitol.*, **9** : 73–102.

Weitzel, G. (1954) Zusammenhänge zwischen Filmeigenschaften, chemischer Structure und biologischen Verhalten langeskettiger Verbindungen. *Kolloid Z.*, **136** : 124–127.

・4・
交尾行動と種の分化

4.1 昆虫の音声交信

3億年前の石炭紀に発生した多新翅群直翅目のキリギリス，コオロギ，バッタは，少し遅れて2.5–1.5億年前の三畳紀，ジュラ紀にかけて飛翔筋を利用して発音し交信を始めた．この音声交信は，同じころ発生した両生類や鳥類，哺乳類の鳴き声による騒音環境のなかで，異性を探したり（求愛音），捕食を回避する（威嚇音）ために始まったと考えられている．ずっとあとで進化したヒトは，初めからこれらの昆虫を「鳴く虫」と認識したと思われる．

(1) 昆虫の音声交信

昆虫の音声交信に関する研究は20世紀に入ってからで，1913年にRegenが雄コオロギの鳴き声が雌を誘引する実験をしたことに始まり，1930年にはBaierが，1955年にはBusnelが直翅目やセミでこれを確認した．雄カが雌カの羽音に誘引されることを報告したのはRothで，1948年のことである．それ以降，昆虫の発音や聴覚に関する行動生態学，電気生理学，微細構造学の研究は多く，最近は害虫制御への応用も考えられている．図4.1は音声や振動を，種内種間の交信に利用している昆虫の系統図である（池庄司，1982）．直翅目は翅鞘と翅鞘，または翅鞘と脚腿節を摩擦して発音し，膝下器官か鼓膜器官で聞く．半翅目は振動膜音か摩擦音を発し，鼓膜器官か弦音

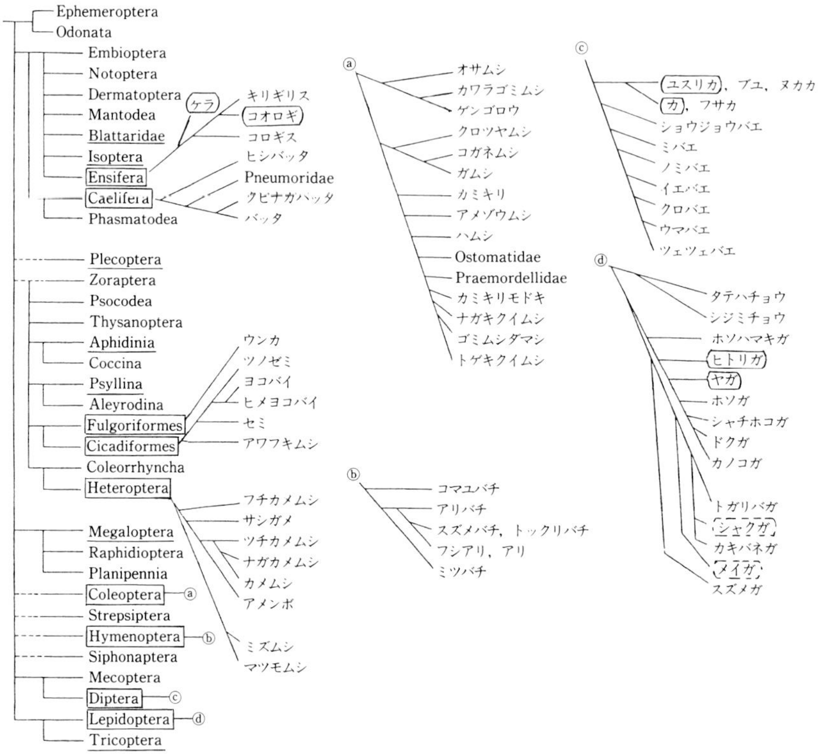

図 4.1　発音行動を示す昆虫（池庄司，1982）
□：おもな種類，――：2次的な種，⬭：野外実験でも誘引性を示す種類，(破線)：コウモリの超音波に対し逃避行動を示す種類．ⓐ–ⓓは続きを示す．

器官で聞く．鞘翅目は翅鞘と腹部を摩擦発音し，聴覚器は弦音器官である．双翅目と膜翅目は羽の振動音で，それぞれジョンストン器官と膝下器官で聞く．鱗翅目は鼓膜振動音を出すものがあり，聴覚器は鼓膜器官と膝下器官である．図のなかで，とくに楕円で囲まれたケラやコオロギ，ユスリカやカ，シャクガやメイガなどについては，昆虫の発声音の録音や合成電子音による誘引駆除実験にも成功している．

(2) 双翅目の音声交信と群飛

ある時刻に雄が群をつくって飛翔する群飛は，双翅目，トンボ目，直翅目，鱗翅目，膜翅目，半翅目，カゲロウ目などでみられ，交尾行動とみなされている．双翅目ではカ，フサカ，ユスリカ，ブユなどのカ亜目にみられる基本的な交尾行動である（Downes, 1969）．図 4.2 に示すように 2 億年前の三畳紀中ごろ，カ上科 Culicoidea やユスリカ上科 Chironomidea を含むカ群 Culicomorpha が，ガガンボ群 Tipulomorpha やチョウバエ群 Psychodomorpha から分離したとき，カ群は群飛交尾行動を獲得し，ほかの 2 群は地上交尾行動のまま残ったと考えられている．地上交尾種は雌が静止して性フェロモンを分散し雄を呼びよせるが，群飛交尾種は雄が飛翔中の雌を発見するのに，もっぱら羽音か視覚にたよる．そこでユスリカ上科やカ上科の雄は，雌の飛翔音をとらえるため羽毛状の触角を発達させた．この群に共通した眼の欠如は，聴覚への依存の結果と考えられる．ただしブユ科は例外で，大きな複合

		単眼	合眼 ♂♀	羽毛触角	群飛	フェロモン	交尾 g, f
Tipulomorpha	Trichoceridae	+	−−	−	+		g
	Tipuloidea	−	−−	−	±	+	g
Psychodomorpha	Blepharoceridae	+	++				
	Deuterophlebiidae	+		−			
	Tanyderidae		−−	−			
	Ptychopteridae						
	Nymphomyiidae	+					
	Psychodidea	±		−	−	+	g, f
Culicomorpha	Thaumaleidae	−	++	−			
	Chironomidea	−		+	+		f, g
	Culicoidea Dixidae	−	−−	−			f, g
	Culicidae	−	−−	+	+	±	f, g
	Simuliidae	−	+−	−	+	−	f, g
	Ceratopogonidae	−		+	+	+	f, g
Bibinomorpha + Brachycera	Perrisomatidae	+					
	Pachyneuridae	+	+−				
	Bibionomorpha	+	+−				
	Brachycera					+	

図 4.2 双翅目昆虫の系統樹と交尾行動の特徴（Rodendorf, 1974；Richards and Davies, 1977 などから作成）

g：地上交尾，f：飛翔交尾．

眼（holoptic compound eyes）を持ち，視覚をとくに発達させている．いっぽうのチョウバエ群 Psychodomorpha とケバエ群，ハエ亜目の Bibinomorpha と Brachycera は，基本的には単眼を持ち，視覚にたよると思われる．総じて，これらの感覚器は交尾行動と関連して発達してきたため性的な異型を示す．

4.2　カの群飛と種の進化

カの群飛は交尾行動であるという説については，Downes（1969）と Nielsen and Haeger（1960）の間で賛否両論がある．しかし，(1) 調査した 186 種のうち 79% は群飛種で飛翔交尾する，(2) 群飛中あるいは群飛直後に雌の受精率は急増するが，ほかの時間には受精率は変化しない，(3) 雄は群飛のあと，雌の飛翔音にとくに刺激され交尾しやすい（Ikeshoji, 1985），などの事実から，狭所交尾性を獲得していないカでは，群飛はまだ交尾行動の一部であると結論してよいであろう．そこでまず群飛行動と進化について考えてみる．

(1)　群飛行動と種の数

a.　群飛種と非群飛種

Zavortink（1990）によれば現在 3146 種のカがおり，そのなかには 186 種の群飛種と非群飛種，不明種がいる．飛翔距離が長く，分散して生活するハマダラカ属では 48 種のうち 43 種で，イエカ属では 18 種のうち 14 種が，ヤブカ属では 61 種のうち 41 種で群飛が観察されている．ヤブカ属のうち 42 種はセスジヤブカ亜属 *Ochlerotatus* に属し，わりに活動範囲の広い種類が多い．そのほかトウゴウヤブカ亜属 *Finlaya* は 5 種のうち 4 種が，シマカ亜属 *Stegomyia* 8 種のうち 2 種が群飛する．非群飛種の *Peudoskusea, Howardinia, Mucidus* を含めて，幼虫発生源から遠くへ分散する種類は少ない．イエカ亜科 Culicinae のなかのほかの属，たとえば *Psorophora* 属では 7 種のうち 6 種，ヌマカ属 *Mansonia* で 6 種のうち 4 種，ハボシカ属 *Culiseta* で 8 種のうち 2 種，チビカ属 *Uranotaenia* で 4 種のうち 2 種で群飛が観察されているが，*Deinocerites* 属では3種のうちまったく群飛が観察されていない．

非群飛種である *Sabethes* 属，チビカ属，ハボシカ属（*annulata* を除く），*Deinocerites* 属，*Opifex* 属は，雄の触角がこん棒状で聴覚が鈍く，狭所交尾性を示し特異な交尾行動をとる．すなわち雄は水面から羽化する雌を待ち受け，脚を絡ませ雌種を識別し交尾する．雌のさなぎ体表にも接触フェロモンが存在する．反対に，羽毛状の触角を持ちながら群飛しない種類もある．たとえば，オオカ属 *Toxorhynchites* や *Haemagogus* のように昼間活動性で雌の羽音は交尾に関係なく，むしろ鮮やかな体色や特異な形，飛翔行動によって識別する種類である．

羽毛状の触角は成虫羽化後24時間ほどで，剛毛（fibrillae）が触角軸に対し直立する．しかし，日没後の短時間だけ直立させる開閉型もある．この開閉型は，聴覚に日周性を示し交尾時間を短縮して，群飛と交尾行動がより正確に同調するよう進化した種類である．ハマダラカ属 *Anopheles* に多く，*quadrimaculatus, stephensi, maculatus, balabacensis, gambiae* や，ヤブカ属 *Aedes* の *caspius, hexodontus, taeniorhynchus, triseriatus, vexans* や，イエカ属 *Culex* では *theileri*，ほかに *Mansonia perturbans, Psorophora ferox* と各属に存在する．

b. 統計的解析

カの現存種数は3146種で十分に多いので，種分化の直接原因である交尾行動の違いを，バイアスなく反映しているものとみなせる．そこで次の命題を，種の数から統計的に検討してみる．

［命題1］ 群飛行動は種の分化を促進するか．

群飛する15亜属は平均69.3種を含み，群飛しない12亜属は平均20.1種を含む．これらの平均種数の間には統計的に有意差（Mann-Whitney の U-test, $p<0.01$）があり，群飛亜属は非群飛亜属より多くの種から構成されている．すなわち，群飛行動は種の分化に貢献しているといえる．

［命題2］ カの移動距離は種の分化に貢献するか．

幼虫発生源から遠距離移動して交尾や吸血をする7属，中距離移動する8属，移動しない14属がある．それぞれの構成種数は，81.6, 60.6, 25.1種で，これらの種数の間には有意差がある（Kruskall-Wallis test, $p=0.005$）．すなわち，移動種は非移動種（定着種）より種の分化が進んでいる．

［命題3］　無吸血産卵種は群飛しない．

卵発育のため吸血するカ48種のうち，群飛種は34種，非群飛種は12種ある．無吸血種については，それぞれ0種，2種ある．これらの種数の間には有意差があり，無吸血種は群飛しないといえる（Fisher's exact probability test, $p=2.6\times10^{-9}$）．

［命題4］　広所交尾種は群飛するか．

交尾受精のため広い空間を必要とする種を広所交尾種という．全57種のうち，群飛種については26種が広所交尾性，10種が狭所交尾性を示す．非群飛種については，それぞれ1種，20種で，一般に広所交尾種は群飛するといえる（Fisher's exact probability test, $p=7.7\times10^{-7}$）．

［命題5］　狭所交尾種は無吸血産卵種であることが多い．

25種のうち狭所交尾無吸血産卵種は9種，狭所交尾吸血産卵種は7種，広所交尾無吸血産卵種は0種，広所交尾吸血産卵種は9種で，この仮説は正しい（Fisher's exact probability test, $p=0.01$）．

［命題6］　群飛場所は特定しているか．

115種のうち，群飛種は18種が宿主動物付近で，51種が幼虫発生源で，26種がほかの場所で群飛する．反対に非群飛種は，それぞれ3, 8, 9種であった．検定の結果，群飛場所は特定していないと結論される（χ^2-test, $p>0.05$）．

［命題7］　接触性フェロモンを持つ種は非群飛種である．

接触性フェロモンは雌カの前脚やさなぎの皮膚に存在するとされている．性フェロモン所有種17種のうち，4種は群飛種，13種は非群飛種である．すなわち性フェロモン所有種は非群飛種であることが多い（Binomial test, $p=0.05$）．

［命題8］　性フェロモン所有種は狭所交尾性であることが多い．

該当14種のうち狭所交尾種は12種，広所交尾種は2種であった．すなわちこの仮説は正しい（Binomial test, $p=0.01$）．

以上の解析結果を総合すると，遠距離移動する種は，広所交尾性で群飛し吸血産卵性である．このような種は他個体群との遺伝子交流の機会が多く，吸血するので産卵数も多く種分化の可能性は高い．反対に，定着種は非群飛性と無吸血狭所交尾性を示すので，遺伝子交流の頻度や産卵数は少なく，種の分化は低い．

c. カの系統樹と交尾行動の進化

カの系統樹はまだ不完全であるが，提案されているものに沿って，族と属レベルまでの交尾行動の進化を考察してみる．図 4.3 では，族あるいは属を構成する種の数が示してあり，前 a, b 項で考察した群飛行動を示した種の数ではない．大部分の種が群飛をすれば，群飛族あるいは群飛属として示してある．狭所交尾性（stenogamy）についても同様である．

種の数の多いハマダラカ属，ヤブカ属，イエカ属はともに群飛属で，雌は吸血動物を求めて遠距離飛翔する．吸血源を求めて移動分散する種は，タンパク質を摂取し高増殖率を保証されると同時に，自由な交尾選択が得られる．宿主動物が分散していれば，雌は遠距離飛翔能力を獲得し，雄は雌とともに分散するか途中で雌を待ち伏せるであろう．そのような場所がランデブーの場（落合い場所）として確立し，群飛場所となる（Parker, 1986）．

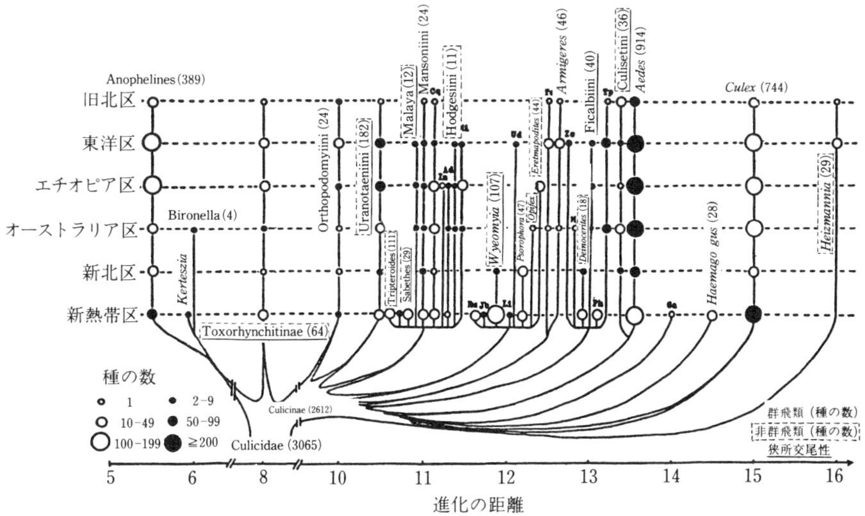

図 4.3　カの系統樹と交尾行動（Chu and Qian, 1989 より改変）

雄が宿主動物と接して群飛する種には，シマカ亜属のネッタイシマカとヒトスジシマカ，イエカ群 *Cx. pipiens* complex，ハマダラカ属の *Myzomia* 亜属，ヤブカ属のトウゴウヤブカ亜属やセスジヤブカ亜属，ヌマカ属がある．また遠距離飛翔するハマダラカ属やシマカ族 Aedini のうち，セスジヤブカ亜属やイエカ属の雄は，昼間の係留場所に近い群飛標識に，日没後，多数集合して群飛する．移動型吸血産卵種は羽音と視覚刺激によって集合するものが多い．

反対に，無吸血産卵種の雌は定着型狭所交尾性で，また狭所交尾性の雄は非群飛型で静止している雌と交尾する種が多い．定着型狭所交尾性の雄は接触フェロモンで雌を識別する．また定着型は交尾前期間が短く，集合して単回交尾するので生殖に有利である．この型はオオカ亜科 Toxorhynchitinae，ナガハシカ族 Sabethini, *Opifex, Deinocerites*，ナミカ族 Culicinii, Ficalbini, チビカ族 Uranotaeniini にみられる．

オオカ亜科やナガハシカ族，そのほかの無吸血産卵種は2次的に吸血性を失ったと考えられている．完全な無吸血産卵種である *Deinocerites* や *Opifex* も，それぞれナミカ族，シマカ族から分化している．事実，無吸血産卵性の *Ae. smithii, Ae. churchillensis, Ae. rempeli* の雌は吸血型の口器を持ち，吸血性の消失はごく近年であることを示している（O'Meara, 1985）．吸血産卵種のなかにも，ときに任意的無吸血産卵種が多く存在し，とくに宿主動物の少ない寒冷地方では成虫期のストレスを回避するため，無吸血産卵性はさらに広がると考えられる．

（2） 群飛と生殖隔離機構

生殖隔離には交尾前隔離と交尾後隔離があり，交尾後の隔離は生殖細胞の遺伝的な不和合に基づき，交配実験で確かめられるが，交尾前隔離はいろいろな交尾行動の違いによる．そこで群飛場所，時刻，誘引音が違えば，同種でも異集団へ分離し，長い間には生殖隔離へ，さらには種の分化に至る．その機構について述べる．

a. 群飛の生態

群飛場所は種によって異なり，幼虫発生場所付近が一般的であるが，拡散し大規模な群飛をするカは，前項で解析したように進化した種と考えられる（Mattingly, 1971）．煙や昼間太陽に熱せられた構造物から上昇する気流，樹木の影，枝，動物体，動物の排泄物などが群飛標識（swarm marker）となり，視覚でとらえられる．たとえば，ネッタイイエカはスイギュウの背中で群飛し，*An. culicifacies* は動物舎や家の入口で群飛し，吸血に飛来する雌を待ち伏せる．また群飛標識や時刻も種特異的である．たとえば *Ae. hexodontus* と *Ae. flavescens*, *Ae. excrucians* や *Uranotaenia alboabdominalis* と *Mansonia fuscopennata* は同時刻に同目標で，しかし異なる高さで群飛する（Downes, 1969）．

雌も視覚によって種特異的な標識をとらえ，これに接近し同種雄の群飛に遭遇するらしい．また近距離からは雄の群飛音にも誘われると思われる（Ikeshoji, 1981）．群飛を通過する雌は，種特異的な周波数の羽音によって雄を誘引する．群飛しているカを捕集すると，雄の比率が圧倒的に高い．これは雌が交尾し，すばやく群飛から出て行くからで，通過するカは処女雌か経産雌ばかりである．

Ae. taeniorhynchus の群飛の動態について，Nielsen and Nielsen（1953）は大切な観察実験を行っている．20 m くらい離れた 2 つの飛群 1, 2 に向けては，19 時 42 分から 19 時 52 分までの 10 分間にエオジン粉末を 5 回散布し，いっぽう，50 m 離れた飛群 3, 4 には散布しなかった．翌日，飛群 1, 2 から捕獲した雄は 101 匹のうち 82 匹が染色され，飛群 3, 4 から捕集した雄は，43 匹のうちわずか 1 匹だけが染色されていた．しかも前日の粉末散布と同時刻に捕集した雄だけが染色されていた．この結果から雄は毎夕，同じ場所で同じ時刻に群飛し，しかも短時間しか群飛に留まらないと結論した．いいかえれば，雄は夕刻の照度に反応し，順次群飛に参加し去っていく．反対に，Falls and Snow（1984）の実験では，*Aedes cantans* は次の日，放飼した群飛に 38%，10 m 離れた群飛に 23% も帰っていた．帰群性は種や群飛数，群飛間距離などで多少異なるであろう．

以上のように群飛生態は，カの種により特異的ですでに固定された形質であるが，亜種間や種内，系統間でも変異があり，生殖隔離の原因となりうる．

b. 群飛場所と生殖隔離

群飛場所の違いは生殖隔離の原因となる．Reisen *et al.*（1983）によれば，室内飼育した *Cx. tarsalis* 雄を野外へ放飼すると，空間群飛（space swarming, 層をなして広がる群飛）をつくり，頂上群飛（top swarming, 木の頂などの高い群飛）する自然雄とけっして混合し交尾しない．この選択交尾性は，わずか数世代の室内飼育で確立するので，不妊虫放飼法（ガンマ線照射で不妊化した雄を大量に放飼し，自然雌と交尾させ不妊卵を産ませ，駆除する方法）が適用できず，問題となっている（Reisen, 1985）．

もう1つの例は，違った高さで群飛する種の隔離である．Bullini and Coluzzi（1982）によれば，*Ae. mariae* と *zammitii* は室内では受精可能で F_1 交雑種をつくるが，自然界では F_1 交雑種がほとんど存在しない．その理由は *mariae* は海岸の岩礁の上で，*zammitii* はその上2mの高さで群飛することにある．アカイエカ群の *Cx. p. pipiens* とチカイエカの間でも，狭所交尾性が遺伝子の交流を妨げている．たとえば両種を放飼するとチカイエカは地面近くに集合し，*Cx. p. pipiens* は木の枝近く2–3mの高さで群飛する．

群飛場所の選択には，群飛標識の色も関与している．Reisen *et al.*（1976）は8種のハマダラカとイエカで，白色または黒色の人工標識を好んで群飛する比率が異なることを示しており，また著者の経験でも，日本のコガタアカイエカは黒色標識に，マレーシアの種は白色標識により多く集まった．室内で雄を群飛標識の色で選抜飼育していけば，特異系統を容易に分化し固定しうるであろう．

c. 群飛時刻と生殖隔離

群飛の時刻差も種間隔離機構として働いている．*An. gambiae* 種群には同所性の *An. gambiae*, *An. arabiensis*, *An. melas*, *An. merus* がいるが，実験室では交尾行動に違いもなく異種間でも十分に交尾受精し F_1 もできる．しかし，自然界では交雑はほとんど起こらない．Charlwood and Jones（1979）の実験解析によれば，平均的な羽音475Hzに対する反応時間がそれぞれ異なり，*An. gambiae* では消灯10分後，*An. arabiensis* は20分後，*An. merus* は30分後，*An. melas* は3–25分後であった．しかも反応時間（time gate）がひじょうにせまく重複することが少ない．すなわち，これらの種群では交尾活動時刻の違いが，種の隔離を行っている．

群飛の開始時刻は，環境の明暗条件で決定され，カの視覚による．カ個眼の暗適応では網膜の細胞核が前に出て角膜に接近し，第1次色素細胞の色素が分散する（瞳孔が開く）．Sato（1957）によれば，アカイエカでは雄が雌より約10分早く暗適応するので，雄の群飛が雌の飛翔活動より早い．また群飛時刻は日周期を示し，とくにハマダラカやほかの数種の雄では，触角が開閉型で，可聴時刻を日没後の数時間に制限している（Nijhout，1977；Charlwood and Jones, 1979）．これらの種では，生殖隔離は群飛の時間差に基づき，もちろん遺伝的な裏づけを持っているであろう．この点に関して，Jones（1974）は2R/＋，2R/bの染色体逆位を持つ2系統の*An. stephensi*雄が，それぞれ30分の差で群飛を始める例をあげている．

群飛時刻は季節によって変動する．ハマダラカ類は日没後すぐに，多少遅れてイエカ類が群飛するが，この時刻も気温の低い春，秋には日没前5–10分ごろで，気温の高い夏には日没後10–20分ごろである（Reisen *et al.*, 1976）．

d. 雌の羽音と生殖隔離

雌の羽音が雄への交尾刺激となるので，雄の聴覚である触角，または雌の発音器官である羽を切除するとほとんど交尾できない．しかしチカイエカ雄は，狭所交尾性で着地したまま交尾できるから，触角を切除しても，なお雌を受精できる．表4.1に示すように，雄の触角を切除すると，ネッタイシマカ，*An. stephensi*では受精率はゼロであるが，チカイエカでは100%受精している．また雌の羽を切除すると前2種では受精しないが，後種では58%も受精している．

表4.1 各器官を切除したカとの交尾率

供試カ	ネッタイシマカ	*An. stephensi*	チカイエカ
触角切除雄	0/10＝0%	0/27＝0%	19/19＝100%
複眼被覆雄	—	—	0/31＝0
脚付節切除雄	0/16＝0	0/16＝0	2/16＝13
羽切除雌	0/26＝0	0/22＝0	15/22＝58
対照	7/50＝14	—	50/50＝100

受精雌数/供試雌数×100

雌の羽音周波数は，種や性，生理状態で特異性を示す．しかし環境温度やカの体長に従って，周波数には大きな変異ができる．そこで雄が変異幅のある周波数音に反応することは，種の生存上は得策である．このことはせまい周波数への適応による種の隔離とは相反する命題である．実際はどのように適応しているのであろうか．Belton and Costello（1979）が，カナダでハマダラカ，イエカ，ヤブカ13種雌の羽音周波数を計測した結果では，異性間の周波数は十分に異なり，性の区別はできるが，近似種雌の間では重複した．Ikeshoji（1981）も同じように生態の異なる4種，ネッタイシマカ，ヒトスジシマカ，*An. stephensi*，チカイエカ雌の周波数を測定したところ，平均値は異なるが，雄が反応する周波数の変異幅はさらに大きく，周波数の違いだけでは雌種の識別には不十分であった．

反対に雌の羽音が種間交尾を不可能にしている場合もある．Leahy（1962）によれば，ネッタイシマカとヒトスジシマカは，すでに遺伝的な交尾後隔離を完成しているが，同所性である．しかし，かつては雌の羽音周波数の違いが種の隔離の原因（逆に同化の障害）となっていた可能性がある．なぜなら，ネッタイシマカ雄は，456 Hz の雌音を含む 363–512 Hz の音に反応し，いっぽう，ヒトスジシマカ雄は 512 Hz の雌音にだけ誘引されるからである．Kanda *et al.*（1986）は，同所性の姉妹種であるコガタハマダラカ *An. minimus*, *An leucosphyrus*, *An. maculatus*, *An. hyrcanus* の羽音の違いを記録し，生殖的隔離へ導く生理的多様性について論じている．Belton and Costello（1979）もカの大小で羽音が違い，極端に異なる種では容易に区別でき，種の隔離につながるとしている．

（3）　群飛行動の画像解析

カの群飛は夕闇のなかで激しく動くので，定量的に解析するのはたいへんむずかしい．写真4.1は水田のあぜに黒い布（群飛標識）を敷き，その上につくらせたコガタアカイエカ雄の群飛である．塩化ビニール板でくるんだ直径8 cm のスピーカから雌の飛翔擬似音を出すと，群飛は大きくくずれ，近距離の雄は誘引され，掃除機に吸い込まれるように塩化ビニールの円筒トラップへ入っていく．数十匹の雄の映像が円筒トラップに向かって流れている

写真 4.1 黒色布標識の上に飛群するコガタアカイエカ

のがわかる．飛群に向かって，2, 3 方向から 2, 3 台のカメラをセットし，0.045 秒の間隔で同時にシャッターをきり撮影する．各方向からの写真を画像処理し，カそれぞれの位置の x, y, z 座標を計算する．写真 4.2 は，ある瞬間の全飛群のなかでのカの飛翔位置を立体座標軸に対して示したものである（日本医科大学の井川氏提供）．このような画像を群飛の最初から終りまで約 20 分間経時的に重ね処理すると，群飛の個体数変化や占有空間，各個体の

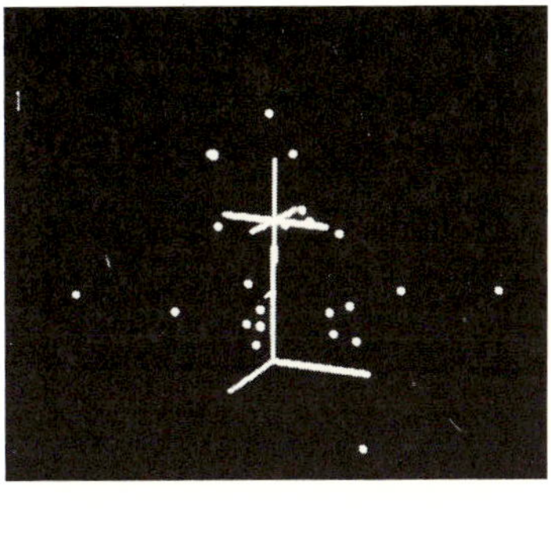

写真 4.2 飛群のアカイエカ雄個体の位置を示す画像処理画面

地上位置，飛行軌跡，飛行速度，ほかの個体との間隔など興味深い動態情報が得られる．解析結果によると，雄は日没後15 luxくらいで（季節や気温で異なるが），群飛標識に集合し始める．総個体数は刻々変化するので，各個体は随時出入りしているのではなく，一度参加した個体は当夜は復帰しないと推察される．この推察は，前述のNielsenによる群飛雄の標識再捕獲法の実験結果と一致している．

この飛群では，95%の雄が占有する空間は，地上0.3–2 mまでの広がりを持つ長径2 mの球または長楕円体である．また雄1匹の平均占有空間（固有空間）は35–72 cm^3で，雄密度と固有空間の間には$r=-0.88$の有意な相関関係があった．いいかえれば群飛の参加数が多いほど固有空間はせまくなる．

雄は固有空間をどのような刺激と感覚で保っているのであろうか．カは視覚度8度以上の物体しかみえないので，いま雌の体長を5 mmとすると3.5 cmの距離内の雌しかみえない．いっぽう，雄が雌の羽音に反応する距離は35 cm程度と実測されている．雌の羽音の減衰は次式で計算される．$J=W/(4\pi r^2)$，ここでJは音の強さ，Wは音源のワット数，rは音源からの距離である．Jは音源1 cmの距離で79 mW，可視限界距離3.5 cmで6.1 mW（可聴距離35 cmでは65 μW），さらに固有空間距離72 cmでは15 μWと計算される．ところが，雄は雄の周波数600 Hzに対しては，図4.4（p.98）から閾値は8 dBから33 dBへ上昇し，$20\log_{10}33/8$から1/12の感度しかない．Jは780 μW相当となり可聴距離は10.1 cmとなる．けっきょく，雄は視覚ではなく聴覚で，となりの雄を識別し距離を保っていることがわかる．

雄の0.45秒ごとの飛跡を計測すると，飛行速度は秒速146 cm，曲がり角ではその半分に減速していた．これまでの文献では秒速130 cm程度で，よく一致している．このように雄はおたがいの距離を保ちながら，秩序よく群飛していることがわかる．

Gibson（1985）は上の行動解析を補うもう1つの貴重な実験をしている．1.2 m^3のケージに入れたネッタイイエカを1 lux（7.5 $\mu W/m^2$，ケージ壁では25.0 $\mu W/m^2$，中部ヨーロッパの月のない星空の下では9.4 $\mu W/m^2$の明るさ）の暗条件下で，26 cm^{2}の黒色標識上に群飛させ，ビデオカメラ1台で撮影し，飛跡を0.045秒ごとに2次元にプロットした．その結果，雌雄を問わず各個体は3–4回/4秒の楕円ループを描き，けっして標識外に出ることはなかった．1個体の場合は，複数個体の場合より大きなループを描き，しかし，同周期で飛翔するので飛翔速度は速くなる．

2 m離したスピーカから500–600 Hzの雌音を拡散させると，雄の飛翔範囲は各軸について10%せまくなる．つまり，0.73倍に縮小した楕円体のなかを，1回転0.70–0.72秒の同じ周期で飛翔するので，それだけ雄はゆっくりと飛び始める．反対に雌の回転周期は1.12秒で雄の0.72秒より遅い．しかし同距離を飛ぶので，速度はそれぞれ23 cm，38 cm/秒で，雄カのほうが速い．これらの飛翔速度は，前に述べた野外群飛での実測値146 cm/秒よりかなり遅い．野外では飛翔空間は2 mの球であったので，回転周期が同じなら飛翔速度は速くなるのが当然である．個体はそれぞれ飛群全空間の一部を使ってループ飛翔し，多数の群飛では飛翔速度と固有空間を減らし，おたがいの会合を避けている．反対に小数の群飛では，それぞれが大きい空間をカバーし，雌探索の機会を大きくしている．

雄は黒色標識をどのようにとらえ，その範囲内で群飛するのであろうか．この問題は，人工標識による雄の誘引駆除と関連してたいへん重要である．Gibsonによれば，雄が標識の一辺に近づくと，網膜上に結んだ映像の角速度変化が直下で最大になること，または標識全体の映像をとらえていて，その角速度変化が標識の端で最大になるときに，上昇飛行に移るとしている．

4.3 フェロモンと生殖隔離

群飛行動とは異なる交尾行動であるが，生殖隔離と関連して交尾フェロモンと多回交尾阻止因子について述べる．

(1) 交尾フェロモン

情報伝達物質であるフェロモン，アロモン，カイロモンなどの用語は，すでに定義されて久しいし，動物昆虫界での実例は数千種におよぶので，ここで繰り返すにはおよぶまい．必要であれば池庄司（1978, 1980）などを参考にしていただきたい．接触フェロモンは，種の生殖隔離とくに前交尾隔離行動に大切な役割を持つ可能性がある．また宿主動物のまわりで群飛する種では，複数種の雄が混合して群飛することが多い．これらの種では，羽音だけでなく性フェロモンによっても，自種の雌を識別している．

Nijhout and Craig, Jr.（1971）は，シマカ亜属の8種を使い，4 *l* のケージのなかに，3匹の他種の雌と1匹の自種の雌を入れ，種の識別を行わせたところ，雄は最初に100% 自種の雌をつかまえ交尾行動に入った．興味深いことに，識別能力は亜種レベルまで可能であった．たとえば，ネッタイシマカ *Ae. a. aegypti* 雄は，自種雌と *Ae. a. formosus* 雌の間では，わずか60% の識別能力しか示さず，類縁関係が遠ざかるに従い，*Ae. mascarensis* では72%，*Ae. albopicuts* で78%，*An. simpsoni* で85% と識別能力が上昇した．さらに自種の *Ae. a. aegypti* のなかでも，系統の近遠度に従って識別能力が上下した．

Miles（1977）もアカイエカ群について，同じような野外実験結果を報告している．すなわち，ネッタイイエカ *Cx. pipiens* はオーストラリアでは *Cx. globocoxitus* や *Cx. australicus* と同所性であるが，種の分化は確立している．室内で種の選択を与えなければ3種間の交尾受精は可能で，生殖器構造の違いによる障壁はない．しかし雌と2種の雄を入れておくと，雌は自種雄を選択する．

種の識別は脚の第1, 2付節に存在する接触フェロモンによるらしい．雄が雌を捕捉し前脚を絡ませ，表皮に存在する接触フェロモン（味）に種の特異性を感知する．この行動は羽音によらず交尾する種，たとえばハボシカ *Cs. inornata, Cs. alaskaensis, Deinocerites cancer, Opifex fuscus, Sabethes chloropterus* などでとくに顕著である．典型的な種であるハボシカは雄が雌より数日前に羽化し，日没ごろ水面を旋回しながら雌の羽化を待ち伏せ交尾する．Kliewer *et al.*（1966），Lang and Foster（1976）の実験では，羽を切除した雌（誘引音の発生はない）も，触角を切除した雄（音や匂いは感知不能）も交尾可能である．しかし，全脚を切除すると交尾を試みないが，前，中，後脚いずれかを残すと交尾する．新鮮な雌の脚を乾燥した雌の体に付着しても交尾する．また雌の脚は種特異性を示し，ハボシカの雄は，*Ae. triseriatus, An. quadrimaculatus, Tx. brevipalpis* 雌の脚には交尾反応を示さなかった．この脚の活性物質である接触フェロモンは，クロロフォルム/メタノールやエチルアセテートで抽出されるが（Lang, 1977），そののち分離同定された形跡はない．この物質は，ハエ類の接触フェロモンと同じような皮膚成分の炭化水素などであろうと推察される．

（2） 多回交尾阻止因子

自然界では交尾した雌も群飛に参加することがあり，重複交尾が行われる可能性がある．しかし，既交尾雌は雄の再交尾を拒否するので，実験室では0–25% の重複交尾率しか認められない．これは交尾によって雌の羽音が変化し，雄を誘引しなくなるからではない．最初の交尾によって雄が雌へ注入する物質には，交尾栓（mating plug）と付属腺フェロモン（accessory gland pheromone, matrone）がある．交尾栓は交尾嚢をふさぎ，機械的に再交尾を不可能にするが，数日で消失する．いっぽう付属腺フェロモンについては，Craig, Jr.（1967）により 14 種のカで報告され，ノートルダム大学一派により分離され，生理的特性が明らかにされている．すなわち，分子量 5 万 5000–10 万のタンパク質であり，アルファ，ベータ分画に分離され，再交尾を阻止するには両分画が必要で，雌の交尾行動を生理的に変化させる．体腔に注射すると，雌は腹部第 8, 9 節の生殖器を伸展せず，雄の交尾試行を拒否するようになる．このような交尾行動の変化は，雌の一生を通じて持続するといわれている．

4.4 羽音の物理的特性と聴覚

大多数の昆虫は 2 対の羽を持ち，またカゲロウやバッタのような旧翅類は，飛翔するとき，前翅 1 対と後翅 1 対の羽の上下運動位相が異なるので，羽音は正弦波とはならない．ところが双翅目に属するカは，1 対の固い羽を持ち同時に空気を打つので，羽音波形はきれいな正弦波となる．雌の羽音周波数はカの種，体長，日齢，気温によって異なるが，300–500 Hz 程度である．

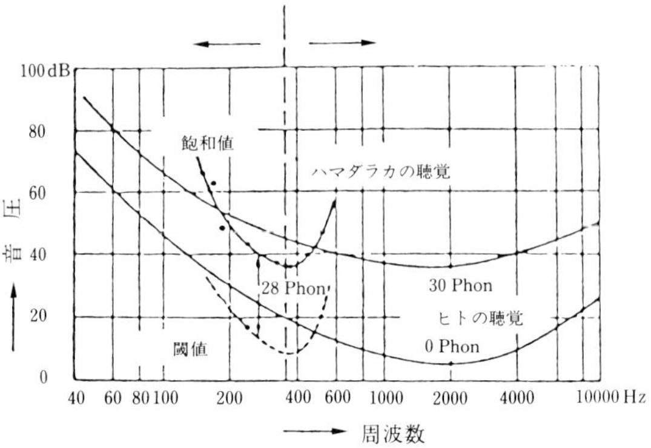

図 4. 4　ハマダラカ *An. subpictus* 雄の聴覚感度（Tischner, 1953）

雄の聴覚は雌の羽音によく同調している．たとえば，図 4. 4 にハマダラカ *An. subpictus* 雄の各種周波数に対する聴覚感度（Tischner, 1953）を示したように，聴覚閾値は雌の羽音周波数 370 Hz で最低で，雄の可聴域はせまく，雌の羽音に鋭くしぼられていることがわかる．ヒトの広い可聴域に比べれば，雄は雌の羽音以外はほとんど聞こえないといえる．また雌の小さな音源出力に対応し，雄は 10 dB の極低音圧まで反応している．

また雄が雌の発見に，いかに音刺激にたより適応したかを示すもう 1 つの事実は，雄の触角は雌のこん棒状触角とは対照的に，羽毛状で音エネルギーをとらえやすい構造となっている点である．とくにハマダラカ雄の場合は，触角の剛毛が日周期に従って，夕方の群飛時刻のわずか数時間だけ羽毛状に展開し可聴となる．

（1）　羽音の物理的特性

音の特性には周波数や振幅，波形がある．昆虫の交信音では振幅の経時的変化がもっとも大切で，その音の最小単位をパルスと呼ぶ．パルスの連続をチャープまたはパターンと定義する．チャープの持続時間と構成パルス数は，昆虫の種や音のレパートリーによって異なる．しかしカの羽音は，雌の飛翔にともなう連続音で変調することはなく，雄は 2 次的に適応したにすぎない．またカは 1 対の固い羽で同時に空気を打つので，波形は正弦波となる．ときに2倍音，3倍音が付加され正弦波形は多少くずれる．基本周波数はある程度種特異的で，カではもっとも大切な特性となる．これらの音特性は，雄カ誘引への応用上とくに大切となるので，次に各項目別に解説する．

a. 周波数と種

昆虫の羽上下運動の周波数は大型のチョウで10 Hz以下から，小型のハエで1000 Hz程度まであり，体の大きさに反比例している．また測定方法（音響測定，レーザー測定，光学測定など），環境条件（気温など），生物条件（性，日齢，系統，飼育条件，自由飛翔測定，固定測定）により異なる．

その関係は実験的に，

$$n = km^{0.5} I^{-0.33} f_0^{-0.67}$$

となる．ここで，mは昆虫の体重，Iは羽の慣性能率，f_0は羽の半振幅，kは比例定数で26である．

各種の雌カのおよその基本周波数は，表4.2に示したとおりであるが，より正確には次の実験式から計算するとよい．Belton and Costello（1979）はカナダ西部3州の野生種または飼育したイエカ2種，ヤブカ9種，ハマダラカ1種，ハボシカ1種の計13種の雌の翅長（I mm）と，$1\times1\times1\ \mathrm{cm}^3$のケージに入れた雌カ羽音周波数（$F$）をソナグラフを用いて21℃で音響計測し，次式のように関係づけた．

$$F = 822 \times I^{-0.725}$$

いっぽうOgawa and Kanda（1986）は，飼育した東南アジアのハマダラカ13種を虫ピンの頭に固定し，オシロスコープ上の音波形から計測し周波数を求めた（測定温度25–26℃）．すなわち，

$$\text{雌}：F = 1090 \times I^{-0.811}, \qquad \text{雄}：F = 1164 \times I^{-0.512}$$

となる．また直線回帰式では，それぞれ，

$$F = -100.2X + 75.9, \qquad F = -109.8X + 1000.8$$

となる．これらの式に平均的な翅長3.5 mmまたは4.5 mmを代入すると，Beltonの式では512 Hz，697 Hz，Ogawaの式では589 Hz（直線回帰で660 Hz），758 Hz（661 Hz）となり，両式の間で多少のずれがある．その原因の1つは測定時の温度の違いで，カナダでのBeltonの測定温度は，Ogawaの測定温度より5℃低い．Beltonは，周波数は5–10 Hz/℃変化す

表 4. 2　雌カの羽音周波数

種	周波数(Hz)±SD	文　献
Anopheles		
aconitus	505±26	4
balabacensis	490±9, 480±6, 475±13, 465±21	4
earlei	221±30	2
engarensis	265±21, 296±5	4, 6
leucosphyrus	265±11	4
maculipennis	165–247	1
m. maculatus	415±9, 463±3	4, 6
m. willmori	460±3	4
minimus	465±9, 485±9	4, 6
sinensis	340±7, 306±13	4, 6
sineroides	350±7, 337±11	4, 6
stephensi	423	3
subpictus	330−385	1
	m=383. 8, n=13, s=99. 180	
Culex		
molestus	370	3
pipiens	165–196, 355±34	1, 2
tarsalis	250±24	3
tritaeniorhynchus	380	3
	m=295. 0, n=4, s=83. 8	
Aedes		
aboriginis	224±25	2
aegypti	385, 526, 466, 508±66	1, 3
albopictus	512, 462	3
campestris	311–332, 310±29	1, 2
cantans	277–311	1
cinereus	316±14	2
communis	359, 221	1
dorsalis	320±20	2
fitchii	285±36	2
flavescens	275±25	2
impigers	305–380	1
increpitus	300±9	2
punctor	247–311	1
spenserii	350±25	2
triseriatus	388±33	2
vexans	324±25	2
	m=340, n=16, s=79. 777	
Culiseta		
alaskaensis	204	1
inornata	215±34	2
morsitans	208	1
	m=209, n=3, s=5. 567	
Psorophora		
columbiae	200 −425	5

文献　1：Clements (1963), 2：Belton and Costello (1979), 3：Ikeshoji (1981), 4：Ogawa and Kanda (1986), 5：Peloquin and Olson (1986), 6：Kanda *et al.* (1986).

るとしているし，Ogawa and Kanda による固定カの測定法では，羽の回転運動（羽音の周波数）が速くなる傾向にある．

b. 基本周波数の変異と変調

基本周波数の広い変異幅は，カ個体群にとっては遺伝的な変異を保つうえから，反対にせまい変異幅はカの誘引駆除のためには好都合である．

Belton and Costello（1979）による *Cx. p. pipiens* 雌での計測では，個体間変異は個体内変異とほとんど変わらず，計測条件が同じなら周波数は種のそれを代表している．表4.2に各種の周波数と標準偏差を示す．周波数標準偏差はハマダラカ属では比較的小さく，ヤブカ属では大きい．平均して

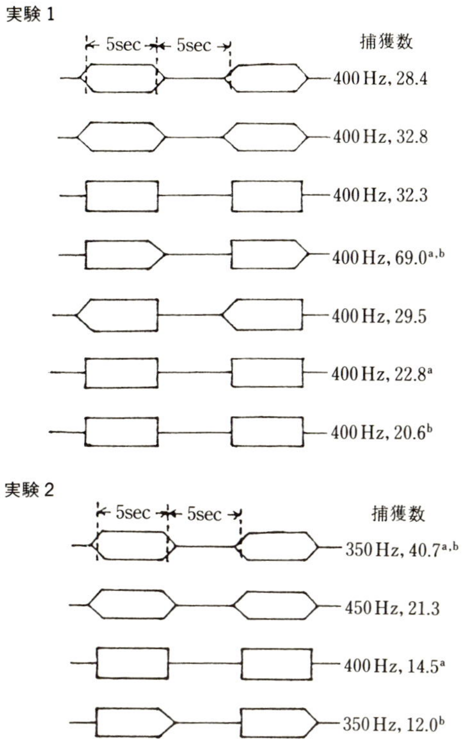

図 4.5　音響の変調発信器によるコガタアカイエカ雄の捕獲数の違い
実験 1 の 7 番目の音響はノコギリ波で，それ以外はすべて正弦波である．各実験内の同じ英字のついた捕獲数は統計的に異なる．

10–30 Hz の偏差があり，95% 信頼限界では，2.4 倍して 24–72 Hz となる．実質的には，平均周波数 ±50 Hz で大多数の雌個体の羽音周波数をカバーしている．

Wishart *et al.*（1962）によれば，雌の羽音に周波数の変調をかけても誘引性は変わらない．しかし Ikeshoji *et al.*（1987 と未発表データ）によると，ネッタイイエカの野外誘引実験では，パルス音の前後に強度の変調，すなわち立ち上がりあるいは減衰をかけたほうが，有意に大きな誘引性を示した（図 4.5）．これは近づく，あるいは遠ざかる雌の動きを模倣しており，追跡する雄にはよりよい刺激となるとも考えられる．

c. 波形と誘引性

自由拡散音場で録音された羽音では，倍音の強度は小さく，波形は基本周波音に忠実であると考えられる（写真 4.3）．反対に室内などの残響音場で

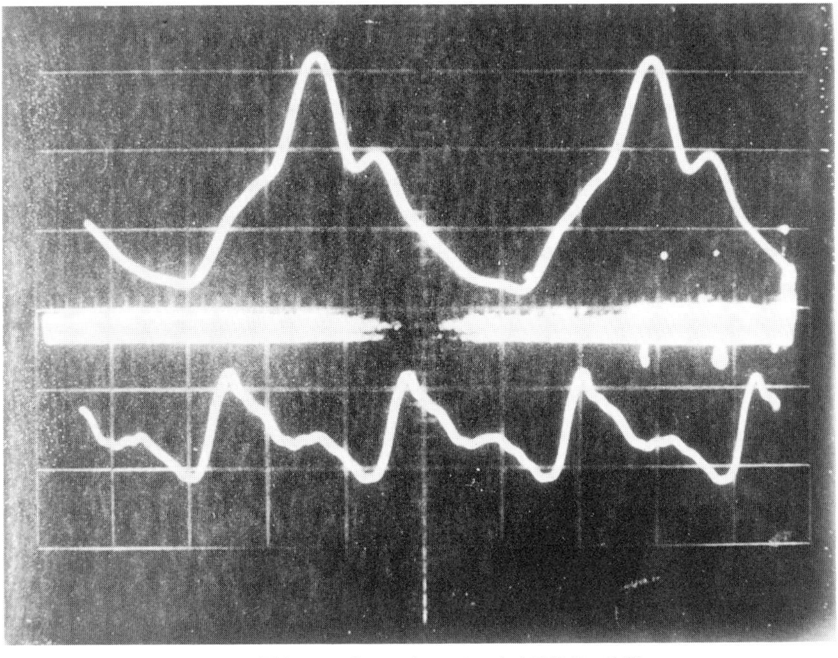

写真 4.3　ネッタイシマカの自由飛翔音の波形
上は雌，下は雄．

録音された場合は，反響音などで波形が変形する．しかし，雄に対する誘引性は基本周波音のみが関係する．Wishart and Riordan（1959）はネッタイシマカ雌の羽音 426 Hz で 20% の雄を捕獲し，雌または雄の羽音を 500 Hz に変調した音では 27–29% を捕獲した．さらにこの 500 Hz に 125, 250, 1000, 2000, 3000 Hz の 1/4, 1/2, 2, 4, 6 倍音を付加したとき 21%，付加音のみの場合は 0.7% であった．すなわち基本周波音のみが誘引性に意味があることを示している．

池庄司（1982）もネッタイシマカ雌の基本周波音 466 Hz，それを 10 回ダビングした音，雄音 820 Hz をダビングした音の誘引性を比較検討した．すなわち化学不妊剤メテパを処理した音響トラップで誘引し，雄を不妊化したところ，不妊化率の間に差はなかった．さらにネッタイシマカ（466 Hz），*An. stephensi*（423 Hz），チカイエカ *Cx. p. molestus*（370 Hz）3 種の基本周波音をミックスダウンし，3 種のカに発信しても同じ結果が得られた．結論は，雄は雌の羽音の基本周波音にだけ反応し，倍音や雄の羽音には反応しない．ちなみに雄と雌の基本周波数比は，Ogawa and Kanda（1986）では 1.3：1 から 1.9：1，Clements（1963）では 1.27：1 から 2：1 である．

d. 音圧と誘引距離

ネッタイシマカやヒトスジシマカ雌はそれぞれ（43.3±6.7）dB，（25.5±3.6）dB（Duhrkopf and Hartberg, 1992）の羽音強度を持ち，Wishart and Riordan（1959）もだいたい 1 cm の距離で 41 dB と計算している（dB の値に不慣れな読者は，耳に近づく雌カの音を思い起こしていただきたい）．この音源に対して，雄は 12 cm の距離から直線的に誘引されるので，この距離での音圧 20 dB まで反応する．Tischner（1953）によるハマダラカ *An. subpictus* 聴覚神経のスパイク数の測定では（図 4.4 参照），雌羽音の 370 Hz に対する感度は 10 dB で，35 dB では飽和するとしており，これらの音圧値はよく一致している．

雄の飛翔行動から誘引音圧を検討してみると，500 Hz の正弦波では，68–85 dB がもっとも誘引性を示し，85 dB 以上では音源に近づき旋回するが，それ以上は接近しない．さらに 100 dB 以上では忌避する．野外の観察でも，0.3–1 m が誘引距離とされ，それ以遠へ到達する強音を発しても雄は誘引されない．その理由は，昆虫の聴覚は音圧ではなく媒体粒子変位によるからと考えられる．たとえばヒトの聴覚では，距離の倍増加ごとに6 dB減少するが，変位聴覚では12 dB減少する．さらに距離とともに音の方向性が失われることにもよる．このことは大音源と小音源を比較すればわかる．直径25 cmの大きなスピーカは雄を誘引するが，スピーカに近づくと雄は方向性を失う．反対に，小スピーカから障壁の小孔を通して発音すると，雄は音源へ直進する．

（2）　聴覚器の構造と機能

双翅目昆虫では聴覚がとくによく発達する．触角基部の膨張した梗節（pedicel）が聴覚器でジョンストン器官と呼ばれる（写真4.4）．この器官に

写真4.4　カの聴覚器であるジョンストン器官
触角の基部に肥厚した梗節がある．

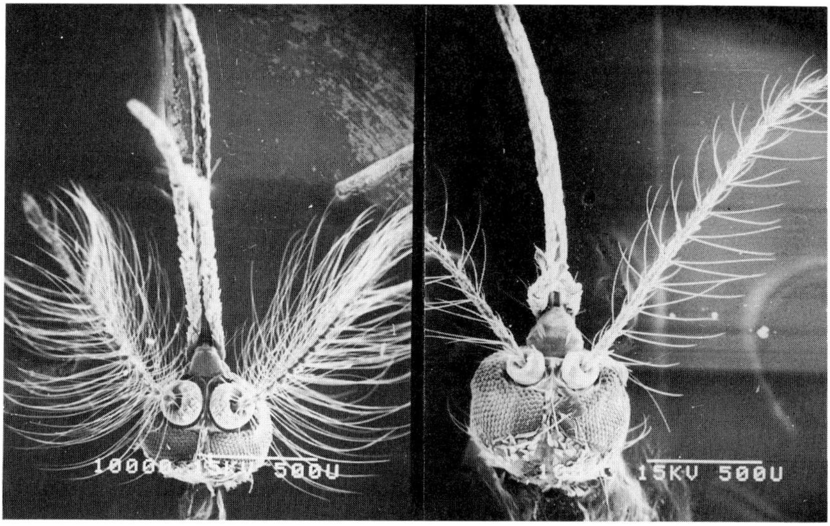

写真 4.5　ネッタイシマカの触角
雄（左）では羽毛状で音を効率的に捕捉できる.

ついては1855年，ジョンストンが聴覚器であるとは知らずに報告している．カの触角は13節からなり，雌では70本のタイプ1と10本のタイプ2の機械的感覚剛毛（sensilla chaetica）が存在する．雄ではそのほかに，長い剛毛（fibrillae）が各節の周淵に総計100本程度ある（写真4.5）．したがって，雄雌間での触角総表面積の比は10：1にもなり，音振動による空気分子の位置変異エネルギーを吸収する効率は格段に違ってくる（McIver, 1972）．

図4.6のように雄雌間の聴覚感度の違いは，ジョンストン器官の構造にも現われている．すなわちネッタイシマカ雄雌の器官は，それぞれ（170–180）×(100–110) μm，(140–160)×(90–100) μm で，雄で1.3倍も大きい．弦状感覚子（scolophorus sensillum）の付着しているフォーク（prong, Pr）の長さもそれぞれ27–31, 7–9 μm で，雄で4倍も広く，より多くの弦状感覚子（7000–7500個）が全方向から付着している．反対に，雌では少数の弦状感覚子がせまいフォークに集中している．さらに雄の鞭節（flagellar, Fl）は3倍長く，それだけ触角が梗節のなかへ入り込んでいる（Boo and Richards, 1975a, b）．

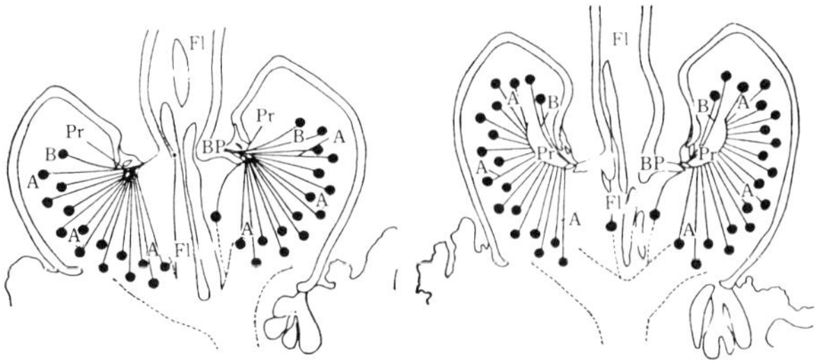

図 4. 6　ネッタイシマカ雌（左），雄（右）のジョンストン器官の構造の比較（Boo and Richards, 1975b）

Pr：フォーク，A, B：梗節のなかの A, B タイプの弦状感覚子，Fl：鞭節.

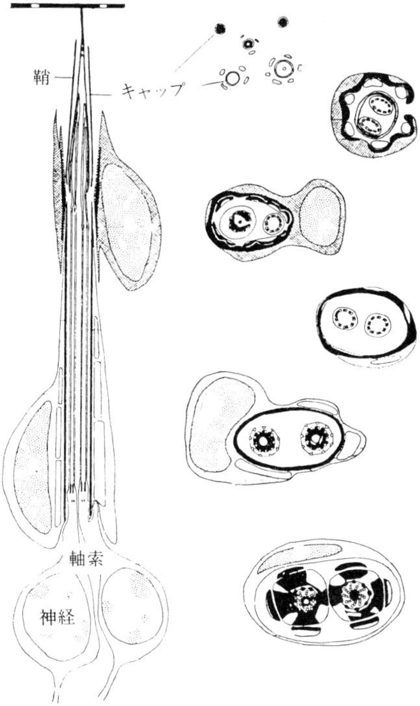

図 4. 7　ジョンストン器官の A タイプ弦状感覚子の構造（Boo and Richards, 1975b）

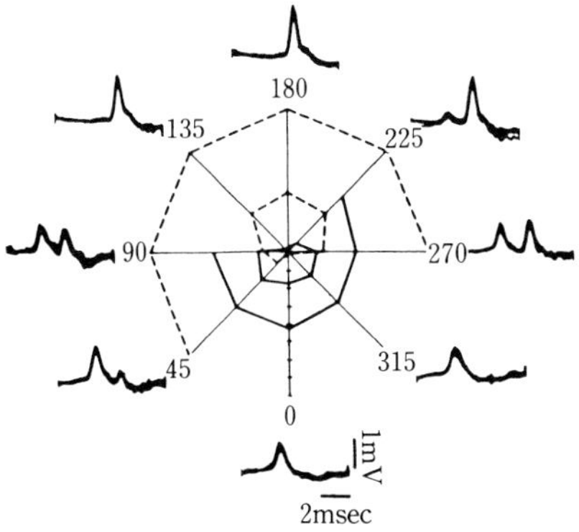

図 4.8　異方向からの音波によるジョンストン器官の神経受容電位の違い（Belton, 1974）

触角 1 対で 2 万 5000–3 万個ある弦状感覚子は，基本的には伸張感覚子で，タイプ A, B, C, D の 4 種あるが（雄では D を除く 3 種），97% はタイプ A で，その構造は図 4.7 に示す（Boo and Richards, 1975b）．2 個の神経細胞の樹状突起が並び，先端はキャップを経てフォークに付着し，後端は軸索を集合して聴覚神経球へとつながっている．音による空気分子振動が触角の運動としてとらえられ，それが弦状感覚子により神経信号に変換されるが，その変換の原理機構は不明である．

音の強度と方向性を神経刺激に変換する機構についても諸説がある．ここでは Belton（1974）の説について述べる．今，微細電極を梗節に挿入し，音響刺激に対する神経電位を記録すると，図 4.8 のようになる．押し刺激は

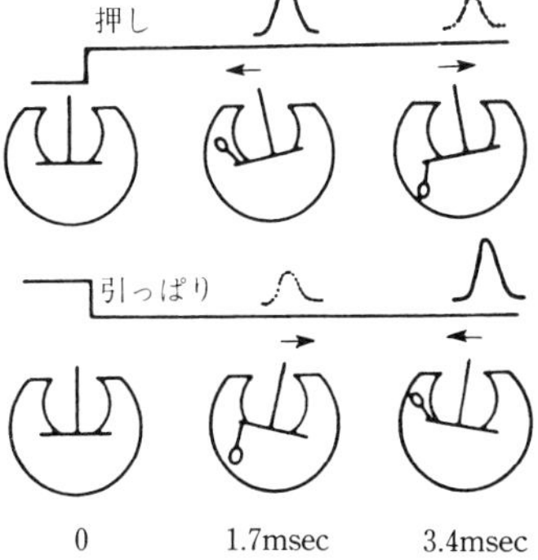

図 4.9　異方向からの音波による触角鞭節の振動方向の違い（Belton, 1974）

実線で，その反動となる引っぱり刺激は点線で表わしてある．外側の線は電気刺激が現われるまでの潜在時間，内側の線は反応の振幅，強さを表わす．今，触角のまわり360°に対して0°の方向（電極の方向を0°とする）から，音波が触角を押すと振幅の大きさは音の方向によって大きく変化している．しかし，潜在時間は不変である．また，音の入射進路と90°と270°の方向では2つの電位ピークが出ている．これは図4.9に示すように解釈される．すなわち，音が触角を押すと基盤（basal plate）上側の丸印のついた弦状感覚子（群）を押す．下側の弦状感覚子（群）は引っぱられる．共鳴による弾性的な揺りもどし運動が，1.7 msec後に（最初からは3.4 msec後）起こり，下側の弦状感覚子（群）は押され，上側の弦状感覚子（群）は引っぱられる．このように触角の最強振動面が音源の方向を示し，振動面のわずかなずれを感知することによって，三角測量法で音源の位置を計測する．しかし，拡散した音の広い波面では，三角測量法は困難で，雄は雌の位置を感知できない．ジョンストン器官は1個（片側）でも音の方向性は感知できるが，両側を使ったほうが間違いが少ない．

4.5　カ駆除への応用

雄カの雌羽音に対する反応は，それはみごとなもので，ほかのどのような刺激よりも誘引力は強い．目撃したカの研究者なら，誰でも羽音の利用を考えるであろう．そこで最初の誘殺実験は，Khan and Offenhauser（1949）が*An. albimanus*雌の羽音を録音し，雄を捕獲したことに始まる．のちにBeltonも*Ae. stimulans*の飛群から雄を音響誘引し，吸引トラップで捕獲した．おくれて著者はカの羽音の測定から始め，野外でのカ駆除法の確立へ発展させた．

（1）　音響によるカ駆除

初めに昆虫の大量誘殺と誘引個体の不妊放飼法の優劣について，簡単なツェツェバエのモデルを使って説明する（Ikeshoji *et al.*, 1990）．図4.10はツェツェバエの生態と発育史を考慮し，増減のない安定した個体群を想定し，

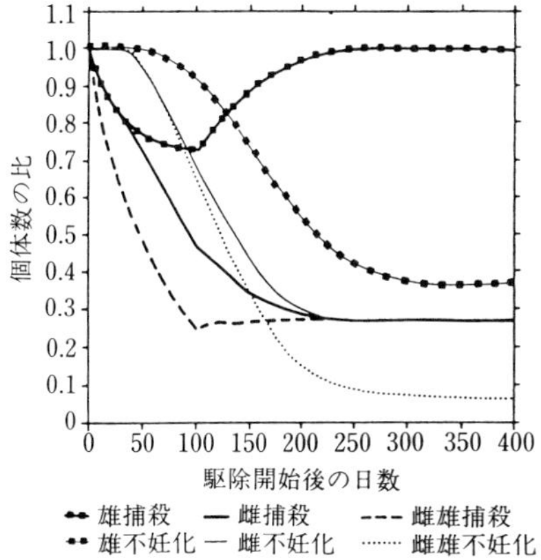

図 4.10　2% のツェツェバエ雌雄の捕殺，不妊化したときの個体群動態シミュレーション（Ikeshoji *et al.*, 1990）

毎日雄雌片方か両方を 2% ずつ 100 日間誘殺または不妊化したとする．雄だけの誘殺では，個体数は最初は減少するが，すぐもとのレベルへもどる．また雄の不妊化や雌の誘殺，雄雌の誘殺法は本質的には同じで，繁殖率は初めは急減するが，その後は 20–30% レベルで均衡する．雌の不妊化が雄の不妊化より効率的であるのは，雄が多回交尾するのに反して，雌は 1 回しか交尾しないことによる．もっとも効率的な方法は両性の不妊化法で，個体数は 94% へ減少する．これは不妊雌のほかに，不妊雄も正常雌と多回交尾して不妊化するからである．1 日に 30% の雄を不妊化すると，図 4.11 のように

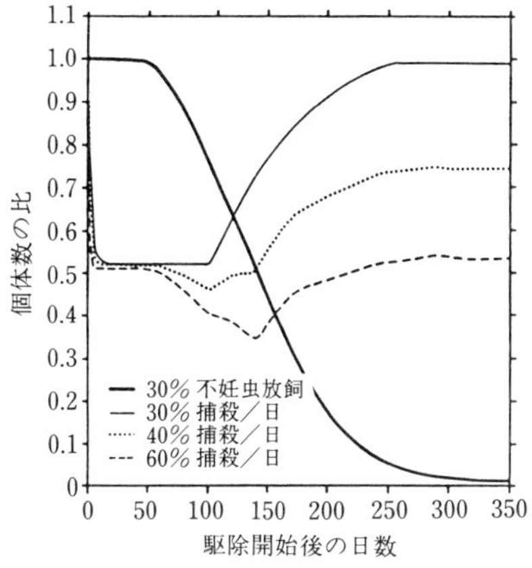

図 4.11　ツェツェバエ個体群の大量捕殺，不妊虫放飼のシミュレーション（Ikeshoji *et al.*, 1990）

写真 4. 6　三脚上の円筒音響トラップ

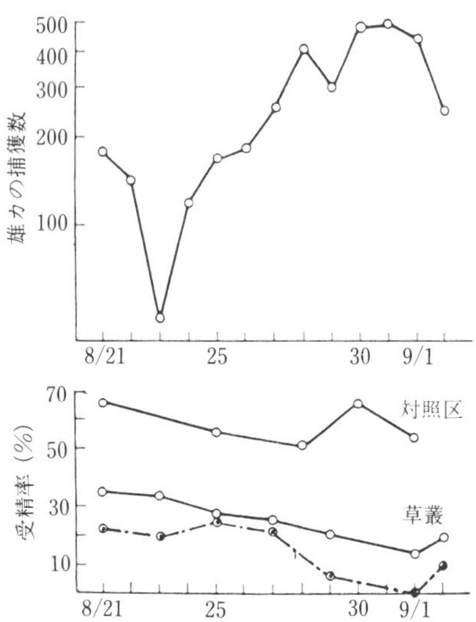

図 4. 12　音響トラップによる *Cx. tarsalis* 雄の大量捕殺による雌受精率の減少（Ikeshoji *et al.*, 1985）

個体数はおよそゼロに近づく．30–60% の誘殺と比較して，いかに効率的であるかがわかる．

次に音響を利用した実際の大量誘殺法，化学不妊法などについて説明する．

a. 雄カの大量誘殺

最初の音響トラップは，直径 9.3 cm，8 ohm のスピーカを 30×32 cm の無色透明のポリエチレン板で巻いた円筒トラップで，内面に粘着剤を塗りカを誘殺する．1.5 V の単 2 電池 4 個をつないだ手づくりの簡単な発信器から，370 Hz あるいは 400 Hz の正弦波音を 5 秒間隔で 5 秒発信する．毎夕 20 分間の群飛時間だけ使用するので，電池は 2 シーズン（2 年間）有効である．飛群（蚊柱）の立ちそうな場所に人工標識をしき，その上に三脚を立て円筒トラップを乗せる（写真 4.6）．カリフォルニア州ベーカスフィールドの牧畜原野で，*Cx. tarsalis* の生息している 1 ha の草叢を，14 個の群飛標識と円

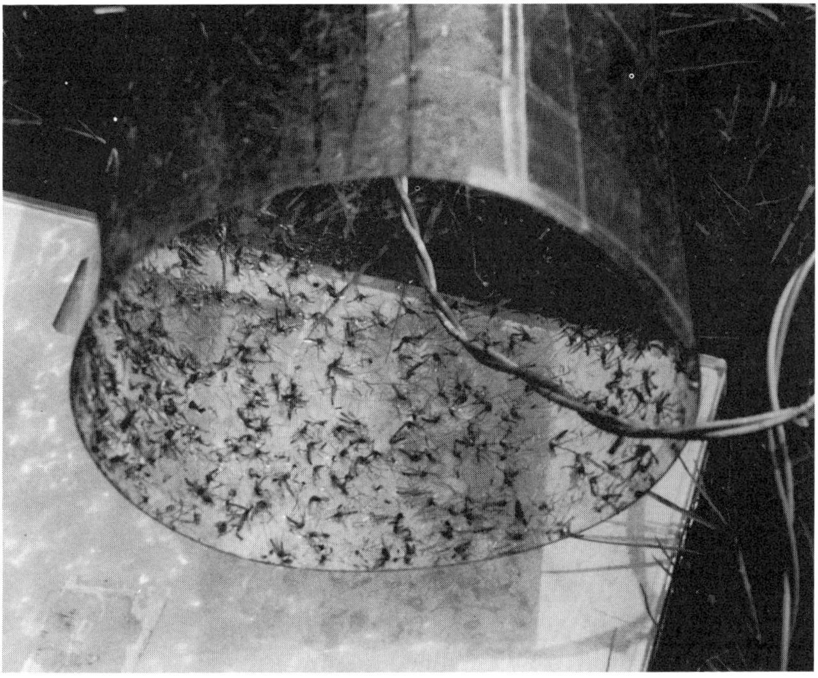

写真 4.7　円筒音響トラップの内壁に付着した *Cx. tarsalis* 雄

筒トラップで囲み，毎夕 20 分間，雄を捕獲した．写真 4.7 はトラップの内面にびっしりと付着した雄カを示す．図 4.12 に示すように，最初は 200 匹ほどの捕獲数であったが，しだいに要領を得て上達し，実験の後半では 500 匹ほど捕獲できるようになった．その結果，草叢から捕虫網で捕集した雌の受精率は 35% から 17% に減少した．ほかの場所で交尾し実験地へ侵入したと考えられる抱卵カを除くと，受精率は 23.6% から 0% へ減少した（鎖線のグラフ）．このように隔離された場所では，短期間に大量の雄を捕殺することによって，雌の受精率を減少させ，カの増殖を抑制できる．

b.　誘引雄カの化学不妊化

粘着剤のかわりに化学不妊剤を円筒トラップ内面に塗布し，誘引された雄を不妊化する方法もある．たとえば不妊剤メテパを内壁に 1 mg/cm² 処理したとき，雄は音に誘引され，内壁に百分の数秒程度の極短時間接触し，70–80 ng の不妊剤を付着する（Ikeshoji, 1987）．これは数時間後に雄を 90% 不妊化する薬量である．

マレーシア国バターワース市郊外の 2 ha の部落で，不妊剤ヘンパ（前述のメテパより効力が低い）を塗布した円筒トラップを 12 個設置し，ネッタイイエカの不妊化実験を行った．図 4.13 に示すように，最初 2 週間は粘着剤を塗布し，カの捕獲数を調べた．捕獲数は 500 匹から 1100 匹まで 1 日ご

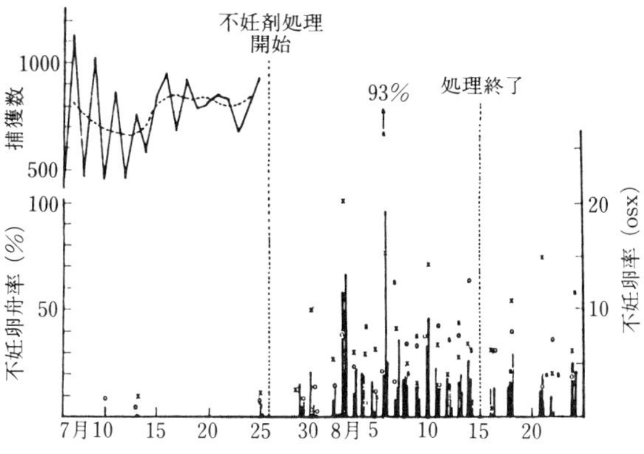

図 4.13　化学不妊剤処理した音響トラップによる野外ネッタイイエカ雌の不妊卵産下率（Ikeshoji and Yap, 1987）

とに規則的に大きく変動する．大量捕獲した翌日は捕獲数が少なく，その翌日はまた多い．これは実験地への移入個体数と捕獲個体数の差の変動を意味し，この繰り返しによって新しい平衡値へと近づいている．平衡値から，1日の平均捕獲数は800匹程度と推定される．実験の後半ではトラップに不妊剤を処理し，不妊化された雄と交尾した雌が産下した卵および卵舟（塊）の不妊率を調査した．osx は3カ所の幼虫発生源から採集した全卵の不妊率で，平均7.8％であった．棒グラフは各幼虫発生源から採集した卵舟の不妊率（1匹の雌は数十個の卵からなる卵舟1個を産む）の変動で，平均して17.1％であった．とくに8月6日の発生源Sでは93％の高い卵不妊率を示した．周囲からカが自由に移出入する非隔離地での最初の実験結果としては，かなり高い不妊化率が得られたと考えられる．

c．殺虫剤による誘引カの殺滅

誘引した雄を膜トラップ表面に塗布した殺虫剤に接触させ殺滅し，生殖攪乱を起こす方法もある．Ikeshoji and Yap（1990）がマレーシア国ペナン市郊外のパイナップル，パパイア，マンゴ果樹園で行ったヒトスジシマカの実験では，60×70 cm の黒色ビニール膜トラップ（家庭用ごみ袋）の両面に，速効性ピレスロイドを 50 ng/cm^2 噴霧し，中央にスピーカをテープで張りつけ，雄は音で雌は黒色刺激で誘引した．半隔離の2 ha の果樹園でも，12個の膜トラップの設置で大きな駆除効果が得られた．カの現存数の推定には，実験区域のカは移出入しないという前提で標識再捕獲法を用い，もっとも簡単なリンカーン指数を計算した．まず飼育した雌雄各5000匹をビニール袋に入れ，少量の粉末ローダミンBかファーストグリーンといっしょに振り，染料を付着させ標識する．標識カを果樹園内に均等に放ち，1日後，捕虫網で再捕獲する．ここで，

カの現存数＝5000×1日生存率×(捕獲数－再捕獲数＋1)/(再捕獲数＋1)

から計算される．多くの文献データから1日生存率は0.8である．

その結果は，表4.3に示すようにトラップ設置前に生息していた1823匹の雌が，設置10日後には366匹へ減少し，4896匹いた雄は1593匹へ減少した．またトラップ設置後の減少度は，粘着剤を塗布した膜トラップによる1日平均捕獲数でも表わせ，雌は3匹から0.5匹へ，雄は1.8匹から0.3匹

表 4.3　ヒトスジシマカに対するサイフェノスリン殺虫剤処理音響トラップの効果

		処理前	処理後
標識法による推定数	雌	1823	366
	雄	4896	1593
音響トラップによる平均捕獲数	雌	3.0	0.5
	雄	1.8	0.3

へ減少した．いずれの推定法でも，個体数はだいたい1/5へ減少したといえる．ヒトスジシマカは移動性の小さい種で移出入数も少なく，短期間では隔離された実験地とみなされ，高い駆除率が得られたと考えられる．

d. 音響トラップ型とほかの駆除法との組み合わせ

実験とともに音響トラップの型も進化する．Ikeshoji and Ogawa（1988）はヒトスジシマカに板型とカップ型音響トラップを考案した．前者は53×73×1 cmの発泡スチロール板スピーカで，なかに直径5 cmの圧電スピーカが組み込まれている．黒色板表面は視覚トラップとしても働き，雌も誘引するので効率的な駆除トラップとなる．カップ型音響トラップは直径30–40

写真 4.8　カップ型音響トラップ

cmの黒色発泡スチロール半球で，中空の内壁に直径2cmの圧電スピーカをテープで張りつけたものである．さらに安価で効率的なトラップは，前記の黒色ビニール膜トラップ（p. 113参照）である．

以上のように簡便な音響視覚トラップは，ほかの駆除方法と組み合わせて，より高尚な駆除方法が考案される．とくに雄比の高い個体群に対しては有効な駆除方法となるであろう．たとえば，米国北部でラクロスウイルスを媒介する樹洞性の *Ae. triseriatus* では，雪どけ2.5カ月後の春季に孵化する越冬卵は60–70%の高い雄比を示すが，以後は漸減し秋季には10–20%に減少する（Shroyer and Craig, Jr., 1981）．このような種では，春から夏にかけて雄の大量誘殺が可能であり，反対に夏から秋にかけては，不妊化できる雄数が少なくても，もともと雄数が少ないので個体群における不妊化効果が極端に高まるであろう．

Schlein and Pener（1990）は，*Cx. p. pipiens* において毒性細菌 *Bacillus sphaericus* を混ぜた20%砂糖水を発生源近くの草叢に散布し，60–70 mの地点で46.6%の摂食感染カを得た．感染カは数日後，産卵のため幼虫発生源へ帰るとき，細菌を持ち帰り発生源を汚染する．*Bacillus* の幼虫駆除効果を，図4.14に示す．すなわち3回の処理ごとに，処理前の幼虫密度は，柄杓すくいとり1回当たり64, 71, 91匹から，処理数日後の14, 29, 37匹へ，ほぼ1/3へ減少している．カの発生源はヒトにみえない場所にも点在するので，

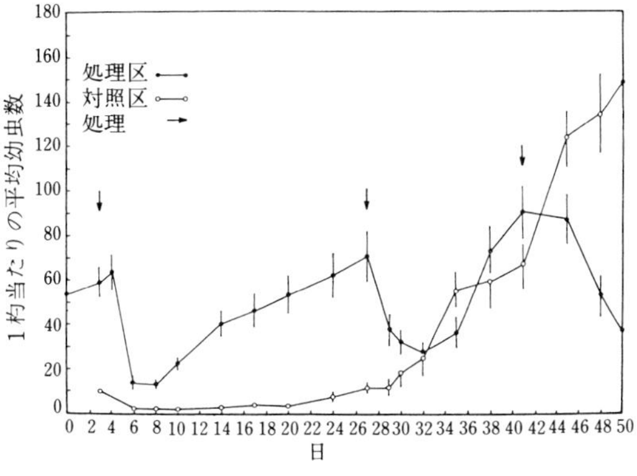

図4.14 *Bacillus sphaericus* の草叢処理後のアカイエカ幼虫密度の減少（Schlein and Pener, 1990）

このカによる自己運搬法は，ひじょうに高尚な駆除方法となるであろう．

細菌のかわりに幼虫に特異毒性を示すピレスロイド殺虫剤を運ばせるアイディアもある．あるいは，ラクロスウイルスが交尾によって，*Ae. triseriatus* の雄から雌へ水平伝染されるように（Thompson and Beaty, 1978），交尾感染を利用してカ個体群に性病を広める自滅的駆除法も考えられる．いずれの方法にも音響誘引法は利用できるであろう．

（2） レーザー光照射による遺伝的不妊化

Wilde（1965, 1967）がカツオブシムシ，ワモンゴキブリ，リンゴハダニ，ナミハダニ，オンシツコナジラミ，モモアカアブラなどを0. 6 J/2 msecの強力なルビーパルスレーザーで照射し殺滅を試みた．しかし，この方法は強大なエネルギーを必要とするので，実用的ではない．反対にAl-Hakkak *et al.*（1988）は比較的低出力のHe/Neレーザー（0. 32 mW/cm^2）を貯穀害虫スジマダラメイガに2–10分照射し，F_1世代にある程度の不妊性を得ている．

カについては，Li and Lin（1985）がアカイエカを10 mWのHe/Neレー

写真4. 9　レーザー光線で照射中のチカイエカ

表4.4 レーザー光線で照射した1日齢チカイエカの致死率，産卵率，孵化率，繁殖成功率

レーザー	照射量 mW/m²	性	致死率% A	産卵率% B	孵化率% C	繁殖成功率% (100−A)BC×10⁻⁴
He/Cd	52	M	2	45	28	13
(紫外)		F	18	57	42	20
アルゴン	22	M	0.1	77	32	25
(青)	43	M	43	69	7	3
	86	M	64	70	0	0
	430	M	96	13	23	0.1
	(50		38[1])			
	86	F	1	25	39	10
	215	F	18	26	44	9
	344	F	25	13	0	0
	430	F	75	15	48	2
	(50	F	0[1])			
アルゴン	20	M	8	47	21	9
(緑)	80	M	74	68	9	2
	400	M	91	50	0	0
	(50	M	43[1])			
	80	F	16	45	20	8
	320	F	37	13	0	0
	400	F	63	0	0	0
	(50	F	4[1])			
He/Ne	50	M	22	56	44	20
(赤)		F	13	63	42	23

1) 回帰式から計算.

ザーで60分間照射し，77.8%の不妊化を得た．この場合，不妊性は持続し，F_5–F_6世代でも43.5–63.4%であった．また，Rodriguez *et al.* (1989) は130 mWのアルゴンレーザー光をネッタイシマカに0.04秒の極短時間照射し，親の増殖率（F_1の孵化率）を極端に減少させ，さらに0.25–0.5秒照射では全滅させている．

大量の飼育昆虫をガンマ線や化学不妊剤で不妊化し，自然界へ放飼して害虫を駆除する方法を不妊虫放飼法といい，100匹/ha程度の個体密度の小さい（繁殖率の小さい）ラセンウジバエ，ミバエ，コドリンガ，ツェツェバエなどでは駆除に成功している．しかし，1000匹/ha以上の個体密度の大きい害虫では成功していない．失敗理由の1つは，標的個体数の9倍以上もの飼育虫を数年間にわたり放飼する必要があり，その費用が莫大となることで

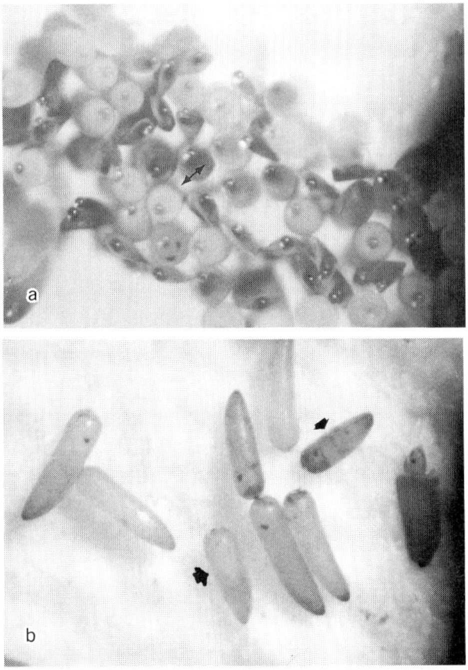

写真 4. 10　レーザー光照射で不妊化したチカイエカが産卵した卵

a：不妊卵（矢印）は孵化せず，正常卵は孵化し卵殻だけが残っている，b：正常卵は長細，奇形卵は短太（矢印）．

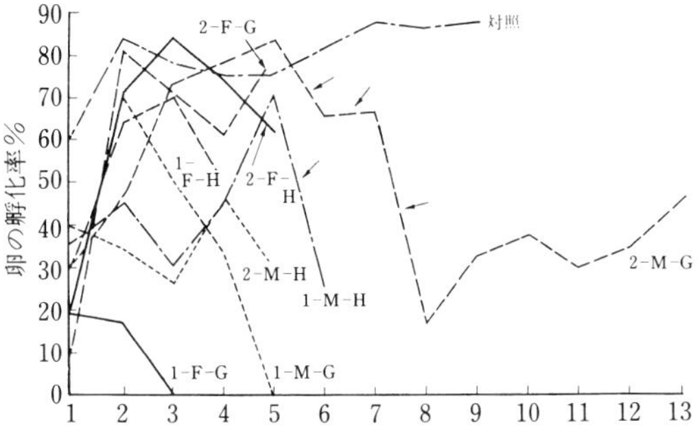

図 4. 15　He/Ne レーザー光照射（5 mW/m²×5 秒）によるチカイエカの遺伝的不妊化（Ikeshoji, 1992）

図中の記号は，日齢-性（M：雄，F：雌）-照射部（H：頭，G：生殖器）を示す．矢印は低孵化卵塊を選抜した．

表 4.5　He/Cd レーザー光線を照射したチカイエカの F_1, F_{11} の染色体異常頻度[1)]

系	統	子孫	染色体異常頻度[2)]			
			架橋	伸長	合計	頻度 %
1 日齢雌	頭部照射	F_1	4	1	5	3.3
		F_{11}	4	1	5	2.6
1 日齢雄	生殖部照射	F_1	6	1	7	4.7
		F_{11}	6	1	7	1.2
	無照射		2	6	8	1.6

1) UV, 13 mW/m^2, 4 秒間照射. 2) 4 齢幼虫 60–120 匹の脳細胞につき, 分裂後期細胞 200–1000 を観察した.

ある. また成功するには, 駆除地域が隔離され害虫が隣接地から移入しないことが前提となる.

そこで飼育虫ではなく, 自然個体群を音響で誘引しその場で不妊化でき, しかも誘導した不妊性が遺伝し自然個体群のなかに蓄積していけば, 非隔離地でも有効となるであろう. そのような未来的技術として考えられるのが, レーザー光照射によるカの遺伝的不妊化法で, これを可能にするには, レーザー光の瞬間照射による不妊化法の開発が必要となる. 以下はこのための検討実験の結果である (Ikeshoji, 1992).

まず群飛する雄が 1 mm 程度のレーザー光を通過する時間は, さきの実測や計算から 0.01 秒程度である. このような極短時間に十分な不妊性を与えるため, 照射光量 (照射時間を変え) や照射光スペクトルを検討した. 13 mW/m^2　He/Cd 紫外色 (325 nm 連続光) レーザー, 43 mW/m^2 青色 (488

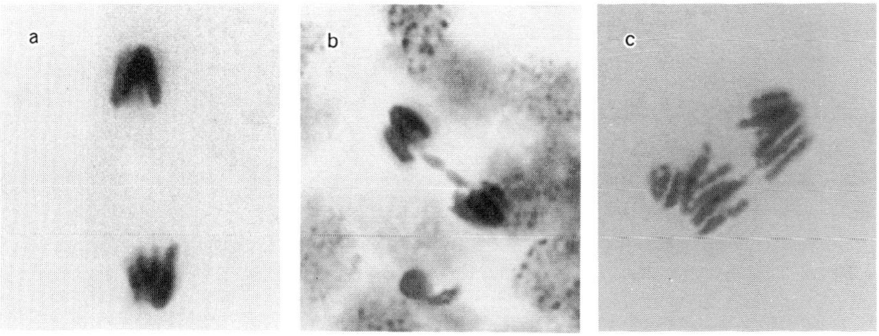

写真 4.11　レーザー光照射で遺伝的不妊化したチカイエカ幼虫の脳細胞分裂後期の染色体
a：切断片, b：架橋, c：伸長.

表4.6　誘引音を発信するスピーカ上のレーザー光線を通過するネッタイシマカ雄数と，無発信時の通過数の比

He/Cd(UV)	アルゴン(青)	アルゴン(緑)	He/Ne(赤)
5.7[a)]	3.9[b),c)]	3.6[c)]	5.2[a),b)]

同じ英字のついた数値は，Duncanの検定法で5%の確率で異なるとはいえない．

nm）および40 mW/m^2 緑色（514 nm）のアルゴンレーザー，5 mW/m^2 He/Ne赤色（632.8 nm）レーザーで，麻酔したチカイエカ雄または雌の頭部か生殖器部を，0.25–10秒間照射する（写真4.9）．非照射の異性と交尾させ，その雌が産んだ卵の孵化率を調べ，さらにF_1を累代飼育しF_4–F_{13}世代まで不妊化率と染色体異常発生率を調べた（写真4.10a, b）．その結果は表4.4のように，遺伝的不妊性はHe/Ne赤色（632.8 nm）レーザー照射で

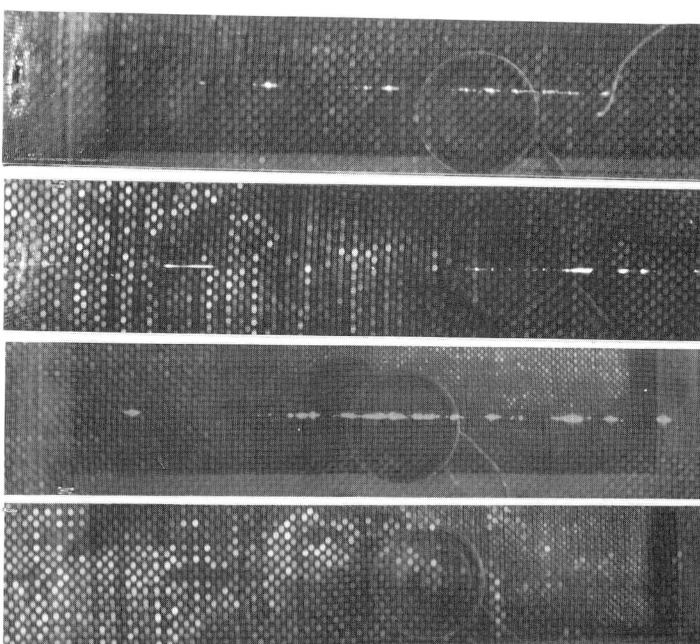

写真4.12　レーザー光線を通過するネッタイシマカの散乱光（露出時間1分）
誘引音を発信するスピーカ上の，上から青色（He/Cd），緑色（He/Cd），赤色（He/Ne）レーザー光．下は無発信．

とくに高く，F_{13} 世代まで継続した．

レーザー光は 308 nm を境に短波長光は分子解離作用（molecular photodissociation）が強く，反対に長波長光は選択的熱分解作用（selective photothermolysis）が強い（Berns, 1991）．したがって本実験では，熱作用による不妊化と生理異常を起こしたと考えられる．とくに図 4.15 のように羽化後 1–2 日齢の雄雌に対して，卵の孵化率低下が遺伝している．羽化後 0 日目では卵，精原細胞や卵，精母細胞の分裂がもっとも激しく，染色体異常を起こす可能性は大きいと思われる．反対に羽化直後のカでは水分含量も大きく，レーザーエネルギーの吸収が低く，影響を受けにくいと考えられる．1 日目には性細胞の発育が進行し，2 日目には完了に近いと考えられるが，1 日齢ではとくに遺伝的不妊化が高かった．日齢と関係して注目すべきことは，雄は 2–3 日齢でとくによく群飛に集合し，音響に反応することである．

不妊性が遺伝する証拠は，染色体構造の異常にもみられる．表 4.5 に異常頻度を，写真 4.11（聖マリアンナ医科大学の小川氏による）に異常形態を示す．F_1 と F_{11} 世代目の 4 齢幼虫の脳細胞における分裂中期，後期の染色体が架橋（bridge）したり伸長（elongate）し，また中央に切断片（bead）を残して両極へ正常に分離しない．このような染色体異常は，強力な化学不妊剤処理などでは，数十 % の確率で起こる（Tadano and Kitzmiller, 1969）が，レーザー光照射ではこのように高頻度には起こってはいない．しかし，突然変異は遺伝子レベルでも起こっている可能性がある．

レーザー光の色は雄の走光性とも関係して，実用上大切である．音響スピーカで誘引したネッタイシマカ雄が，上記 4 種のレーザー光のなかを通過する頻度を比較すると，表 4.6 のようにもっとも明るくみえる紫外光も，みえない赤色光と同じように忌避しない（写真 4.12）（昆虫の可視光については第 7 章参照）．しかし，青色光と緑色光はいくぶん忌避している．けっきょく，赤色レーザー光にはカ忌避性がなく，低エネルギーで遺伝的不妊性を起こしやすいので最適である．とくに遠赤レーザーは電気エネルギーの光変換効率も格段によく，大出力も得られるので好適であろう．ただしヒトの目にはみえないので，野外では危険をともなう．このような物理的な駆除法は化学毒物による環境汚染の心配がなく，エレクトロニクスの進歩とともに将来の発展が望まれる．

(3) 超音波とカの忌避

1970年代から世界各地で試作され販売されているカの超音波撃退器については疑問があり，日本でも多くの消費者から著者に照会があった．カに対する音響効果と関連して本項で述べる．普通，実験結果が否定的な場合は，研究者は報告しないので論文数は限られるが，各種撃退器の試験結果は次のとおりである．

これらの撃退器が発する音は4–20 KHzの周波数で，音圧が1 cmの距離で70–85 dBである．これはヒトの最大可聴周波数20 KHzに近い高い音で，雌カを忌避すると宣伝されている．効能書によると雄を誘引する雌の羽音(実際は300–500 Hz，1 cmの距離で40 dB程度）が同じ雌を忌避するとか，コウモリが採餌に使う音響探査の超音波（実際は30–70 KHz，30 cmの距離で100 dB程度）を利用したとしている．これらの撃退器は表4.7に示すように，いろいろな音響特性を持っており，雌の羽音より50–100倍強く，コウモリの音より数百倍弱い（Belton, 1981)．室内実験では総じて忌避性を示さないが，著者の実験では撃退器をトレイの小さな窓際に設置し，アカイエ

表4.7　各種のカ撃退器についての報告例

周波数(kHz)	音圧(dB)	カの種類	実験	誘引源	効果	報告者
9	84	*Ae. aegypti*	室内	ヒト	無	Singleton, 1977
—	—	*Ae. euedes*	野外	ヒト	無	Helson and Wright, 1977
—	—	*Ae. canadensis*	野外	ヒト	無	
4	74	*Cx. p. pipiens*	野外	ヒト	無	Belton, 1981
15	68	*Cx. p. pipiens*	野外	ヒト	無	
9	84	*Cx. p. pipiens*	野外	ヒト	無	
20–70	—	*An. quadrimaculatus*	室内	呼気	無	Foster and Lutes, 1985
	—	*Ae. triseriatus*	室内	呼気	無	
	—	*He. equinus*	室内	呼気	無	
0.3	—	*Ae. cantans* ほか	野外	ヒト	やや有	Epsch, 1986
2.5–10.5	—	*Ae. albopictus*	野外	ヒト	無	池庄司(未発表)
10.5	—	*Cx. p. pallens*	室内侵入	ヒト	有	

カの侵入を防ぐことはできた．しかしヒトに接近し吸血意欲のたかまった雌，とくにヤブカに対してはまったく無効であった．

引用文献

Al-Hakkak, Z. S., A. A. K. Al-Sufi and A. M. B. Murad（1988）Biological and genetical effects of visible laser radiation on the fig moth *Ephestia cautella*. *J. Biol. Sci. Res.*, **19**：95–109.

Belton, P.（1974）An analysis of direction finding in male mosquitoes. In：*Experimental Analysis of Insect Behaviour*. L. B. Browne ed., Springer-Verlag, Berlin, 139–148.

Belton, P. and R. A. Costello（1979）Flight sound of the females of some mosquitoes of western Canada. *Ent. exp. appl.*, **26**：105–114.

Belton, P.（1981）An acoustic evaluation of electronic mosquito repellers. *Mosq. News*, **41**：751–755.

Berns, M. W.（1991）Laser surgery. *Sci. Am.*, June：58–64.

Boo, K. S. and A. G. Richards（1975a）Fine structure of the scolopidia in the Johnston's organ of male *Aedes aegypti*(L.)（Diptera：Culicidae）. *Int. J. Insect Morphol. Embryol.*, **4**：549–566.

Boo, K. S. and A. G. Richards（1975b）Fine structure of the scolopodia in the Johnston's organ of female *Aedes aegypti* compared with that of the male. *J. Insect Physiol.*, **21**：1129–1139.

Bullini, L. and M. Coluzzi（1982）Evolutionary and taxonomic inferences of electrophoretic studies in mosquitoes. In：*Recent Developments in the Genetics of Insect Diseases Vectors*. W. W. M. Steiner, W. J. Tabachnik, K. S. Rai and S. Narang eds., Stipes Pub. Co., Champaign, III, 465–482.

Charlwood, J. D. and M. D. R. Jones（1979）Mating behaviour in mosquito, *Anopheles gambiae*. I. Close range and contact behaviour. *Physiol. Entomol.*, **4**：111–120.

Chu, F. I. and G. Z. Qian（1989）Faunistic distribution and evolution of Culicid mosquitoes（Diptera：Culicidae）. In：*Medical and Veterinary Dipterology*. J. Olejnicek ed., 29–34.

Clements, A. N.（1963）*The Physiology of Mosquitoes*. Pergamon Press, London, 393.

Craig, G. B., Jr.（1967）Mosquitoes：female monogamy induced by male accessory gland substances. *Science*, **156**：1499–1501.

Downes, J. A.（1969）The swarming and mating flight of Diptera. *Ann. Entomol.*, **14**：271–298.

Duhrkopf, R. E. and W. K. Hartberg（1992）Differences in male mating response and female flight sounds in *Aedes aegypti* and *Ae. albopictus*（Diptera：Culicidae）. *J. Med. Entomol.*, **29**：796–801.

Epsch, Von Jochen（1986）Untersuchungen zum Verhalten weiblicher Stechmücken auf akustische Signale. *Biol. Rundsch.*, **24**：61–65.

Falls, S. P. and K. R. Snow（1984）Observations on the swarming of *Aedes cantans* Mei-

gen（Diptera：Culicidae）. *Entomologist's Gazette*, **35**：57–60.
Foster, W. A. and K. L. Lutes（1985）Test of ultrasonic emission on mosquito attraction to hosts in a flight chamber. *J. Am. Mosq. Cont. Assoc.*, **1**：199–202.
Gibson, G.（1985）Swarming behaviour of the Mosquito *Culex pipiens quinquefasciatus*：a quantitative analysis. *Physiol. Entomol.*, **10**：283–296.
Helsen, B. V. and R. E. Wright（1977）Field evaluation of electronic mosquito repellers in Ontario. *Proc. Entomol. Soc. Ont.*, **108**：59–61.
池庄司敏明（1978）昆虫のアロモン，カイロモン．『生理活性天然物質』柴田承二編，医歯薬出版，東京，158–178.
池庄司敏明（1980）匂いと動物の行動．『香料の事典』藤巻正生・服部達彦・林　和夫・荒井綜一編，朝倉書店，東京，18–25.
Ikeshoji, T.（1981）Acoustic attraction of male mosquitoes in a cage. *Jpn. J. Sanit. Zool.*, **32**：7–15.
池庄司敏明（1982）これからの作物保護――音の利用．化学と生物，**20**：687–694.
Ikeshoji, T.（1985）Age structure and mating status of the male mosquitoes responding to sound. *Jpn. J. Sanit. Zool.*, **36**：95–101.
Ikeshoji, T., M. Sakakibara and W. K. Reisen（1985）Removal sampling of male mosquitoes from field populations by sound-trapping. *Jpn. J. Sanit. Zool.*, **36**：197–203.
Ikeshoji, T.（1987）Synergistic effect of lactic acid with a chemosterilant metepa to the sound-attracted male mosquitoes. *Jpn. J. Sanit. Zool.*, **38**：333–338.
Ikeshoji, T., Y. Yamasaki and H. H. Yap（1987）Attractancy of various waveform sounds in modulated intensities to male mosquitoes, *Culex quinquefasciatus* in the field. *Jpn. J. Sanit. Zool.*, **38**：249–252.
Ikeshoji, T. and H. H. Yap（1987）Monitoring and chemosterilization of a mosquito population. *Culex quinquefasciatus* by sound traps. *Appl. Ent. Zool.*, **22**：474–481.
Ikeshoji, T. and K. Ogawa（1988）Field catching of mosquitoes with various types of sound traps. *Jpn. J. Sanit. Zool.*, **39**：119–123.
Ikeshoji, T.（1988）Swarming and mating behavior in evolution of mosquitoes. *Symposium of Mosquito Evolution, Proc. 18 ICE Meeting in Vancouver*, 16.
Ikeshoji, T., P. Langley and L. Gomulski（1990）Genetic control by trapping. In：*Appropriate Technology in Vector Control*. C. F. Curtis ed., CRC Press, Florida, 159–172.
Ikeshoji, T. and H. H. Yap（1990）Impact of the insecticide-treated sound traps on an *Aedes albopictus* population. *Jpn. J. Sanit. Zool.*, **41**：213–217.
Ikeshoji, T.（1992）Mortality, inherited sterility and phototactic responses of mosquitoes to laser beams of different spectra. *J. Appl. Entomol.*, **27**：277–284.
Jones, M. D.（1974）Inversion polymorphism and circadian flight activity in the mosquito *Anopheles stephensi*（Diptera：Culicidae）. *Bull. Entomol. Res.*, **64**：305–311.
Kanda, T., K. Ogawa and T. Takagi（1986）Intertaxonomic variability of wingbeat frequency among sibling taxa within some anopheline species groups in East Asia. *Jpn. J. Sanit. Zool.*, **37**：385–387.
Khan, M. C. and W. Offenhauser, Jr.（1949）The first field tests of recorded mosquito

sounds used for mosquito destruction. *Am. J. Trop. Med.*, **29** : 811–825.

Kliewer, J. W., T. Miura, R. C. Husbands and C. H. Hurst (1966) Sex pheromone and mating behaviour of *Culiseta inornata* (Diptera : Culicidae). *Ann. Entomol. Soc. Am.*, **59** : 530–533.

Lang, J. T. and W. A. Foster (1976) Is there a female sex pheromone in the mosquito *Culiseta inornata*. *Environ. Entomol.*, **5** : 1109–1115.

Lang, J. T. (1977) Contact sex pheromone in the mosquito *Culiseta inornata* (Diptera : Culicidae). *J. Med. Entomol.*, **14** : 448–454.

Leahy, M. G. (1962) Barriers to hybridization between *Aedes aegypti* and *Aedes albopictus* (Diptera : Culicidae). Thesis, University of Notre Dame, Ind., 128. Cited by G. A. H. McClelland in *Genetics of Insect Vectors of Diseases*. J. W. Wright and P. Pal eds., Elsevior, Amst., 1967.

Li, Z. Y. and Y. K. Lin (1985) The effects of applying He-Ne laser to *Culex pipiens fatigans* on the reproductive activity of the offsprings. *Ann. Report of Guangzhou Parasit. Soc.*, **7** : 188–189 (in Chinese).

Mattingly, P. F. (1971) Ecological aspects of mosquito evolution. *Parasitologia*, **13** : 31–65.

McIver, S. B. (1972) Fine structure of the sensilla chaetica on the antennae of *Aedes aegypti* (Diptera : Culicidae). *Ann. Entomol. Soc. Am.*, **65** : 1390–1397.

Miles, S. J. (1977) Laboratory evidence for mate recognition behaviour in a member of the *Culex pipiens* complex (Diptera : Culicidae). *Aust. J. Zool.*, **25** : 491–498.

Nielsen, E. T. and J. S. Haeger (1960) Swarming and mating in mosquitoes. *Misc. Pub. Ent. Soc. Am.*, **1** : 71–95.

Nielsen, H. T. and E. T. Nielsen (1953) Field characterization on the habits of *Aedes taeniorhynchus*. *Ecology*, **34** : 141–156.

Nijhout, H. F. and G. B. Craig, Jr. (1971) Reproduction isolation in Stegomyia mosquitoes. III. Evidence for a sexual pheromone. *Ent. exp. appl.*, **14** : 399–412.

Nijhout, H. F. (1977) Control of antennal hair erection in male mosquitoes. *Biol. Bull.*, **153** : 591–603.

Ogawa, K. and T. Kanda (1986) Wingbeat frequencies of some anopheline mosquitoes of East Asia (Diptera : Culicidae). *Appl. Ent. Zool.*, **21** : 430–435.

O'Meara, G. F. (1985) Ecology of autogeny in mosquitoes. In : *Ecology of Mosquitoes*. L. P. Lounibos, J. R. Rey and J. H. Frank eds., Florida Med. Ent. Lab. Florida, 457–471.

Parker, G. A. (1986) Evolution of competitive mate searching. *Ann. Rev. Entomol.*, **23** : 173–196.

Peloquin, J. J. and L. K. Olson (1986) Effects of sound on swarming male *Psorophora columbiae*. *J. Am. Mosq. Cont. Assoc.*, **2** : 507–510.

Reisen, W. K., Y. Aslam and T. F. Siddiqui (1976) Observation on the swarming and mating of some Pakistan mosquitoes in nature. *Ann. Ent. Soc. Am.*, **70** : 988–995.

Reisen, W. K., M. M. Milby, R. P. Meyer and W. C. Reeves (1983) Population ecology of *Culex tarsalis* (Diptera : Culicidae) in a foot-hill environment in Kern county, California : temporal changes in male relative abundance and swarming behavior. *Ann. Entomol. Soc. Am.*, **76** : 809–815.

Reisen, W. K. (1985) Male mating competitiveness : the key to some problems associated with the genetic control of mosquitoes. In : *Ecology of Mosquitoes*. L. P. Lounibos, J. R. Rey and J. H. Frank eds., Florida Med. Ent. Lab. Florida., 345–358.

Richards, O. W. and R. G. Davies (1977) *Imm's General Textbook of Entomology* Vol. 2 (10th ed.). Chapman and Hall, London, 1354.

Rodendorf, B. (1974) *The Historical Development of Diptera* (trans. by J. E. Moore and I. Thiele). University of Alberta Press, Alberta, 360.

Rodriguez, P. H., W. J. Hamm, F. Garcia, M. Gartia and V. Schirf (1989) Reduced productivity in adult yellowfever mosquito (Diptera : Culicidae) populations. *J. Econ. Entomol.*, **82** : 519–523.

Sato, S. (1957) On the dimensional characteristics of the compound eye of *Culex pipiens pallens*, *Coq. Sci. Rep. Tohoku Univ.* (*Biol.*), **23** : 83–90.

Schlein, Y. and H. Pener (1990) Bait-fed adult *Culex pipiens* carry the larvicide *Bacillus sphaericus* to the larval habitat. *Med. Vet. Entomol.*, **4** : 283–288.

Shroyer, D. A. and G. B. Craig, Jr. (1981) Seasonal variation in sex ratio of *Aedes triseriatus* (Diptera : Culicidae) and its dependence on egg hatching behavior. *Environ. Entomol.*, **10** : 147–152.

Singleton, R. E. (1977) Evaluation of two mosquito-repelling devices. *Mosq. News*, **37** : 195–199.

Tadano, T. and J. B. Kitzmiller (1969) Chromosomal aberrations induced by the chemosterilant Tepa in *Culex pipiens fatigans* Wiedemann. *Pakistan J. Zool.*, **1** : 93–96.

Thompson, W. H. and B. J. Beaty (1978) Venereal transmission of La Crosse virus from male to female *Aedes triseriatus*. *Am. J. Trop. Med. Hyg.*, **27** : 187–196.

Tischner, von H. (1953) Über den Gehorsinn von Stechmucken. *Acoustica*, **3** : 335–343.

Wilde, H. A. (1965) Laser effects on two insects. *Can. Entomol.*, **97** : 88–92.

Wilde, H. A. (1967) Laser effects on some phytophagous arthropods and their hosts. *Ann. Entomol. Soc. Am.*, **60** : 204–207.

Wishart, G. and D. F. Riordan (1959) Flight responses to various sounds by adult males of *Aedes aegypti* (L.) (Diptera : Culicidae). *Can. Entomol.*, **91** : 181–191.

Wishart, G., G. R. van Sickle and D. F. Riordan (1962) Orientation of the males of *Aedes aegypti* (L.) (Diptara : Culicidae) to sound. *Can. Entomol.*, **94** : 613–626.

Zavortink, T. (1990) Classical taxonomy of mosquitoes : a memorial to John N. Belkin. *J. Am. Mosq. Cont. Assoc.*, **6** : 593–599.

・5・
宿主動物と吸血誘引

カといえば「カに食われる」ことを連想する．それほど，私たちはカの吸血行動と宿主動物の関係には関心が高い．また病気の媒介と関連して疫学上とくに大切である．本章ではカの誘引刺激性から忌避剤まで，吸血の必要性から疫学まで多岐な話題について述べる．

5.1　カの動物嗜好性

(1)　カの種類と動物嗜好性

カにも動物嗜好性があって，吸血動物はカの種によって遺伝的にほぼ固定している．しかし，動物の存在有無によりカの選択性は変わるし，嗜好性も数世代で容易に選抜変更できる場合がある．たとえば *An. labranchiae atroparvus* は牛血よりウサギの血液を好むが，ウサギを吸血させ飼育し続けると，よりウサギを好むようになる．同じように人血で飼育した *An. stephensi* はモルモットよりヒトを好むし，*An. gambiae* は数世代の選抜でウシよりヒトを嗜好するようになる（Gillies, 1964）．反対にネッタイシマカでは数十世代にわたりモルモットで飼育しても，なおヒト嗜好性を捨てない場合もある．したがって，ヒト嗜好性（anthropophilous）や動物嗜好性（zoophilous）という範ちゅうは多少ルーズに用いたほうが無難である．

a.　動物自体の誘引性

動物の誘引性には違いがある．Braverman *et al.*（1991）は各種動物の理論的誘引指数を体表面積，カへの接近度，皮膚温度，宿主防衛行動，炭酸ガス排泄量，汗腺数から計算して，ウシで600，ヒツジで379，ニワトリで175，シチメンチョウで221とした．ところが，これらの動物をいろいろな組み合わせで，*Cx. p. pipiens*, *Ae. caspius* に対して吸血試験した結果，ウシがもっとも吸血率が高くトリ類，ヒツジと続いた．ヒツジの理論誘引指数が高いにもかかわらず実際の吸血率が低いのは，羊毛による機械的な防御や羊脂，ラノリンなどの忌避物質などが原因と考えられる．反対に，トリ類は排泄炭酸ガス量も小さく汗腺もないことから，誘引指数は小さいが吸血率は高い．ヒツジかウシをトリ類と共存させると，カは前者の誘引刺激にひかれて多数飛来するが，吸血はトリからする．

b. 環境による動物嗜好性の違い

Beier *et al.*（1990）は西ケニヤで家屋内外から，ヒトトラップ法（human-bait trap，ヒトを餌として集まるカを吸虫管で捕獲し，個体密度を推定する方法）で21種のカ2万5222匹を捕獲し，そのうち1083匹の吸血を8種動物の抗血清（IgG）を使ったELISA法で判定した．その結果，*Cq. fuscopennata*，ネッタイイエカ，アシマダラヌマカ *Ma. uniformis* はいずれも大部分ヒトを吸血し，家屋外ではウシを吸血していた．*Cx. nebulosus* は家屋外ではニワトリだけを，*Ae. mcintoshi* はウシだけを吸血していた．さらにKenawy *et al.*（1990）はエジプトの2部落で，本来は95%以上の大動物嗜好性を示す *An. sergentii*, *An. multicolor* の吸血を判定したところ，表5.1

表5.1 大動物を夜間家屋内に収容する地域での *Anopheles sergentii* および *An. multicolor* の吸血宿主の違い（ELISA法によるカの吸血検定）（Kenawy *et al.*, 1990から改変）

部落[1]	吸血宿主 %				
	ヒト	ウシ	ヤギ／ヒツジ	ウマ	混合
An. sergentii					
シワ	15.3	23.4	27.7	29.7	10.8
ファラフラ	1.3	59.0	7.7	28.2	3.8
An. multicolor					
シワ	33.3	0.0	33.3	33.3	0.0
ファラフラ	2.9	55.9	17.6	11.8	11.8

1） 2部落ともエジプトで，シワは動物を野外に，ファラフラでは家屋内に収容する．

表 5.2　エジプトのシワ，ファラフラ，バハリア 3 部落における宿主現存比に対する *An. sergentii* の吸血比（Kenawy *et al.*, 1990 より改変）

宿　主	シ　ワ			ファラフラ			バハリア		
	現存比（%）	吸　血（%）	吸血比	現存比（%）	吸　血（%）	吸血比	現存比（%）	吸　血（%）	吸血比
ヒ　ト	33.8	15.3	0.45	52.5	1.3	0.03	55.8	2.3	0.04
ウ　シ	6.1	23.4	3.84	11.6	59.0	5.09	11.0	35.7	3.25
ヒツジ	54.1	20.7	0.38	30.4	7.7	0.25	22.9	3.9	0.17
ウ　マ	6.0	29.7	4.95	5.4	28.2	5.22	10.3	55.0	5.34

に示すように，ファラフラ地域では大動物を吸血し，ヒトからはほとんど吸血していない．その理由は，夜，家畜も家屋内に入れて寝る習慣があり，家屋内へ侵入したカは家畜を選好しヒトへは来ない．家畜がカの餌として働いていると考えられる．反対に，シワ地域では家畜とは共寝しないので，平均 15.3%，とくに家屋内では 42.9% のカがヒトから吸血していた．それが原因で，シワ地域では三日熱マラリアが流行していたが，前地区では皆無であった．

カの動物嗜好性を正確に表わすには，現存する動物数も考慮する必要がある．たとえばカの特定動物吸血率を特定動物現存率で除し，その比を選好比とすると，1 以上のときは選好性を，1 以下では非選好性（忌避性）を表わす．表 5.2 に示すように，シワ地域ではヒト吸血比は 0.45 であるが，ほかの 2 地域ではそれぞれ 0.03，0.04 で非選好性を示している．反対に，ウシやウマに対しては比は大きいが，ヒツジについては小さい．

c. ヒト嗜好種と媒介疾病

ヒトスジシマカは比較的親人的な種であるが，選択を与えない場合にはトカゲ，カタツムリ，カイコなどからも吸血する．Miyagi（1972）は非選択吸血実験でマウス 94%，ニワトリ 72%，ヘビ 33–43%，カメ 33%，カエル 8% の吸血率を得ており，Gubler（1970）もネズミ 96%，モルモット 92%，ニワトリ 64%，マウス 60% を得ている．いっぽう Hess *et al.*（1968）によれば，いろいろな宿主が存在する森のなかではイヌ 20%，ウシ 19%，ヒト 12%，ネコ 10%，マングース 10%，ブタ 10%，ウマ 6.5%，ニワトリ 3.0%，カツオドリ 2.4%，トリ類 1.4% を選択した．したがって，ヒトスジシマカは哺乳動物，とくにヒトを嗜好するが，選択がなければトリでも吸血するといえる．

米国で西部馬脳炎（WEE）を媒介する *Cx. tarsalis* は，トリから 63.9%，ウシ 16.7%，ヒト 4.2%，ウマ 3.0%，ブタ 0%，その他 12.2%（Mogi and Sota, 1991, 10 論文からの平均値）を吸血するので，本来トリ吸血性でヒトやウマが脳炎にかかるのは，ほとんど事故といえる．同じようにインドのマラリア媒介カである *An. culicifacies* も，ウシから 65.4% 吸血する．ヒトからはわずか 1.4% しか吸血しない．またコガタアカイエカは東アジアやインドの水田で発生し，日本脳炎ウイルス（JEV）を媒介するタイプ（最近まで *Culex tritaeniorhynchus summorosus* と分類されていた）と，アフリカや中近東，インドで発生し西ナイル脳炎ウイルス（WNV）を媒介するタイプ（*Cx. t. tritaeniorhynchus*）がある．東アジアタイプは，ウシから 50.8%，ブタ 40.5%，ヒト 1.0%，トリ 0.5% を吸血する．ブタはウイルスの増幅動物なので高吸血率は当然であるが，ヒト吸血率の低さは，やはりヒトが日本脳炎にかかるのも事故であるといえる．ブタを飼育しないイスラム圏のアフリカや西アジアでは，吸血率はウシ 95%，ブタ 1.2%，ヒト 0.5% で日本脳炎患者は少ない．

d. 動物の炭酸ガス排泄量とカ誘引性

動物選択性を決める一要因は排泄する炭酸ガス量である．Reeves（1953）は，ニワトリ 25 m*l*/min，ヒト 250 m*l*/min，ウシやウマ 2500 m*l*/min と計算し，この量の炭酸ガスをボンベから噴出させてカの誘引性を調べた．少量ではネッタイシマカ，多量では *Ae. nigromaculis* が，*Cx. tarsalis* はいずれの量へも誘引された．すなわち動物の炭酸ガス発生量と誘引性の間にパラレルな関係が存在した．McIver and McElligott（1989）も同じような実験を行い，ガス排泄量 4000, 1000, 500, 250, 0 m*l*/min に対し，トリ嗜好性の *Cx. p. pipiens, Cx. restuans* や，トリ，小型哺乳動物嗜好性の *Cs. inornata, Cs. morsitans* は，3 m から 19 m のどの距離でも少数しか捕獲されなかった．反対に哺乳動物吸血性のキンイロヤブカ *Ae. vexans* や *An. walkeri* は，大量の炭酸ガス発生で，しかも近距離の高濃度で多数採集された．このように誘引炭酸ガス濃度と，宿主動物の排泄量の間には高い相関関係がある．

e. カに刺咬されやすいヒト

「私はカに刺されやすい」と感じているのは，かならずしもそのヒトのひがみではない．確かにカに刺されやすいヒトと，そうでないヒトはいる．人種や皮膚の黒さとカ嗜好性については第6章2節で述べるが，ここではヒトの性，年齢，個人差による嗜好性の差について述べる．

ヒトの性と関連して，Gilbert *et al.*（1966）はネッタイシマカを使って吸血実験を行い，男女各50人を比較し男性がより誘引することを示した．また体温の高い女性は低い女性より誘引性が高く，37人の女性については月経と関連して誘引性が周期性を示した．しかし，Carnevale *et al.*（1978）の *An. gambiae* 捕獲実験では，男性と女性の間には差がなかった．また年齢間では，新生児（0–2歳），子供（2–10歳），青年（11–20歳），成人（20歳以上）の順で1：2：2.5：3の割合で刺されやすく，これは体の大きさに比例していた．しかし60歳以上の老人になると，あまり誘引しない（Maibach *et al.*, 1966）．

個人差については，Maibach *et al.*（1966）や Khan *et al.*（1970）の大規模な吸血実験がある．図5.1に示すように，ネッタイシマカを使って125人の50%吸血時間（50% proving time, PT_{50}, 55×5×1.5 cm のケージに雌6匹を入れ，前腕に接触し3匹が吸血し始めるまでの時間）を調べた．大部分の人は25秒以下であったが，7人は100秒以上かかった．さらに100秒以

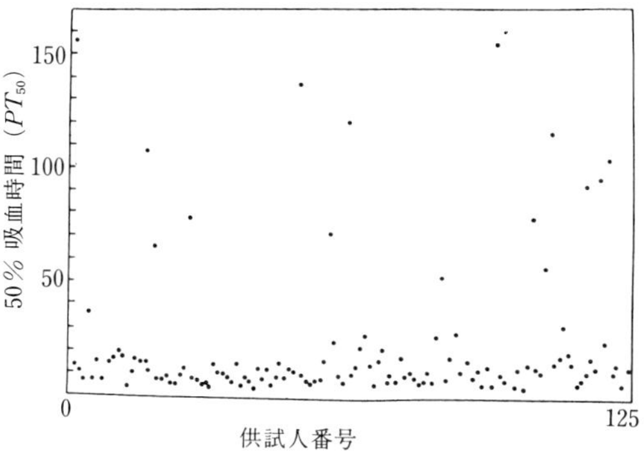

図5.1　ネッタイシマカ雌に対する125人の誘引性（Khan *et al.*, 1970）

上の人を4人と25秒以下の人を5人抽出し，2人ずつ片手を並べて比較したところ，10分間に前者には平均5.0匹，後者には22.4匹吸血した．皮膚科医である彼らは，刺されにくいヒトは不汗症であることを発見し，不汗症者のPT_{50}は121.8秒と決定した．また皮膚が乾燥する乾癬患者26人のうち，21人は刺されにくかった．

動物の誘引性を研究するには，以上述べたような誘引カ数を直接調べる方法と，採集カの摂取血液を検定する方法がある．あとの検定方法では，各種動物の抗血清による免疫学的手法を使っているが，最近はカが摂取したヒト血液のDNAフィンガープリント法で個人の血液が特定でき，個人別の誘引性が判定できるようになっている（Coulson *et al.*, 1990）．

（2） ABO血液型とカのヒト嗜好性

カの動物吸血の歴史は古く，ヒトは地球上に出現した当初からカの吸血源として働いていたことはすでに述べた．その過程で，カが媒介する病原体とくにマラリア原虫との共進化は，ヒトの血液にいろいろな抵抗性機構と遺伝子を導入した．赤血球に寄生しヘモグロビンを摂取増殖する分裂増殖体（schizont）に対して，ヘモグロビンの構造の変化（東南アジアのヘモグロビンEへの変化，西アフリカのヘモグロビンCへの変化，アフリカの鎌形赤血球貧血症），ヘモグロビンの減量（アフリカや地中海沿岸，アジアのサラセミア症），赤血球の解糖系酸素欠如による分裂増殖体の発育抑制により対抗するようになった．赤血球が持つほかの物質，とくにABO型抗原を持つ血液型と各種病原の疫学的な関係は古くから論じられており，余談ではあるが，この議論はABO血液型とそのヒトの性格判断の関係よりはるかにまじめなものではないであろうか．

たとえばリュウマチは非O型のヒトに多く，インフルエンザA_2にはO型のヒトがかかりやすい．またワクチニアウイルスとA抗原，ペスト菌とO抗原の間には共通点があり，抗体をつくりにくい．したがって，A型，O型のヒトは，それぞれの病気にかかりやすいという説がある．

マラリアとABO血液型との間ではどうであろうか．Gupta and Chowdhuri（1980）は，デリー市のある病院で476人のマラリア患者（大部分は三日熱マラリア患者）について血液型を調べ，非患者1300人の血液型と比較した．その結果，A型は29.0%：17.6%でマラリアに罹患しやすく，O型は逆に22.2%：32.9%で罹患しにくかった．その説明としては次のように考えられている．

（1）血液型の違いとマラリア感受性との偶然の一致，（2）マラリア原虫とA抗原は一致し，A型のヒトは免疫反応から逃れる，（3）カはABO（H）抗原を認識し，A血液型のヒトを嗜好する．反対に，血液型とマラリア罹患性は無関係という研究も多い（Raper, 1968；Facer and Brown, 1979）．

血液型と病気の関係はともかく，話の焦点を血液型とカの吸血嗜好性の問題にしぼって検討してみる．Wood and Harrison（1972）は，20匹の*An. gambiae*を入れたケージに血液型の違う2人に前腕を挿入させ，吸血したカの血液を調べた．総計162人（人種は不明）の実験で，O型への平均刺咬率は5.05で，A型の3.28，B型の4.25，AB型の3.28より有意に高かった．Wood（1976）はさらにネッタイシマカで117人（南カリフォルニアでの実験で大部分が白人と推察される）に実験し，同様にこのカもA型，B型よりO型をより好んで刺咬したことを報告している．

血液型物質は赤血球，細胞表面のみに存在する非分泌型のヒトと，汗や唾液，涙，精液などにも存在する分泌型のヒトがいる．この範ちゅうでさらに実験したところ，O型分泌型はO型非分泌型より刺咬されやすく，逆にA型分泌型はA型非分泌型より刺咬されにくいことがわかった．とくにO型分泌型とA型分泌型との比較では，その差が9.86：6.0と広がった．すなわち，このカはO型物質（H物質）を好み，A型物質を嫌うことを意味している．この点に関し，WoodはChiesa and Polatnikの論文を引用し，吸血中の赤血球とカの中腸壁の抗原に類似性があれば，吸血液の消化過程，なかんずく吸血性に影響することもありえると述べている．同じようにIngram and Molyneux（1990）はツェツェバエ*Glossina fuscipes fuscipes*の血液中に，AB型抗原にとくに鋭敏な凝集素（レクチン）を発見している．

カの吸血過程では血液以外の多くの要因も働いている．そこで血液自体の吸血性について比較してみる．マレーシア医学研究所へ提出されたJha（1987）の修士論文によると，小容器に入れた各型血液を薄膜を通して，

An. maculatus に選択吸血させたところ，インド人の血液ではA型を，白人の血液ではO型を好んで吸血した．しかし，中国人とマレー人の間では差がなかった．また人種間では白人の血液がもっとも好まれ，中国人が続き，インド人とマレー人は同程度であった．このようにヒトの血液型とカの吸血嗜好性の間には，統計的に有意な差があり，カに刺されやすいヒトと刺されにくいヒトがいることは確かである．しかし，その差は小さくカに刺されないヒトはいない．

（3） カの吸血と産卵数

カの吸血嗜好性は動物血液の栄養価値と無関係ではないであろう．また産卵数は繁殖率と直接関係し，疫学上ひじょうに重要な要素である．そこで本項では吸血の質量と産卵数について述べる．

一般的にカの大型種は産卵数が多く，*An. maculipennis melanoon* は500個，*Cx. p. pipiens* 240–400個，*Cs. annulata* と *Cs. subochura* 300個以下，*An. maculipennis messeae* 280個，*Ae. detritus* 260個以下，ネッタイシマカと *Ae. polynesiensis* 100個以下，チカイエカ50–80個である（Clements, 1963）．また幼虫時に好環境条件と高栄養で大きく育ったカは卵巣小管（沪胞）が多い．カは1回吸血ごとに1小管に1卵ずつ発育するので，1回の産卵数は卵巣小管数を越えない．卵巣小管のうち何%が卵を発育（沪胞発育率）するかは，吸血量と血液の質による．

Ikeshoji（1965）は，ネッタイイエカにヒトから各量を吸血させ，産卵数/卵巣小管数×100を調べた．図5.2に示すように，体重35%程度の吸血量

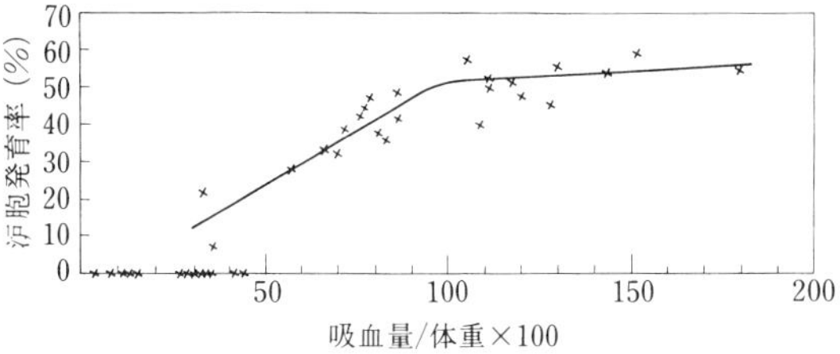

図5.2　ネッタイイエカのヒトからの吸血量と沪胞発育率
（Ikeshoji, 1965）

表 5. 3　宿主動物の血液とカの産卵数

動 物 種	血液[1]			産卵数（数/血液 mg）					
	ヘマトクリット %	ヘモグロビン g/d*l*	血漿タンパク質 g/d*l*（γ-グロブリン %）	*Culex quinqs.*[2]	*molestus*[3]	*pipiens*[4]	*Aedes aegypti*[5]	*Aedes aegypti*[6]	*Anopheles gambiae*[7]
ニワトリ	32. 0	11. 2	5. 8(17. 0)	180(91)	100	(80)	—	—	—
ウサギ	41. 5	11. 9	6. 0(13. 7)	129(68)	—	—	(53)	—	100
マウス	41. 4	14. 8	6. 0(16. 3)	—	100	—	—	—	—
モルモット	42. 0	14. 4	6. 2(11. 0)	110(69)	—	—	(53)	(35)	105
イヌ	45. 5	14. 4	9. 7(6. 5)	102(86)	—	—	—	—	—
ウシ	—	—	—	—	—	—	—	—	110
シカ	—	—	—	—	—	—	—	—	123
ヒト	45. 0	15. 4	6. 9(11. 0)	93(—)	31	(40)	(34)	(27)	140
カメ	24. 5	5. 6	—	—	—	—	(50)	—	—
カエル	30. 0	7. 8	—	—	—	—	(58)	—	—

1)『生化学データハンドブック I』（日本化学同人，1979），2) Ikeshoji (1965)，3), 4) Ishii (1975)，5) Woke (1937)，6) Chang and Judson (1977)，7) Halcrow (1956).

では卵は発育せず，100%の吸血量でも50%程度の沪胞発育率しか得られていない．卵発育のための最低吸血量は，ほかの種でもだいたい同じようである．カの産卵数は，表5.3に示すように血液の質すなわち吸血動物の種によっても，またカの種によっても異なる．沪胞発育に使われる血液は，95%がタンパク質で，残り5%が脂質である．また血液タンパク質の80%はヘモグロビンで，それはヘマトクリット（血球容量）に比例するとみてよい．ネッタイイエカに哺乳動物から満腹吸血させたとき，産卵数はニワトリの180個（血液1 mg当たり91個）が最高で，ヒトの93個が最低であった．すなわち産卵数は血液のタンパク質含量に比例した．同じイエカ亜科のチカイエカ，*Cx. salinarius*，ネッタイシマカ，*Ae. triseriatus*, *Ae. atropalpus*（Chang and Judson, 1977）でも同じようで，マウス（ラット）やモルモットの吸血では，ヒト吸血よりつねに産卵数が多い．ところがハマダラカ亜科の*An. gambiae*では正反対で，ウサギの血液で100個，ヒトで140個であった．*An. gambiae*の宿主動物はヒトであり，反対にネッタイイエカはトリに適応しているからと推察されるが，ネッタイシマカはもっとも親人的な（anthropophilic）種であるにもかかわらず，ヒト吸血で産卵率は最低である．トリ，カメ，カエルなどの赤血球は有核で，哺乳動物の無核赤血球の数十倍の核酸を含むので，栄養価が高いのかもしれない．これを証明するには有核赤血球を持つ哺乳動物ラマ，ラクダの血液について試験する必要がある．

ケオプスネズミノミ *Xenopsylla cheopis* では幼若マウスより成育マウスから吸血したほうが，1日当たりの産仔率は数倍多い（Buxton, 1947）．いっぽう，ヒトの末梢血液中のヘマトクリットは1歳乳児で0. 35，3–6歳幼児で0. 37，10–12歳学童で0. 39，20–40歳成人男子（女子）で0. 45（0. 38），40歳以上成人男子（女子）で0. 44（0. 38）であるから，ヒトの年齢差によるカの産卵率の違いもありうる．このことは，ヒトの年齢差によるカの誘引性，刺咬性に反映しているかもしれない．

ヒト血液のイエカやヤブカに対する低栄養価はイソロイシン含量の低さに原因するという説がある（Greenberg, 1951；Lea *et al*., 1956）．Chang and Judson（1977）はモルモットやヒト血液中のイソロイシン含量を，それぞれ 5.33×10^{-2}, 1.83×10^{-2} mM/m*l* と定量し，これにイソロイシンを添加して7.89%，2.75%（全アミノ酸量に対して）としたとき，ネッタイシマカの産卵数は35個から32個へ，27個から35個へ変化した．さらにBriegel (1985) は各アミノ酸の摂取，卵吸収，排泄の収支を調べ，ヒト血液ではイソロイシンだけが100%卵巣に取り込まれ，ほかの8必須アミノ酸では10–53%しか取り込まれていなかった．いっぽう，モルモットではイソロイシンも42%しか取り込まれなかった．したがって，ヒト血液ではイソロイシンが制限因子となっていることがわかった．このように質的に劣る血液を持ったヒト（全霊長類を含めて）に，カが進化適応してきたのは不思議である (Briegelはヒト血液はハマダラカ亜科に対しても低栄養であるとしている)．カの宿主吸血の進化過程は両生類，爬虫類，鳥類，哺乳類と進み、霊長類との関係はもっとも新しく，まだ寄生関係の完成途上にあるのかもしれない．なお，各種動物の血液はカの消化酵素トリプシンの抑制物質を持ち，この含量差が血液消化の差，すなわち産卵率の差となるという推察は否定されている（Lehane. 1991)．

5.2 カの吸血誘引

前節では，どのような動物とヒトがカに刺咬されやすいかについて述べた．本節では，動物のどのような刺激がカを誘引するかについて述べる．

(1) カの吸血誘引刺激

カが動物を探索するとき，遠距離からの誘引刺激は風行（送風性）や動物の匂い（嗅覚），炭酸ガスであり，近距離からの動物への定着要因は，動物の動き（動視覚）や色，形，大きさ，動物からの対流熱（熱勾配），湿度，匂いなどの物理，化学刺激である．まず，これらの刺激を発生する器官組織，分泌物から解説する．

a. ヒトの誘引刺激源

カは動物の血液を目的とするが，そこへひきつける誘引刺激は血液，皮膚，汗，呼気，尿のいずれに由来するのであろうか．まずStrauss *et al.* (1968) はネッタイシマカに対して，暖湿の濾紙を対照として誘引性を比較した．その結果は，ヒトの皮膚が最高で8.7倍，ウサギの皮膚で6.5倍，暖めたヒトの凝固または修酸添加血液で3.1–3.5倍，ウサギの内臓で2.2倍の誘引性を示した．また汗についても，Skinner *et al.*（1965）は5 m*l*の汗をガラス管に入れ，5 m*l*の水を入れた管と比較して，誘引比を約3倍とした．しかし，汗の誘引性については賛否両論があり，汗の採集部位，方法，生物検定法によって異なる結果が得られたと思われる．

ヒトは普通，1日に47 m*l*，暑い日には950 m*l*発汗しているが，Khan *et al.*（1969）は人為的に，（1）運動，（2）サウナブロ，（3）メタコリンの皮下注射，（4）ピロカルピンの塗布，銅板電極でのイオン浸透法で発汗させ，カの吸血試験を行っている．すなわち，全身，局所ともに発汗量は（4）から（1）の順で増量し，カの誘引性もこの順で増大した．ヒトの手掌や足裏の排泌腺からは食塩，乳酸，アミノ酸，尿素，アンモニアが，わきの下や泌尿器のまわりの離出分泌腺からは炭水化物，タンパク質，アンモニアが出ており，これらの物質や皮膚細菌による代謝産物が，誘引物質となっていると考えられる．そこでSchreck *et al.*（1990）は，体各部に3分間シャーレをこすって皮膚の匂いを採集し，誘引性を比較した．表5.4のようにネッタイシマカでは，顔や頭の匂い（汗だけでなく皮脂を含む）が腕，足の匂いよりよく誘引し，腹部の匂いは中間であった．また黒人からの皮膚の匂いは49.6%誘引し，白人からの匂いは29.3%しか誘引しなかった．しかし，供

表5.4　ヒトの身体各部から洗浄採集した皮脂のネッタイシマカに対する誘引性（Schreck *et al.*, 1990より抜粋）

ヒト		腕（%）	顔（%）	頭（%）	足（%）	腹（%）	平均（%）
黒人	1	78	90	72	64	47	70.2[A]
	2	52	70	69	40	20	50.2[A,B]
	3	39	51	34	14	45	36.6[B,C]
	4	33	56	34	43	43	41.8[B,C]
白人	1	28	38	48	28	45	37.4[B,C]
	2	24	20	40	22	43	29.8[C,D]
	3	24	24	33	22	35	27.6[C,D]
	4	10	26	37	8	34	23.0[D]
平均		36.0[b,c]	46.9[a]	45.9[a,b]	30.1[c]	39.0[a,b,c]	

同じ英字の平均値は統計的に差がない．

試個体数が少ないので，この人種間の差は統計的には有意ではない．またカの種類により皮膚の匂い物質の誘引性（反応性）は異なるようで，ヒトスジシマカ，ネッタイシマカ，*An. quadrimaculatus, An. albimanus, An. freeboni* はひじょうによく反応したが，*Ae. taeniorhynchus*，ネッタイイエカ，*Cx. salinarius* はわずかしか反応せず，*An. crucians, Cq. perturbans, Cx. nigripalpus*，ハボシカはまったく反応しなかった．

b. 各種物理，化学的刺激の総合的誘引性

動物の誘引性は個別刺激の総合されたもので，組み合わせ試験によって説明できるし，また総合試験によって，個々の刺激の相対的な重要性が判断できるであろう．

Kusakabe and Ikeshoji（1990）は，まず，2×10 cm のガラス管に各種の物理，化学的誘引刺激を単独で処理し，無処理のガラス管とともにネッタイシマカのケージに挿入し，雌雄の飛来係留数を比較し，単独刺激の適量を決定した．図5.3のように，温度は36–40℃ が最適で雌雄ともに誘引した．汗の誘引成分とされる乳酸は 0.12 mg/cm^2 で雌に4倍，雄でも2倍の誘引率を示した．しかし 1.2 mg/cm^2 では忌避性を示した．炭酸ガスは本実験条件では統計的に有意な誘引性を示さなかった．炭酸ガスの誘引性は，広い拡散空間で濃度勾配のできる野外の実験でのみ実証できるであろう．色については詳細を第6章2節で述べるが，完全黒色がもっともよく雌雄を誘引した．

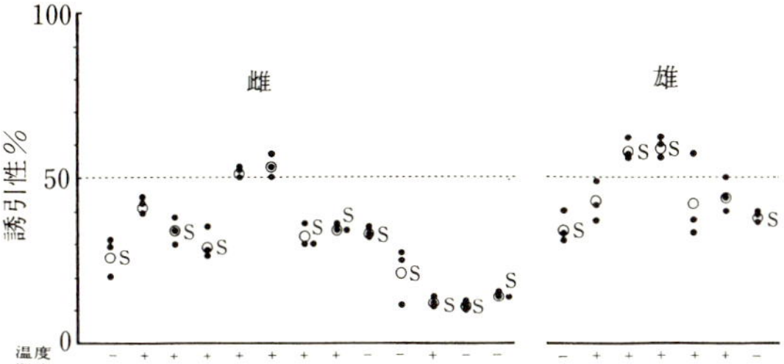

試験番号	1	2	3	4	5	6	7	8	9	10	11	12	13	14	15	16	17	18	19	20
温度	−	+	+	+	+	+	+	+	−	−	+	−	−	−	+	+	+	+	+	−
湿度	+	−	+	+	+	−	−	−	−	−	−	−	−	+	−	+	−	−	−	−
S-乳酸	+	+	−	+	+	+	+	−	+	+	−	+	−	+	+	+	+	+	−	+
黒色	+	+	+	−	+	+	−	+	+	−	−	−	+	+	+	+	+	−	+	+
炭酸ガス	+	+	+	+	−	−	−	−	−	+	−	−	−	+	+	−	−	−	−	−

図5.3　ネッタイシマカに対する5種刺激の相対的誘引性（Kusakabe and Ikeshoji, 1990）

対照は全5種刺激．Sは50% から有意に異なる．

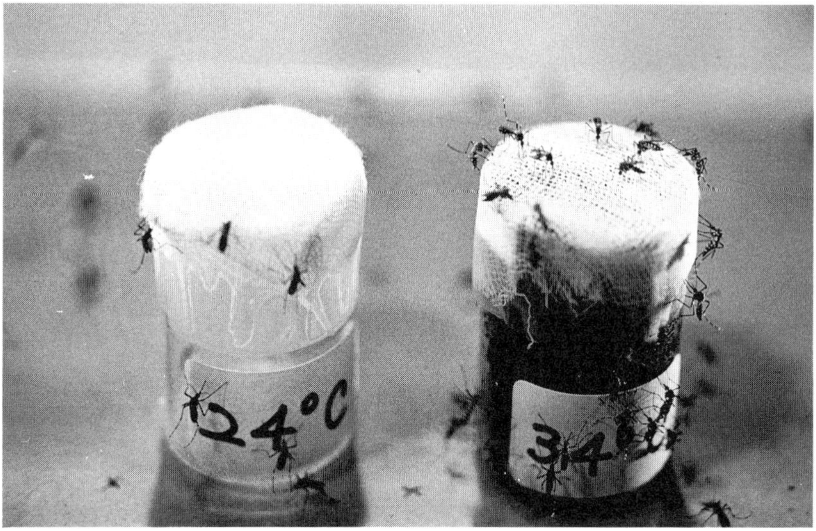

写真5. 1　ネッタイシマカ雌に対する黒色と温度（34℃）の誘引性
右側のガラス管にはホカロンが詰めてある.

動きや音も同じように雄を誘引した．温度やS–乳酸（匂い），黒色はいずれも雌の鍵（主要）誘引刺激であると同時に，雄にも誘引性を示したことは重要で，このカはほかのヤブカ類，ヒトスジシマカ，*Ae. diantaeus, Ae. communis, Ae. excrucians, Ae. intrudens* など（Jaenson, 1985）と同じように，吸血飛来する雌を待ち伏せし交尾する習性を持っており，雌と同じように動物刺激に誘引されていることを示している（写真5. 1）.

彼らは，ついで各刺激を適量で組み合わせ試験し，総合刺激の効力と個々刺激の相対的重要性を検討した．各刺激の適量とは36℃，水1. 5 m*l*，S–乳酸0. 12 mg/cm^2，中程度の黒色紙，炭酸ガス50 m*l*/minで，全5種刺激を包含した総合刺激を対照とした．図5. 3に示すように，総合刺激から温度，乳酸，黒色のいずれかを除去した組み合わせ1, 3, 4の誘引性は有意に減少した．反対に，湿度，炭酸ガスまたは両方を除去した組み合わせ2, 5, 6の誘引性は変化しなかった．黒色，S–乳酸，温度の鍵刺激（重要刺激）のいずれかを除去した組み合わせ7, 8, 9は4, 3, 1と同様に誘引性が減少した．鍵刺激2種を除去した組み合わせ11, 12, 13では，さらに誘引性は10%，対照に比べ1/9に減少した．いっぽう，雄では温度のみ有意に誘引性が減少した．

野外の環境条件は変化しやすく，一定した室内実験条件とは異なり，競合刺激の存在や刺激の拡散様式の違いから誘引結果も異なる．そこでマレーシアの果樹園で，各種誘引刺激を処理した80×90 cmの黒色ポリエチレン膜を地上1 mにつるし，ヒトスジシマカの誘引付着数を数え，さらに検討した．その結果，40℃の温度は雌を6.7匹誘引したが，常温では3.8匹しか誘引しなかった．しかし，雄では3.0匹と4.8匹で誘引性を示さなかった．また，炭酸ガスは雌雄ともに有意な誘引性を示さなかった．雄では，音響のみが5.4匹と1.3匹で有意な誘引性を示した．S-乳酸はこの実験では誘引性を示さなかったが，将来，処理量や実験方法に工夫が必要であろう．

Khan and Maibach（1996）も同じように，ヒトの手掌，温度（34℃），湿度，炭酸ガス，それらの組み合わせをネッタイシマカ雌で室内実験し，飛翔刺激（alighting，飛び立たせる刺激）としては湿度や炭酸ガスが，定着刺激（landing）としては温度が，定着と刺咬刺激（probing）には手掌が最高で，80–95%の雌を誘引した．将来トラップへの応用には，誘引率と定着率を高めるために手掌の匂いの化学分析が重要となる．

（2） 吸血誘引物質

吸血誘引物質の探索は，学問的な興味とともにカ駆除への利用に期待がかかっている．とくに，病気媒介カの個体数推定や疫学調査に今まで使われてきたヒト囮トラップ法は，ヒトが病気にかかる危険性があり，人道的立場からも廃止されるべきものである．そこで代替えとなるのが，強力な誘引トラップの開発である．吸血誘引物質の分離，化学構造の同定は古くから試みられてきた．しかし，ヒトや動物に匹敵するほど強力な誘引物質は単離されていない．カが適応した動物の匂いは総合された匂いで，単体化合物で強力な誘引性を示す物質は存在しないかもしれない．

a. 血液アミノ酸の誘引性

前項で述べたように，吸血誘引物質は宿主動物の呼気，汗（皮脂を含む），皮膚，血液，尿，糞に分泌されると考えられる．とくに汗や血液からの採集は容易で，多くの研究者が分離を試みている．また一方では，これらの組織

表5.5　カに対する吸血誘引物質（炭酸ガスを除く）

誘引物質	発生源	種	文献
フェニールアラニン，ヘモグロビン	標品	*Ae. sollicitans* *Ae. cantans*	Rudolfs, 1922
C_7 の脂肪酸	皮膚脂質	*Ae. aegypti*	
乳酸，アミノ酸，アンモニアの混合物	血液	*Cx. pipiens* *An. maculipennis*	Schaerfferberg and Kupka, 1959
リジン*，アラニン	タンパク質	*Ae. aegypti* *Cx. pipiens, Ae. stimulans*	Brown and Carmichael, 1961
OH，NH_2 を含むアミノ酸	血液	*Ae. aegypti*	Roessler, 1961
エストロゲン	尿		
ジヒドロキシベンゼン	標品		
メチオニン，シスチン，硫化水素	標品	*Cx. p. pallens*	Ikeshoji *et al.*, 1963
プロピオン酸，ギ酸，乳酸，酪酸	標品	*Ae. aegypti*	Müller, 1968
S-乳酸*	腕	*Ae. aegypti*	Acree *et al.*, 1968
2-OH-3-フェニール脂肪酸	標品	*Ae. aegypti*	McGovern *et al.*, 1970
2-置検基，3-OH(または3-SH)置換基を持った炭素数2-5の脂肪酸	標品	*Ae. aegypti*	Carlson *et al.*, 1973
リジン*，カダベリン，エストラジオール	標品	*An. stephensi*	Bos and Laarman, 1975
1-オクテン-3-オル*	標品 (尿)	*Ae. taeniorhynchus, An.* spp., *Wy. mitchellii, Cq. perturbans, An. atropos, An. crucians, Ae. teanirohyncus*	Takken and Kline, 1989 Kline *et al.*, 1990a, b
D(−)，L(+)，DL-乳酸，オクタール，S(+)-2-オクタール，乳酸，R(+)乳酸メチル，乳酸エチル，ノナノール，S(+)-2-ノナノール	標品	*Ae. aegypti*	Ikeshoji and Kusakabe (unpublished)
S(+)-オクタール*，S(+)-2-ノナノール* L(+)-乳酸*，オクタン酸		*Ae. albopictus*	Ikeshoji (unpublished)

*　炭酸ガスが協力作用を示す．

や分泌物に含まれる既知成分の誘引性検定が行われている．表5.5はそれらの結果である．1960年代前半までは，もっぱら血液に注目し，とくにアミノ酸の誘引性について研究された．まずSchaerfferberg and Kupka

(1959) は血液中のアミノ酸システイン，シスチン，グルタミン，アミン，アンモニアを混合したとき，誘引性を示すことを報告している．Roessler (1961) は血液あるいは尿の蒸留液，とくに（リジン＋アルギニン）分画には対照の1.7倍，チロシン分画には1.7倍，（セリン＋トレオニン）分画には2.3倍，（アスパラギン酸＋グルタミン酸）分画には2.4倍，（プロリン＋ヒスチジン）分画には2.2倍の活性をみいだした．さらに尿から分離したエストラジオールには1.8倍，エストリオールには1.6倍，*o*-ジヒドロキシベンゼンには2.8倍，*m*-ジヒドロキシベンゼンには2.7倍，*p*-ジヒドロキシベンゼンには1.6倍の誘引性を発見した．

Brown and Carmichael (1961) は各種タンパク質加水分解物からアミノ酸を分離し，*l*-リジンと *l*-アラニンの誘引性を示した．*l*-リジンは，pH 7で3.8倍，pH 7.4で3.1倍，pH 4.4で5.6倍，pH 10で6.0倍（0.01% 液）を示した．いっぽう，*l*-リジンを含む16種のアミノ酸はpH 7で1.1倍，pH 7.4で6.1倍であった．しかし生体ではpH 4, 10の高い酸性，塩基性はみられない．Bos and Laarman (1975) は0.7% *l*-リジン水溶液の誘引性は2.0–2.6倍であることを確かめ，数日間の常温放置によって，さらに1.2–1.9倍に上昇することをみつけた．この誘引性の増強はリジンの一部がカダベリンに変化することによるとした．しかし，カダベリン自体はこの種に1.3–2.3倍程度の誘引性しか示さない．

各種アミノ酸の誘引性については，Ikeshoji *et al.* (1963) もまったく異なった方法で検定している．すなわち各濃度のアミノ酸水溶液0.5 m*l* をマウスに塗布し，無塗布マウスに対するアカイエカの誘引比を求めた．メチオニンがもっともよく誘引し，0.01% で9.7倍，0.001% で3.3倍であった．そのほかシスチン，システイン，グリシン，リジン，チロシン，トリプトファン，アスパラギン酸が誘引性を示し，H_2S ガスも9.3倍の高い誘引性を示した．このように含硫アミノ酸の高い誘引性を認めたので，Ikeshoji (1967) は0.05–0.5% メチオニン，システイン，その代謝化合物の溶液0.1m*l* をマウスの腹腔に注射し，マウスの誘引性と皮膚，血液中の各種アミノ酸含量の経時的変化を調べた．その結果，メチオニン0.5% 溶液（3.4 μmol）を注射したとき，1.5日後にマウスの誘引性は最高の3.5倍に，2.5日後と3.5日

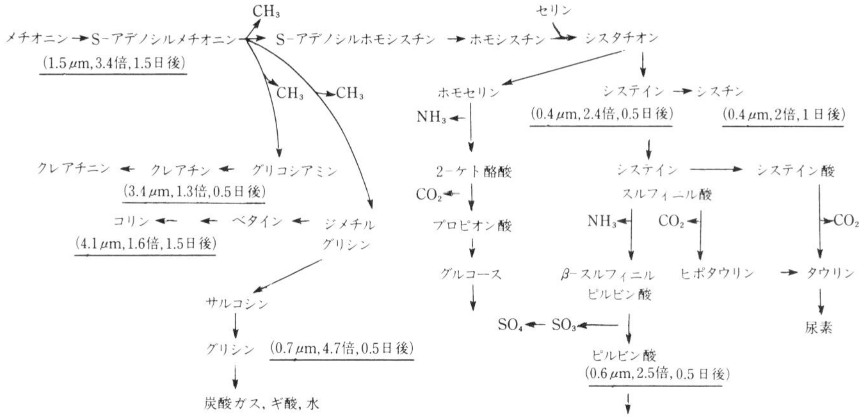

図5.4　マウスによるL-メチオニンの代謝過程と代謝産物のネッタイイエカに対する誘引性（Ikeshoji, 1967）

カッコ内の数字はそれぞれ注射薬量，誘引倍率，注射後日数を示す．

後には2倍に達した．注射されたメチオニンは図5.4に示すような代謝過程をとる．そこで中間および最終代謝物を注射し，マウスの誘引性を調べたところ，グリシンやピルビン酸がそれぞれ0.5日後に4.7倍，2.5倍を示した．しかしクレアチンやコリン注射のマウスは誘引性を示さなかった．

さらに血液中の遊離アミノ酸量を分析したところ，1日後に2倍以上に増量したのはタウリン（2.4倍）と尿素（5.1倍）だけであった．しかし，これらの化合物は血液に混合しても誘引性は示さない．皮膚にも1日後ではアスパラギン酸のわずかな増量が認められただけで，ほかに変化はなかった．いっぽう，メチオニンの代謝拮抗物であるエチオニンを同量混合投与したところ，マウスの誘引性は上昇しなかった．以上の結果からメチオニンは皮膚や体内で代謝され，マウスの誘引性を上昇させると考えられる．とくに含硫アミノ酸とその代謝化合物が貢献し，これらに共通した最終代謝産物，たとえばH_2Sなどが誘引性を増強すると考えられる．

Kelkar *et al.*（1979）も同じようなアプローチをとり，モルモットに34種化合物を投与し，ヘパリン，NaF，アミノカプロ酸，チオ尿素，ジチオカーブが極端にカの誘引性を低下させることを示し，血液中のアミノ酸やタンパク質が誘引カイロモン（異生物種の間に働く情報物質，とくに受信種に有利に働く）として働くことを示唆している．生体内の代謝は一義的でなく複雑で，誘引性機構の解明は簡単ではないが，解明されれば長期間有効な理想的な内服忌避剤の開発に足がかりを与えるであろう．

b．汗のなかの乳酸，その光学異性体と類縁体

もう1つの誘引源は汗（皮脂も含む）である．Acree *et al.*（1968）は初めて汗から乳酸を分離し誘引性を証明した．800本の前腕をアセトンで洗い，アンモニア処理後減圧蒸留し，酸性で薄層クロマトグラフィーで分離し，14 mgのS–乳酸を得た．ネッタイシマカでは，S–乳酸はR–乳酸（自然界には存在しない）より5倍誘引性が高かった．Smith *et al.*（1970）はさらにくわしく分析し，11人の被験者の手から1時間当たり23–133 μgの発散量を確認し，カの刺咬性と手からの発散量の間に高い相関関係を得ている．またS–乳酸は，低濃度ではR–乳酸より誘引性は高いが，高濃度では同程度とした．S–乳酸は0.1% 炭酸ガスや混合ガス（2.5 ml CO_2+250 ml N_2）の気流

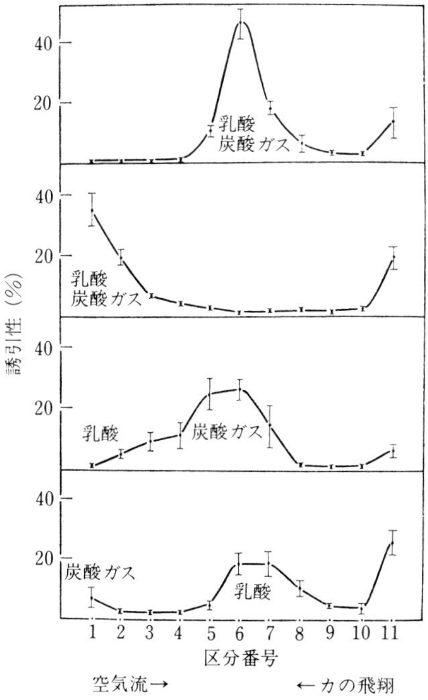

図5.5　S–乳酸と炭酸ガスのカに対する誘引性（Smith *et al.*, 1970）

のなかでは協力効果を示し，29–75％のネッタイシマカを誘引した．図5.5に示すように風洞中に小区分をつくり，1区分にS–乳酸，炭酸ガスまたはその混合ガスを入れておくと，混合ガス区分にカが集中的に誘引される．しかし，協力効果は最初の数分間だけで，以後は同程度となる．

カの種あるいは系統の違いにより，光学異性体の活性は多少異なるようである．Davis（1988）は，ネッタイシマカの嗅覚細胞における活動電位では，両光学異性体の間に差をみいだせなかった．池庄司・日下部（1992）の選抜試験では，表5.6に示すように，S(＋)–乳酸，R(－)–乳酸はともにネッタイシマカに同程度の誘引性を示した．しかし野外のヒトスジシマカでは，S

表5.6　ネッタイシマカに対する乳酸類縁物質の吸血誘引性[1)]

	10^3	10^2	10^1	10^0	10^{-1} μg
プロピオン酸	0.57	—	0.54	—	—
ピルビン酸	0.57	—	—	—	—
S(＋)–乳酸	0.65	—	0.72	—	0.57
RS–乳酸	—	0.43	—	0.49	—
R(－)–乳酸	0.63	0.71	0.63	—	—
S(＋)–2–クロロプロピオン酸	0.91	0.72	0.62	—	—
RS–2–クロロプロピオン酸	0.38	0.43	0.61	—	0.53
R(＋)–2–クロロプロピオン酸メチル	0.47	—	0.51	—	—
RS–2–ブロモプロピオン酸	0.18	—	0.40	—	0.24
R(＋)–乳酸メチル	0.48	0.74	0.73	0.66	—
S(－)–乳酸エチル	0.65	0.73	0.71	—	—
R(＋)–乳酸イソプロピル	—	0.44	0.47	—	—
R(＋)–プロピオン酸メチル	0.47	0.43	0.51	—	—
S(－)–3–フェニール乳酸	0.73	0.78	0.91	0.75	—
RS–3–(4–OH–フェニール)乳酸	—	0.62	0.73	—	—
RS–3–ヒドロキシル酪酸	—	—	0.48	—	—
酪酸	0.63	—	0.57	—	0.56
RS–2–アミノ酪酸	0.31	—	0.52	—	—
RS–3–アミノ酪酸	0.30	—	0.27	—	—
4–アミノ酪酸	0.63	—	—	—	—
R(－)–3–ヒドロキシ酪酸	—	—	0.49	—	0.54
S(＋)–2–メチル酪酸	—	0.45	0.53	0.51	—
RS–3–メチル酪酸	—	—	—	0.61	—
RS–2–メチル酪酸	0.26	—	—	0.31	—
2–オキシ酪酸	0.60	0.40	—	—	—
RS–2–ヒドロキシ酪酸	0.53	0.56	0.44	0.52	—

1）ヒトの皮脂に対する誘引比．

表 5.7　乳酸と乳酸メチルエステルのネッタイシマカに対する誘引協力作用

R(+)−乳酸メチル (μg) ＼ S(+)−乳酸 (μg)	0	10^{-1}	10^0	10^1	10^2	10^3
10^4						1.01
10^3	0.48			0.86	1.08	0.64
10^2	0.74			0.88	0.87	0.55
10^1	0.73		0.71	0.81	0.62	
10^0	0.66		0.62			
0		0.57		0.72		0.65

(＋) 異性体のみが誘引性を示し，RS−乳酸は無効であった．ラセミ体はネッタイシマカにも誘引性を示していない．この事実は大切で，嗅覚神経膜へはいずれかの光学異性体では作用するが，ラセミ体ではアロステリック効果で作用しなくなるとも考えられる．

さらに，S(＋)−乳酸と R(＋)−乳酸メチルの混合は，手掌の皮脂に匹敵するほどの誘引協力性を示した（表 5.7，池庄司・日下部，1992）．エステルとの協力作用についてとくに興味深いことは，S(＋)−乳酸が触角の錐状感覚子（C）で感知され，RS−乳酸エチルが短先端丸型感覚子（d–3）で感知されていることである（第 5 章 4 節参照）．さらに表 5.8 に示すように，炭酸ガスとの混合は誘引性をいっそう増強する．炭酸ガスは小顎上の感覚子で感知されるので，これらの刺激情報は，それぞれ異なる感覚細胞で感知され，脳で収束され協力誘引性を発揮していると考えられる．

Carlson *et al.*（1973）は類縁化合物を合成し，より誘引性の高い化合物を探索した．その結果，S−乳酸より高活性の 17 化合物は，2 位の炭素に OH, O, SH, Br, Cl を，あるいは 3 位に OH, SH を持つ 2–5 個の炭素鎖の脂肪酸であった．またカルボキシル基は必須で，エステル化により誘引性を消失した．ところが池庄司・日下部（1992）の選抜試験では，表 5.6 に示すように，炭

表5.8 風車トラップによるヒトスジシマカに対する吸血誘引比

	化合物／無処理	化合物+CO_2[1)]／無処理	化合物+CO_2／CO_2
A(+)-2-オクタノール	2.8	7.1	2.5
S(+)-乳酸	2.4	4.4	1.6
オクタン酸	2.1	8.4	3.0
オクタン酸+ノナン酸	3.0	3.5	1.2
S(+)-乳酸+S(+)-2-ノナノール	2.7	4.0	1.4
S(+)-ノナン酸+S(+)-2-ノナノール	2.3	4.4	1.6
S(+)-2-オクタノール+dl-2-オクタノール	1.9	2.6	0.9
オクタン酸+酪酸	1.6	4.4	1.6
S(+)-2-ノナノール+dl-ノナノール	1.5	2.2	0.8
S(+)-乳酸+ノナン酸	1.9	2.0	0.7

1)　ドライアイス約100 g.

素数3の脂肪酸で2位にClを持つS(+)-2-クロロプロピオン酸か，3位にフェノールを持つS(−)-3-フェニール乳酸だけが著しい誘引性を示した．またR(+)-乳酸メチルやS(−)-乳酸エチルのように，エステル化により誘引性は消失していない．しかし，これらの誘引化合物はすべて光学異性体で，Carlson *et al.*（1973）が試験したラセミ体ではない．

c．ウシの体臭と尿の誘引物質

最近注目をひいている誘引物質は1-オクテン-3-オルである．これはHall *et al.*（1984）がツェツェバエの誘引剤として，雄ウシの体臭から分離したものである．オスの匂いが炭酸ガス，アセトン混合製剤の誘引性を強化することは以前から知られ，誘引トラップとして使用されていた．Hall *et al.*（1984）は雄ウシ体臭濃縮液を分析し触角電図（EAG）で活性検定したところ，1-オクテン-3-オルがもっとも受容器細胞電位が大きく，行動検定でも誘引性が最高であった．天然のものは（R)(−）体であるが，(S)(+）体，ラセミ体ともに触角電図でも誘引性試験でも差異がなかった．炭酸ガス2 *l*/min，アセトン5 mg/hr，1-オクテン-3-オル0.05 mg/hrの混合製剤は，*Glossina m. morsitans*, *G. pallipides*での野外試験では，それぞれ雄ウシの83%，46%相当の誘引性を示し，10倍量では212%，160%に達した．

家畜の尿臭はツェツェバエの誘引性を増強している．尿臭はフェノール；*m*-クレゾール，*p*-クレゾール；3-エチルフェノール，4-エチルフェノール；

3-プロピルフェノール，4-*n*-プロピルフェノールを含むフェノール類であることが知られている．そこで Vale *et al.*（1988）はアセトン，1-オクテン-3-オルにフェノール類を混合し，自然の尿以上の誘引性を得た．とくに *p*-クレゾールの付加は両種のツェツェバエを 50% 多く誘引し，さらに 3-*n*-プロピルフェノールを付加すると *G. pallipides* は 4 倍誘引するが，*G. m. morsitans* は減少した．フェノール類の化学構造，混合による誘引性の協力作用については，カの産卵誘引作用でも種特異的で規則性が認められ（第 4 章参照），たいへん興味深い．

Saini *et al.*（1989）は 1-オクテン-3-オルの類縁化合物を触角電図で選抜し，偶数炭素鎖の 3-ブテン-2-オル，1-ヘキセン-3-オル，1-オクテン-3-オルが奇数鎖のものより有効で，同じ炭素数のものでは 1-オクチン-3-オルが最高で，分子上のパイ電子系や酸素原子の作用基は誘引性の発現に必須であるとした．しかし，野外での誘引性は 3-プテン-2-オル，アリルアルコールが 1-オクテン-3-オルより優れている．

カではどうであろうか．Takken and Kline（1989）は CDC トラップに，1-オクテン-3-オルを 1.6-2.3 m*l*/hr と炭酸ガスを 200 m*l*/min 付加し試験したところ，*Ae. taeniorhynchus, An. Atropos, An. crucians* とヌカカ，アブをそれぞれの単体物質より 4-10 倍多く誘引した．彼らは同じ試験を各地で繰り返し，上記の種以外に *Cx. furens, Cq. perturbans*（Kline *et al.*, 1990a, b），*Cx. salinarius, Ps. columbiae*（Kline *et al.*, 1991a），*Cx.*（*Melanoconion*）spp., *Cx. nigripalpus, Wyeomyia* spp.（Kline *et al.*, 1991b）にも有効であることを認めた．しかし，ほかの多くの種類では無効であった．

d. ヒトの呼気や尿臭成分の誘引性

ヒトの分泌物や皮膚，血液の分析は，主として潜水艦の閉鎖空間内での呼気，病理診断や化粧品関連の研究者の業績などに多い．いっぽう，カの誘引物質は比較的気化性の高い物質で捕集しがたく，定量的にはもちろん，定性的にも化学分析はたいへんむずかしい，また生体起源ではない環境連鎖の合成物質が分離され，分析結果の解釈もむずかしい．

ヒト呼気の分析については，Krotoszynski *et al.*（1977）が健康な被験者 28 人の呼気を分析し，パラフィン，オレフィン，芳香族，アルコール，ア

表5.9　シマカに対する C_7–C_9 アルコールの吸血誘引性

	Ae. aegypti（室内）[1]				*Ae. albopictus*（野外）[2]
	10^3	10^2	10^1	10^0 μg	
S(+)-2-ヘプタノール	—	0.52	0.78	0.57	
R(−)-2-ヘプタノール	0.57	0.71	0.63	0.67	
n-オクタノール	—	0.73	0.86	0.54	1.1(8.64 mg)
S(+)-2-オクタノール	0.47	0.64	0.69	0.66	2.8(0.86)
RS-2-オクタノール	—	0.56	0.52	0.68	0.9(0.86)
n-ノナノール	—	0.51	0.67	—	1.3(8.64)
S(+)-2-ノナノール	0.37	0.67	0.66	—	2.2(8.64)
R(−)-2-ノナノール	0.50	0.56	0.40	—	—

1）ヒトの皮脂に対する誘引比，2）無処理風車トラップに対する誘引比（薬量）．

ルデヒド，ケトン，酸，エステル，フェノール，アミン，ほかの窒素化合物など102種の有機化合物を分離同定している．特徴的なのはアルコールで，表5.9に示すように（池庄司・日下部，未発表），2–ヘプタノール，2–オクタノール，*n*–オクタノール，2–ノナノール，*n*–ノナノールはネッタイシマカ，ヒトスジシマカに誘引性を示す．またオクタノール，オクテノールの異性体は多量に含まれ，とくに1–オクテン–3–オルはウシの呼気に含まれ，炭酸ガスと協力してツェツェバエやカに誘引性を示すことは前項で述べた．

Ellin *et al.*（1974）は，密閉部屋の人体排泄ガスから300–400種の物質を分離し，135化合物を同定した．そのなかに乳酸も含まれているが，2–オクタノールは含まれていない．Labows *et al.*（1979）は腋臭を脱脂綿に吸着させ分析し，39化合物を分離し同定した．低揮発性分画が離脱しているが，主としてアルデヒド，炭化水素，イソプロピールエステル類である．著者は手掌から皮脂をアルコールで抽出し，同じような物質を分析したが，多少の誘引性を示すヘキサナール，オクタノールを除いて誘引性を示すものは検出できなかった．Labows *et al.*（1982）は各種のステロイドを分離し，5a–アンドロステ–16–エン–3–オンが誘引物質としたが，著者の検定試験では誘引活性は低かった．

尿には乳酸，ブチル酸と類縁化合物，オクタン酸，ノナノン酸などの誘引性を示す低脂肪酸が多種含まれている．そのほかケトンも多い．反対に血液中にはアルコール類が多い（Sastry *et al.*, 1980）．これらの同定あるいは未同定の揮発性化合物は，カの誘引性も検定されておらず，これからも鋭意進められるべきである．

(3) 炭酸ガスの刺激性，誘引性

吸血誘引物質にはいろいろあるが，常温でガス体の炭酸ガスほど，拡散しやすく遠距離まで到達するものはない．またカの炭酸ガス感覚子は一定ガス濃度には急速に慣れを生じるので，濃度自体ではなく，むしろ濃度変化に応答する．したがって，炭酸ガスの臭束（odour plume）として不規則的に流動するとき，カの行動を刺激する．炭酸ガスがカの活動刺激物質として働くか，あるいは誘引物質として働くかにも議論がある．このことと関連しても，ガス濃度勾配の存在により，カはガス発生源を感知し走化性（誘引性）を示すであろう．反対に濃度勾配が小さい場合にはカは定位できず，たんなる活動刺激性と観察されるであろう．

具体的に説明すると，ヒトは呼気に4.5%の炭酸ガスを排出し，カの感知閾値である0.05%まで90倍に希釈され濃度勾配をつくっている．カもツェツェバエと同じように（Warnes, 1990）反応するであろうから，ガス濃度の対数に反比例して直行運動（orthokinesis）速度を減少し（ツェツェバエの場合は0.04–1%の範囲で直行運動性は16–31%減少する），正比例して斜行運動性（klinokinesis，1 m飛行中30°以上曲がった回数として計測した）を

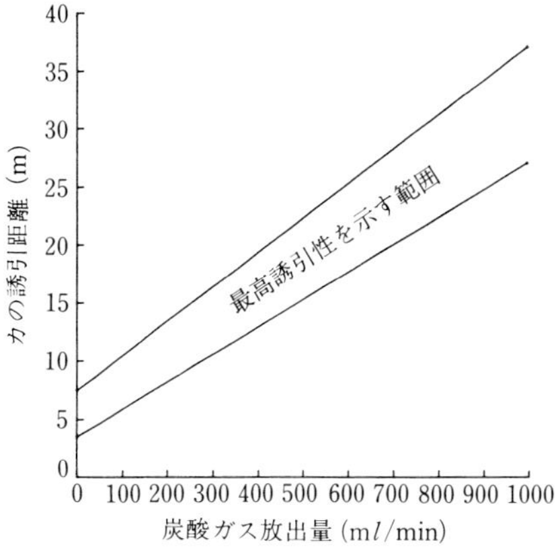

図5.6 炭酸ガス発生量とカの誘引距離
(Gillies, 1980から改変)

増大する．つまり宿主動物に近づきガス濃度が上昇するにつれて，ゆっくりとジグザグに飛び，宿主周辺では飛行滞留時間は長引き，宿主発見の確率は高くなる．その際，カは地上の標識パターンを動体視覚でとらえ飛行する．要するに炭酸ガスは運動性（kinesis）を高め，動体視覚と走風性（optomotor, anemotaxis）を刺激する誘引物質であるといえる．

図5.6は，野外での炭酸ガス発生量とカの誘引距離に関するトラップ実験の最大公約数的な結論である（Gillies, 1980をLehane, 1991が改変）．下線は誘引性が認められた最長距離であり，上線は認められなかった最短距離を示す．各種動物の排出量については，以下の具体的な数値を参考にされたい．

炭酸ガスはすべての動物が排出するので，種特異的な刺激とはならない．いっしょに排出される動物臭物質が付加的，協力的に働き，宿主動物特異的な匂いとなり誘引性を示す．しかし臭物質と炭酸ガスの到達距離は異なり，誘引されるカの種も異なる．Gillies and Wilkes（1974）は野外で，各種動物が排出する等量の炭酸ガスを放出し，各距離にトラップを並べ，カに対する誘引距離を調べた．その結果，4–5匹のニワトリ，ハト，あるいはアヒルでは，11 m付近のトラップでも *An. melas, Cx. thalassius* を捕獲したが，等量の炭酸ガスだけでは，7 mのトラップしか捕獲しなかった．しかし，*Cx. decens* はどの距離でもほとんど捕獲できなかった．ほかの実験では，動物トラップも等量炭酸ガストラップも，同数の *Ma. uniformis, Ma. africana* を捕獲したが，ウシのトラップは *Anopheles* spp. をより多数捕獲した．

結論として，動物臭は炭酸ガスより遠距離まで到達したり，感知閾値濃度以下（0.05%以下）に希釈された炭酸ガスが動物臭と協力的に作用する場合がある．ちなみに，表5.5と表5.8に炭酸ガスと協力的に作用する既知の誘引物質をあげた．

（4） 湿度の誘引性

非発汗性のヒトはカに刺咬されにくいことは，すでに述べた（第5章1節）．湿度も誘引要因であろうか．Price *et al.*（1979）の実験では，湿度60%の風に対して61–76.5%の風は，*An. quadrimaculatus* にまったく誘引性を示さなかった．しかし，これに温度差や炭酸ガス，ヒトの匂いを付加すると極端に高い誘引性を示した．Burgess（1959）も，ネッタイシマカにおいて湿度や温度単独では誘引性を示さず，炭酸ガスまたはヒト呼気の付加で誘引性を示すとしている．

興味深いことは，未交尾，既交尾雌とも3–4日の周期で吸血反応することである．Khan and Maibach（1971）によれば，カは吸血と水分摂取のためにヒトにひきよせられる．したがって，渇水状態のカでは誘引性が高い．いっぽう，60%相対湿度条件で砂糖水や花蜜を満腹したカは，一時的に盲嚢（diverticula，食道から分岐している大きな袋状器官で，高タンパク質の血液はここではなく直接中腸へ入る）に貯蔵するが，2–3日後には渇水状態となる．すなわち，この盲嚢が体の水分調節を行うので，吸血意欲や誘引性ともかかわってくる．

5.3 忌避剤

広い全地域のカを駆除絶滅することは，技術的にも経済的にもほとんど不可能である．しかし，局所的に限られた時間だけ，しかも個々のヒトがカの刺咬を避けることができれば，駆除と同じ目的は達せられる．そのような目的には忌避剤は安価で，随意容易に使用できるので，効果的である．またEdman（1989）がHockingから引用しているように，究極的な防カ対策は忌避剤であるかもしれない．有効な忌避剤の継続的な使用は，ヒト吸血種の生存を積極的に排除するか，無吸血産卵種へ追いやるからである．

最近の熱帯地方への海外旅行や屋外活動の活発化から，消費者や開発企業の関心も高い．本節では忌避剤の歴史，種類，作用機構，毒性，使用方法について述べる．

（1） 忌避剤の化学

ヒトは太古の森で狩猟し水辺で耕作していた時代から，カの吸血には悩まされ続けてきた．そこでアイヌやミクマクインディアンは，下脚にスゲや樹皮を巻きつけて防カ対策とした．世界各地には多くの伝承があり，中国の古典にはすでに1200種の防虫殺虫植物が記録されていた（Curtis *et al.*, 1991）．

もっとも有名なものはデリス根や除虫菊，タバコの葉であり，魚毒の面から除虫菊の使用だけが生き残っている．とくに除虫菊成分の合成物質ピレスロイドは，カに対する忌避性も強く，マラリア駆除対策としてその使用法が注目されている．

a. 天然の忌避剤

ピレスロイドは蚊取線香，噴霧，薫蒸用に殺虫忌避剤として世界的に長年使用されている．とくに年間を通してカが発生する熱帯の開発途上国でも，製剤化に高度技術を必要としないので，容易に製造できる．そのほかの防カ作用の認められる植物は，Curtis *et al.*（1991）がまとめているように，桂皮，樟脳，シトロネラ，レモングラス，クローバ，タチジャコウソウ，ジェラニウム，ベルガモント，月桂樹，松，アカモモ，ペニーロイアル，ユーカリなどで，普通，香辛料などに使われる香油植物が多い．忌避主成分は共通していて，ユーカリプトール，α-ピネン，ゲラニオール，シトロネラール，カンファー，リナロールなどのテルペンである．ときに，これらの香りが化粧品成分として使われ，カを忌避するアクシデント（予期もしない効果）もある．北米や欧州市場ではシトロネラ油が，中国ではレモンユーカリ（*Eucalyptus maculata citriodon*）が販売されている．この主成分は*p*-メンテン-3,8-ジオル（30%）で，テルペノール，フタル酸ジオクチルとの混合剤で「クエンリン」の名で売られ，Schreck and Leonhardt（1991）によれば，2倍量でディート（deet）程度の忌避性を示す．ところが *An. albimanus, An. quadrimaculatus* については両者ともまったく無効とされている．

抽出物ではなく，自然の香りをそのままに利用できれば，最近はやりの環境にやさしい自給持続性の防カ法が望めるであろう．たとえば森の香り「フィトンチド」のなかにもカの忌避性を示すものがある．ヒノキやヒバ材の家にはカが侵入しないといわれている．アフリカではインドセンダン（*Azadirachtica indica*，主成分はアザディラクチン）の植栽によってカの侵入を防げるらしい．米国で，カよけ植物と宣伝市販されているものにジェラニウムがある．この植物はオランダで13年間かけて育種されたもので，室内や庭先に出しておけば，シトロネラの芳香がカを忌避するという．シトロネラ油には，ゲラニオール，シトロネール酸，シトロネラールや類縁化合物が含ま

ディート（N,N-ジエチル-m-トルアミド）

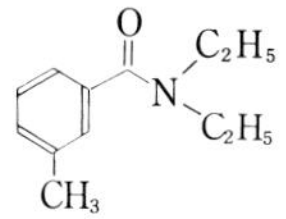

インダロン（ブチル-3,3-ジヒドロ-2,2-ジメチル-4-オキソ-2H-ピラン-6-カルボキシレート）

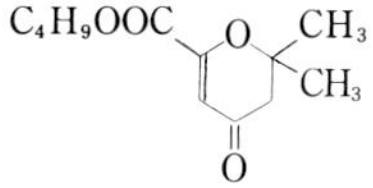

2504-5（メチル-6-n-ペンチル-シクロヘキセン-1-カルボキシレート）

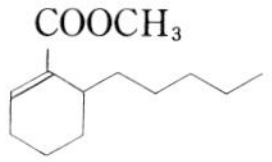

シトロネラル（3,7-ジメチル-6-オクテナル）

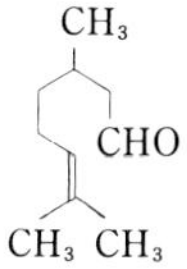

2-エチル-2-ブチル-1,3-プロパンジオール

$HOCH_2C(C_2H_5)(C_4H_9)CH_2OH$

612（2-エチル-1,3-ヘキサンジオール）

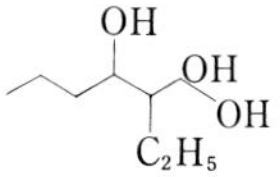

SRI-C6（n-ヘキシルトリエチレングリコールモノエーテル）

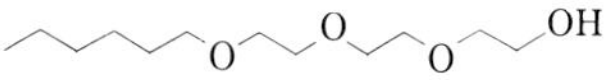

DMP（ジメチルフタレート）

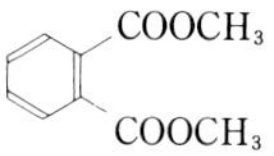

ナフタレン

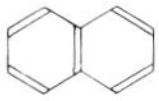

図5.7 おもな力の忌避剤の化学構造式

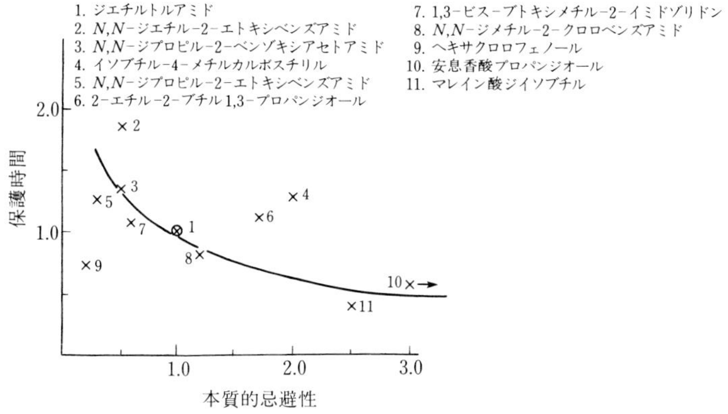

図5.8 各種忌避剤の本質的忌避性と保護時間の関係

れ，カやダニなどをよく忌避するので，これらの芳香成分が効力を発揮していると考えられる．最近インドネシアでもユーカリの木を幼虫の発生源近くに植林し，カの発生抑制に成功した．この場合は，ユーカリは大量の水分を吸収発散するので，幼虫発生源対策としても働いたと考えられる．

b. 合成忌避剤

第2次大戦中，熱帯での兵員死者数は戦死者よりマラリア，デング熱などの戦病者のほうが多かったといわれる．また米国は，夏季カの大群が押しよせるアラスカのツンドラ地帯での戦闘を想定し，カの忌避剤を選抜研究した．その規模は日本のものより格段に大きく，1942年春から1952年7月までに1万1000種の化合物を選抜試験している（King, 1954）．その後も選抜試験は世界各国の大学，官民の研究所で続けられ，数万種以上の化合物が試験されたと考えられる．ところが現在まで継続市販されている忌避剤は，第2次大戦中の大選抜試験の成果によるものである．

図5.7に現在使用されている忌避剤と化学構造式をあげる．これらは不特定多数の化合物の選抜試験と合成選抜による結果で，さまざまな化学構造を示している．この点，カの特異的食性や行動に基づき，自然界から分離された誘引物質の特定構造とは異なる．

図5.8に，これら化合物の本質的忌避性（残存量とは無関係の極短時間で

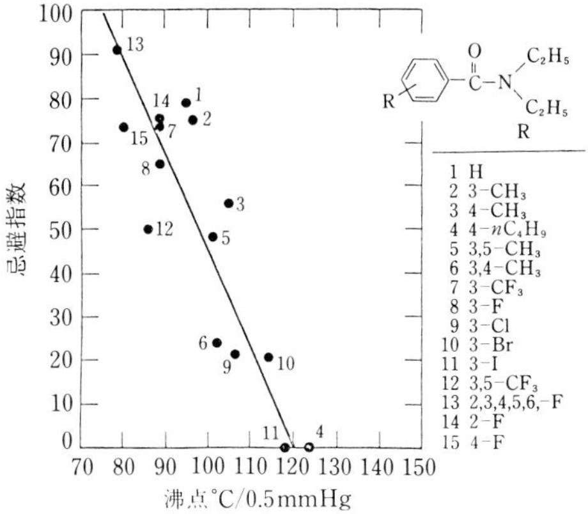

図5.9　*N,N*-ジエチルベンズアミドの気化性と忌避性の関係（Johnson *et al.*, 1967）

の忌避性，単位重量当たりの忌避性）と保護時間（気化性，皮膚吸収性，脱落性を考慮した残効性）の関係を示す．全体的には相関関係はみられないが，同種構造を持つ 1, 2, 3, 5, 8 番の類縁化合物は直線上にあり，よい相関関係を示している．忌避性と類縁化合物の物理化学的特性も鋭意研究された．しかし，特定忌避剤の類縁化合物の間では，分配率，電子密度，分子極性，赤外線吸収，粘性，表面張力などとの間には相関関係は認められず，気化率（沸点）だけが有意な相関関係にあった．この関係について，1956 年に市販されて以来，現在も広く使用されているディート（*N,N*–ジエチルトルアミド）を例に述べてみる．Johnson *et al.*（1967）は *N,N*–ジエチルベンズアミドのベンゼン環上の置換基を変えた 14 種化合物の沸点と処理短時間後の忌避性を調べ，図 5.9 の結果を得た．ここで忌避指数とは，

100×（無処理ガラス管侵入カ数－処理管侵入カ数）/全反応カ数

を示す．水素をフッ素に置換した気化性の高い 12, 13, 14, 15 番化合物は強い忌避性を示している．また芳香環上のメタの位置に水素，メチル，フッ素を持つ 1, 2, 7, 8 番化合物も，高い気化性と忌避性を示している．

しかし忌避性を持続するためには，気化性をある程度抑える必要がある．Gertler *et al.*（1962）は芳香環上のメチル基置換と同時に，*N,N*–アルキル基の置換を行った．その結果，カにはジエチル置換がもっともよく（沸点は 111℃/0.1 mmHg），*o*–メチルジエチルベンズアミド，*m*–メチルジエチルベンズアミド，*p*–メチルジエチルベンズアミドは，それぞれ 18, 39, 74 日間有効であった．しかしマダニ忌避剤としては，より残効性の高いジブチル基置換が最良となる．

気化性と忌避性の関係でもう 1 つ大切なことは，34℃ の体温付近での気化性である．たとえば Johnson *et al.*（1972）はアルキルトリエチレングリコールモノエーテルの類縁化合物を調べ，ヘキシル（bp＝122℃）とヘプチル（128℃）置換体が最良とした．いっぽう，同じ程度の沸点を持つ 4, 6, 6–トリメチルヘプチル（130℃），7–メチルノニル（140℃），2–メチルオクチル（130℃）置換体は忌避性が低く，これは体温付近での気化性の低さによるとしている．最近注目されている合成殺虫剤ピレスロイドは，気化性は極端に低く忌避残効性が長くなるが，忌避距離はゼロに近く接触忌避剤として働い

ている．その特殊な作用機序については次項で述べる．

（2） 忌避剤の作用と毒性

a. 忌避性の作用機構

化学構造の異なる忌避剤について，いろいろな嗅覚子への作用を整理し（Wright, 1975；Davis, 1985），忌避性の作用機構についてDavis（1985）は次の5つの可能性をあげている．（1）忌避剤は誘引物質刺激神経を抑制する．たとえばディートや612は乳酸興奮神経を抑制している．（2）高濃度で忌避する物質も低濃度では誘引する．たとえばディートは低濃度では誘引し，乳酸も高濃度では忌避する．（3）吸血誘引には関与しない感覚子も刺激し，情報を攪乱する．612やSRI-C6は産卵誘引物質を感知する鋭先端短毛感覚子を興奮させる．（4）ディートやそのほかの忌避剤は，忌避剤特異的感覚細胞を刺激する．（5）忌避剤は多種の神経細胞を同時に刺激し，吸血誘引の情報を雑音化し情報攪乱する．Davis（1985）の実験では忌避剤は全5種神経細胞のうち，いずれかの複数種を興奮させるので，（5）の機構の可能性が高い．とくに，化学構造の異なる多様な物質が忌避剤となっているのは，非特定の神経細胞膜を興奮させるからである．

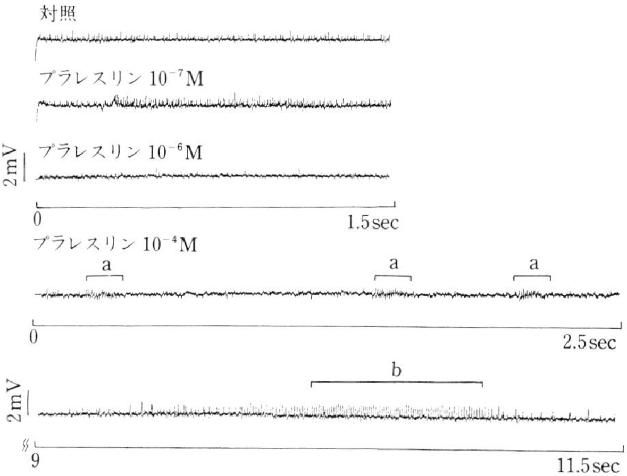

図5.10　プラレスリン殺虫剤のネッタイシマカ前脚付節上のNaCl味覚細胞への影響（Matsunaga, 1991）

ピレスロイドの優れた忌避性についてはすでに述べた．しかし，その忌避機構については長い間憶測の域を出なかった．最近，Matsunaga（1991）はネッタイシマカの前脚付節第3–5節の味覚子に，プラレスリンの2% エタノール溶液を満たしたガラス微細管電極をかぶせ，発生する活動電位を調べた．その結果，図5.10に示すように，プラレスリンは 10^{-6} M で0.1 M NaClへの反応を抑え，10^{-4} M では短連の異常なスパイクを発生させた．さらに10秒後からピレスロイド殺虫剤に特有な広振幅の連続スパイクがみられた．そこで10秒以前に発生する異常スパイクが，カが致死薬量摂取前に逃避させる忌避作用であると結論した．

忌避性をカの飛翔行動からみてみよう．Daykin（1967）は20×20 cm，高さ63 cmのケージにネッタイシマカを入れ，ケージ壁で黒帯模様を回転させながらカの走風性について観察した．30 cm/secの風では，カはケージの上下にかかわらず風上へ集合した．風に忌避剤612を加えたところ，風方向が上下のときはカは分散し，風が水平のときは風上へ移動した．すなわち忌避剤はカの視覚は妨害しなかったが，上下方向の運動性を妨げた．

これまでの結果を総合すると，忌避剤は化学，熱，炭酸ガス感覚子，さらにある種の運動感覚器を妨害するといえる．

b. 忌避性の検定

保護時間（protection time）は吸血率に反比例し，忌避剤処理から最初の吸血までの時間と定義されている．実験室では吸血意欲の高い3–5日齢の既交尾ネッタイシマカ雌を使用し，それぞれ選抜試験に便利な方法を考案使用している．たとえば20匹のカを30×30×30 cmのケージに入れ，前腕表面積当たり単位量の忌避剤を塗布し，最初の吸血時間を計測したり，あるいは一定時間まで吸血忌避する塗布量を決定する．しかし，保護時間の検定には次のような欠点もある．(1) カ個体群全体の忌避傾向を示さず，最高の吸血意欲を持つカに左右される．(2) 忌避剤の処理薬量と効力の経時的変化とはかならずしも一致しない．(3) 選択のない場合は，選択のある場合より忌避性は低い．(4) カの種類により忌避性は異なる．

そこでRutledge *et al.*（1985, 1989）はほかの薬剤検定の場合と同じように，多変量回帰式を提唱した．たとえば Y を推定する忌避性プロビット，

X_1 を処理薬量の対数（mg/cm^2），X_2 を試験時間とし，ヤブカ *Ae. dorsalis* へのディートの効果を検定して，

$$Y = 11.897 + 3.980\,X_1 - 0.290\,X_2$$

を得た．さらに計算から0時間後の95% 有効薬量（ED_{95}）は0.05 mg/cm^2，4時間後に ED_{95} を与えるには，処理量は0.09 mg/cm^2 となる．同じように0.05 mg/cm^2 処理した場合，保護時間は2.5時間と計算される．

$$\text{減効定数(decay constant)}：r = -(1/\log e)(b_2/b_1)$$

ここで b_1, b_2 は回帰式の係数で，それぞれ3.980, 0.290である．したがって，減効定数は0.17/hr となる．

半減期は，

$$t_{1/2} = (1/r)(\log 2/\log e)$$

から，4.1時間となる．

このように天候，カの吸血意欲と数，処理時間などに左右されず忌避剤の検定比較ができる．

c．忌避剤の人畜毒性

ここで使用者がもっとも心配する人畜毒性について，ディートを例に述べる．忌避剤は直接皮膚に塗布するので，殺虫剤以上に人畜毒性について配慮しなければならない．逆に，新忌避剤の開発研究に熱心になれないのもこの理由による．また，長年使用されてきたディートやそのほか2, 3の忌避剤が使用され続けている所以でもある．最近はディートの吸収代謝，毒性についても厳しい検討がなされている．以下は主として Robbins and Cherniack (1986)，Moody *et al.*（1989）の総説による．

ヒト皮膚からのディート吸収は，およそ16.7% 程度で，他動物の10–60% より低い，ヒトでの実験例は少ないので動物での結果を代用するが，動物では肝臓で急速に代謝され尿中に排泄される．マウスでは肝臓，腎臓，膀胱，涙腺に選択的に吸収されるが，排泄が速いので蓄積されることはない．ヒトでは皮膚に蓄積されるが，体内へ吸収されたものは尿中へディートのまま，一部は *m*–カルボキシ–*N,N*–ジエチルベンズアミド，*N*–ヒドロキシエチル–*N*–エチル–*m*–トルアミドのグルクロニドとして排泄される．ネズミの急性経口毒性は LD_{50} で2–3 g/kg，呼吸毒性は6 g/m^3，経皮毒性はウサギで3 g/

kgである．そのほか繁殖障害，催奇性，発がん性，変異原性などについても調査されたが，とくに危険性はなかった．しかし，自然公園の労働者など忌避剤を多用する人たちに，皮膚炎や脳神経障害が2,3例報告されているので，不必要に多量の使用は避けるべきである．

（3）　忌避剤と使用法

米国空軍の調査によれば、現在米国以外の国で65製剤が市販されており，そのうち33製剤はディートを含み，残りはシトロネラのような天然の忌避剤である．もっともよく使用されているディートでも，無害であるためには4 g/week以下の使用薬量でなければならない．そこで最低薬量で最高効力を発揮させるには，製剤と使用方法に工夫が必要となる．市販されている簡便なエアロゾルスプレイ式や軟膏のほかに，最近は新製剤や新使用方法が研究され，他種忌避剤との混合，ポリマー薄層フィルム，マイクロカプセル，微粒子などが考えられている．これらは化粧品や医薬製剤と同じように，人体処理面からの最低有効薬量の長時間にわたる徐放製剤である．

Khan *et al.*（1975）は7種の忌避剤にバニリンを加え，忌避時間の延長を

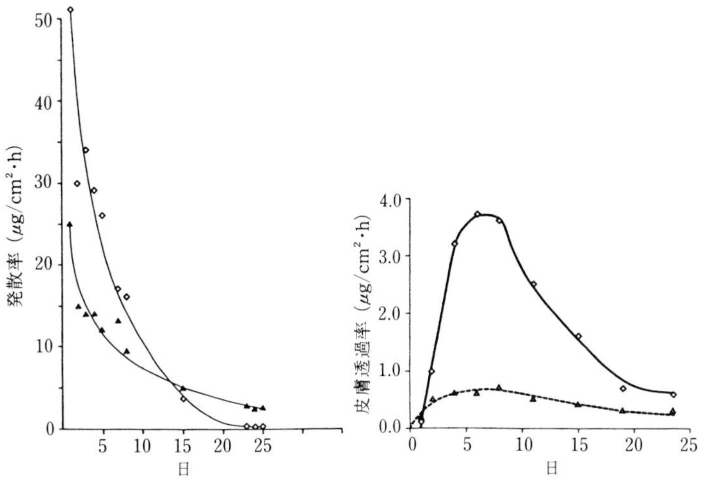

図5.11　ディートの薄層ポリマー製剤D（▲）による発散率と皮膚透過率の減少（□は対照製剤）（Reifenrath *et al.*, 1989）

はかった．その結果，ディートを0.16 mg/cm² 塗布したときの平均忌避時間が5.2時間であったが，バニリンを0.48 mg/cm² 加えると14.5時間に延長し，178％の時間延長が得られた．トリエチレングリコールエチルヘキシルエーテルでは単体0.16 mg/cm² 処理で8.3時間の忌避時間が，2倍量のバニリン0.32 mg/cm² を加えることによって，22.0時間，265％に延長された．しかし，バニリンによる協力効果はどのような忌避剤でも得られるわけではない．

Gupta and Rutledge（1989）は6社のディートポリマー，マイクロカプセル，微粒子製剤を比較し，6–10時間の忌避時間を得た．対照のアルコール溶液ではわずか2–4時間の忌避時間しか得られていない．さらにReifenrath *et al.*（1989）は各種付加物によるディートの揮発性，皮膚浸透性の制御を試みている．^{14}Cで標識したディート195 mgにシリコンポリマー（A），アクリルポリマー（B），高分子脂肪酸（C），薄層ポリマー（D），ジメチルフタレイト（E）を各々100 mg付加してブタの皮膚に塗布し，野外を模して600 m*l*/minの風を送って，ディートの発散率と皮膚透過率を測定した．その結果，製剤A, B, Cはともにアルコール溶液の対照製剤とは差がなく，反対に製剤Dは発散率，皮膚透過率ともに，初日から25日まで一定低薬量で制御されていた．とくに15日以降は対照より揮発率が高く，より高い忌避率を示した（図5.11）．また製剤Eでは，忌避剤それぞれの全発散率，全皮膚透過率には変化がなかったが，最高発散率や透過率は抑制され長時間続いた．

夏季，カの大群が発生するアラスカやシベリアの軍事要員やカが常在する熱帯の住民にとって，忌避剤は塗布する煩わしさがある．カ媒介疾病の予防対策としては，町村規模の処理が必要になる．そこで人手のかからない簡便な処理法として，WHO（世界保健機構）はフィリピンのマラリア侵淫地で，忌避剤混入の石鹼を考案し普及することとした．Yap（1986）は20％ディートまたは（20％ディート＋0.5％[1％] パーメスリン）を含む石鹼製剤をヒトの腕に塗布して野外試験した．対照の石鹼と比較して，4時間後まで83.8–100％の吸血率減少がみられた．Mani *et al.*（1991）もインドで同じ製剤をイエカ，ヤブカ，オオクロヤブカ9種について試験し，一晩後の忌避率

95–100%を得ており，処理者の評判も良好であった．ところが，Curtis and Hill（1988）の *An. gambiae* での実験では，いずれの製剤もほとんど無効であったが，液状石鹸製剤では冷水洗浄後も若干の忌避性が認められた．

いっぽう，ディートの衣服への吸着処理は，皮膚からの直接吸収，気化発散も少なく，上記の徐放製剤と同じように忌避剤の寿命が延長するであろう．Gupta *et al.*（1990）によれば，ナイロン/綿混紡と綿の布を，パーメスリン乳剤に浸漬したり，エアロゾルを噴霧したのち，340 nm，0.45 W/m^2 の紫外線，31℃ の温度，96% の湿度，18 分間の雨などの条件に暴露を繰り返し，ネッタイシマカや *An. stephensi* の忌避性を試験した．その結果，パーメスリンの量は7日でほとんど消失したが，忌避性は35日後も85–93%残存した．Lillie *et al.*（1988）がアラスカの *Cs. impatiens* で試験した場合はさらに顕著で，35% ディートと 0.125 mg/cm^2 パーメスリンを処理した野戦服では，1時間当たり1匹の刺咬率（忌避率 99.9%）であったが，無処理の野戦服では1188匹の刺咬率であった．さらに Rao *et al.*（1991）はディートの類縁化合物 DEPA（*N,N*–ジエチルフェニールアセトアミド）を 15×15 cm ポリエチレン/綿合繊維パッチに10% 処理し，洋服の前面に4枚，背中には30×6.3 cm パッチを1枚つけ，ネッタイシマカやネッタイイエカの忌避性を試験し，50% 忌避率が90日も持続することを確かめた．

古くから使用され，最近とくに注目を集めているカの防除対策に，ピレスロイド処理の蚊帳がある．これはピレスロイドの極微量での優れた忌避性と，殺虫性に基づいている．Curtis *et al.*（1991），Rozendaal and Curtis（1989）の総説によれば，家屋に侵入したカはピレスロイド処理の蚊帳に接触し，刺激され（第5章3節2項a参照），家屋外へ逃避する．その効果はマラリア対策であれば，カのマラリア原虫保有率の減少，ヒト吸血率の減少，吸血カ数の減少として現われる．この場合，個人防疫としては低濃度ピレスロイドの忌避性で十分であろうが，社会防疫の立場からは高濃度処理によるカ殺滅が主目的となるであろう．

ピレスロイド処理の仕方は衣服処理の場合と同じである．すなわち，(1) 蚊帳は綿より化繊で少量処理で有効である．(2) 網目の大きさは，ピレスロイドの処理薬量とのかねあいで，ある程度粗くてよい（ディートなどの揮発性の高い忌避剤では2 cm程度の網目）．(3) 蚊帳は薬剤噴霧してもよいが，乳化液に浸漬してもよく，浸漬には温かい酸性液で吸着がよい．デルタメスリンは15–25 mg/m^2，パーメスリンでは200–1000 mg/m^{2}の薬量が使用され，洗濯や日光暴露などの使用条件により寿命は異なるが，3–6カ月間は持続する．しかし過去30–40年間，DDTや残効性殺虫剤の家屋壁への残留噴霧でカ駆除が大成功したが，のちに殺虫剤抵抗性害虫の出現により失敗に終った経緯があり，カはピレスロイドに対しても抵抗性獲得が早いので，同じような問題が再現する可能性があるため注意しなければならない．

蚊取線香は簡便で経済的であることから，古くから使われ，日本の夏の風物詩ともなっている．1988年度の世界の消費量は125億本，アジアでは110億本で，さらに増加しつつある．熱帯や亜熱帯地方では半数以上の家庭が使用し，年間を通しての生活必需品である．線香は鋸屑，ココナツ殻粉末，デンプン，マラカイトグリーンやクリスタルグリーンなどの緑色染料，遅燃剤の無機硝酸などでつくられており，普通0.15–0.2%程度のピレスロイド殺虫剤が入っている．線香の煙自体もカの忌避性が高く，800℃で燃焼する煙のなかにはナフタレンやアンスラセンが多量含まれ，これらはカに対して中程度の忌避性を示す．以前はタバコの煙より多量のジフェニールアミンも含むとされ，ダニ，シラミ，カにも強い殺虫性を示した．しかしタバコの煙のように，発がん性のベンゾピラン，多環炭化水素は含まないようである (Saini *et al.*, 1986)．たとえば，線香自体で20–34%の忌避性を示し，DDTやBHCを混入しても忌避性は上がらないが，ピレスロイドを0.15–0.2%混入すれば80–90%の忌避性が得られる (Chadwick, 1985；Yap *et al.*, 1990)．

5.4　感覚器（各種センサー）

カには各種の感覚子があり，とくに吸血行動と関連した感覚子は，ほかの昆虫にはみられない特徴をそなえている．最近はとくに各種バイオセンサーへの利用が考えられているが，その前に基礎となる感覚生理機構の研究が必要である．

(1) 感覚子の数と種類

嗅覚子は主として触角に存在し，その数は図 5. 12 に示すように，未進化の雑食性，腐食性，多食性の昆虫では多く，肉食性，寄生捕食性，寡食性へ進化すると減少する．雄カは花蜜だけを雌カは花蜜と血液を摂食するので，当然雌のほうが嗅覚子を多く持っている．雌では触角当たり 1×10^3 個ほどあり，雄では雌より 7×10^2 個少ない．カとは反対に性フェロモンを持つ食植性昆虫の雌では，平均 1×10^4 個存在し，雄では雌より 5×10^3 個多い．これは雄の交尾行動における嗅覚の重要性を形態的に裏づけている（Chapman, 1982）．食性との関係では，たとえば吸血しかしないツェツェバエ *Glossina austeni* では，下唇に 24 個の化学感覚子，108 個の機械感覚子しか持たないが，花蜜や血液を摂取するブユ *Simulium venustrum* では，それぞれ 450, 230 個持っている．さらに雑食性のクロキンバエ *Phormia regina* では 1600 個以上の化学感覚子を持っている．

吸血昆虫と非吸血昆虫との違いは，前者では呼気中の炭酸ガスを感知する嗅覚子や血液中の ATP, ADP を感知する味覚子が存在するが，後者では普

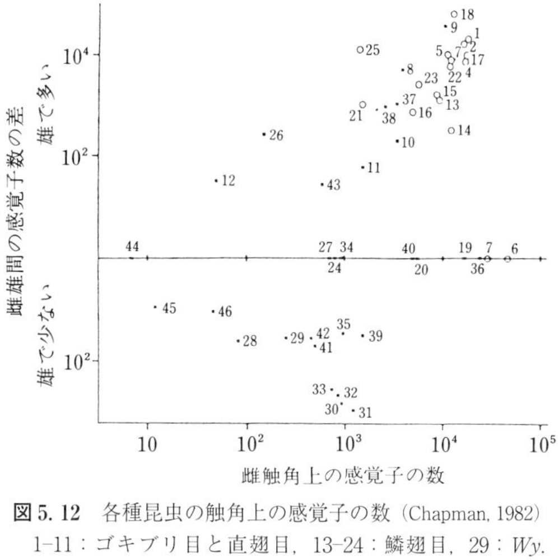

図 5. 12　各種昆虫の触角上の感覚子の数（Chapman, 1982）
1–11：ゴキブリ目と直翅目，13–24：鱗翅目，29：*Wy. smithii*，30：*Ae. aegypti*，31：*Cx. pipiens*，32：*Cx. territans*，33：*An. maculipennis*.

表5.10 昆虫の宿主への移動距離と化学感覚細胞数(McIver, 1987)

種(雌)	感覚細胞数	移動距離
ヒトジラミ	50	宿主体上
ノミ(*Cediopsylla simple*)	55	宿主体内
トコジラミ	200	寝床内
サシガメ(*Rhodnius prolixus*)	3000	長距離
サシガメ(*Triatoma infestans*)	3000	長距離
ヌカカ(*Culicoides furens*)	600	中距離
ブユ(*Simulium venustum*)	3000	長距離
ネッタイシマカ	1900	長距離
サシバエ	12000	長距離

通このような感覚子はないことである(McIver, 1987). またカの雌雄間の差については, 前に述べたように, 雄では触角の感覚子数の減少, 付節の味覚子数の減少, さらに上唇開口部からの先端, 亜先端感覚子の欠如がある.

無吸血産卵種の分化とともに感覚子数も減少する. たとえば, *Wy. smithii* は吸血種である *Wy. aporonoma* より著しく少ない. また, 嗅覚子数は吸血動物への探索移動距離とも関係する. 表5.10に示すように, シラミ *Pediculus humanus* やトコジラミ *Cimex lectularius* などは, 宿主の匂い環境のなかに生活しているので, 嗅覚子は必要ないであろう. 反対に, サシバエ *Stomoxys calcitrans* などが遠距離から希釈された宿主の匂いを感知するには, 多数の鋭敏な嗅覚子が必要であることは, 容易に理解できる(McIver, 1987).

感覚子の種類(modality)を決定するには, まず超微細構造の研究に基づく形態学的分類と, 刺激種と感覚神経受容電位の相関試験による電気生理学的な確証が必要である. 次にそのような実験の結果を整理した雌カ(主としてネッタイシマカ)の感覚子について述べる.

(2) 触角の感覚子

触角には形態の異なる嗅覚子, 機械感覚子, 温度感覚子など多くの感覚子が存在する. また多くの研究者が, それぞれの種について分類命名しているので対応させるのが煩雑であるが, Bowen (1991) ほかに従って, 以下のように整理した.

写真 5. 2　剛毛機械感覚子（矢印）
低周波の空気振動を感知する.

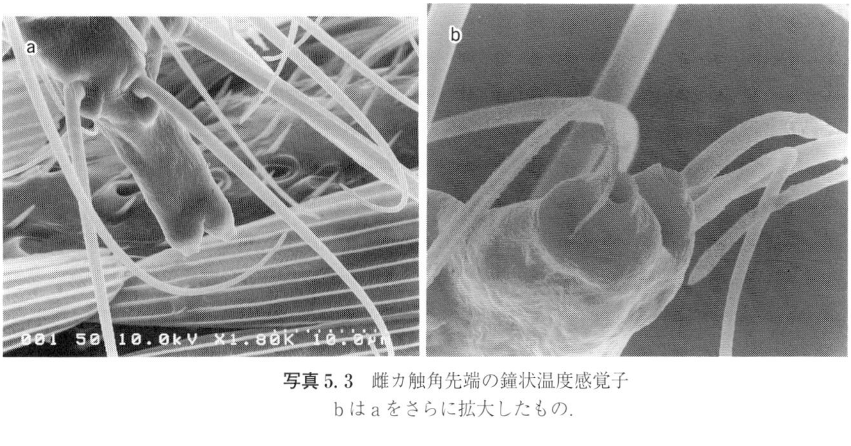

写真 5. 3　雌カ触角先端の鐘状温度感覚子
b は a をさらに拡大したもの.

（a）　剛毛感覚子（sensilla chaetica）

1 個の感覚細胞を持つ機械感覚子（写真 5. 2）

（b）　鐘状感覚子（sensilla campaniformia）

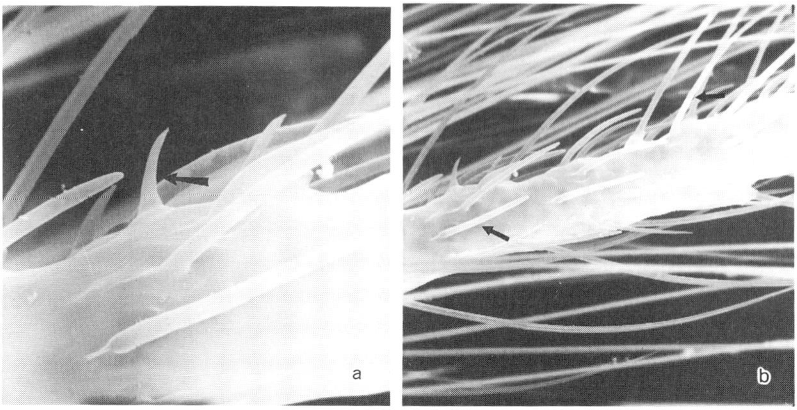

写真 5. 4　a：錐状感覚子（嗅覚子，約 15 μm），b：毛状感覚子（長い嗅覚子，約 60 μm，短い嗅覚子，約 30 μm）．

触角先端に3個（s. ampullacea，壺状感覚子ともいう），亜先端に1個，第2節に4個，第1節に1個の計6個（窩状感覚子 s. coeloconicum, pit organ ともいう）ある．いずれも3個の感覚細胞を持つ温度感覚子で，それらは暖度感覚細胞，寒度感覚細胞，湿度感覚細胞である（写真 5. 3a, b）．

（c）　錐状感覚子（sensilla basiconica, grooved peg）

3–5個の嗅覚細胞を持つ（写真 5. 4a）．

（d）　毛状感覚子（sensilla trichodea）

4種に分類され，1–2個の嗅覚細胞を持つ（写真 5. 4b）．

1. 長い（60 μm）先端先鋭な嗅覚子．触角先方へ多く分布し約160個，ヒトの匂い，とくに脂肪酸に興奮し，香油で抑制される．
2. 長い先端丸型の嗅覚子．触角根元に多く約385個，忌避剤ディート，612（2–エチル–1,3–ヘキサンジオル），とくに C_7–C_{10} 脂肪酸に興奮し，C_2–C_5 脂肪酸で抑制される．
3. 短い先端丸形の嗅覚子．動物臭（乳酸，炭酸ガス，呼気，湿度），産卵誘引物質（酢酸エチル，酪酸メチル，2–ブトキシエタノール），植物の匂い（ゲラニオール，酢酸アミル，2–ピネン），忌避剤（イ

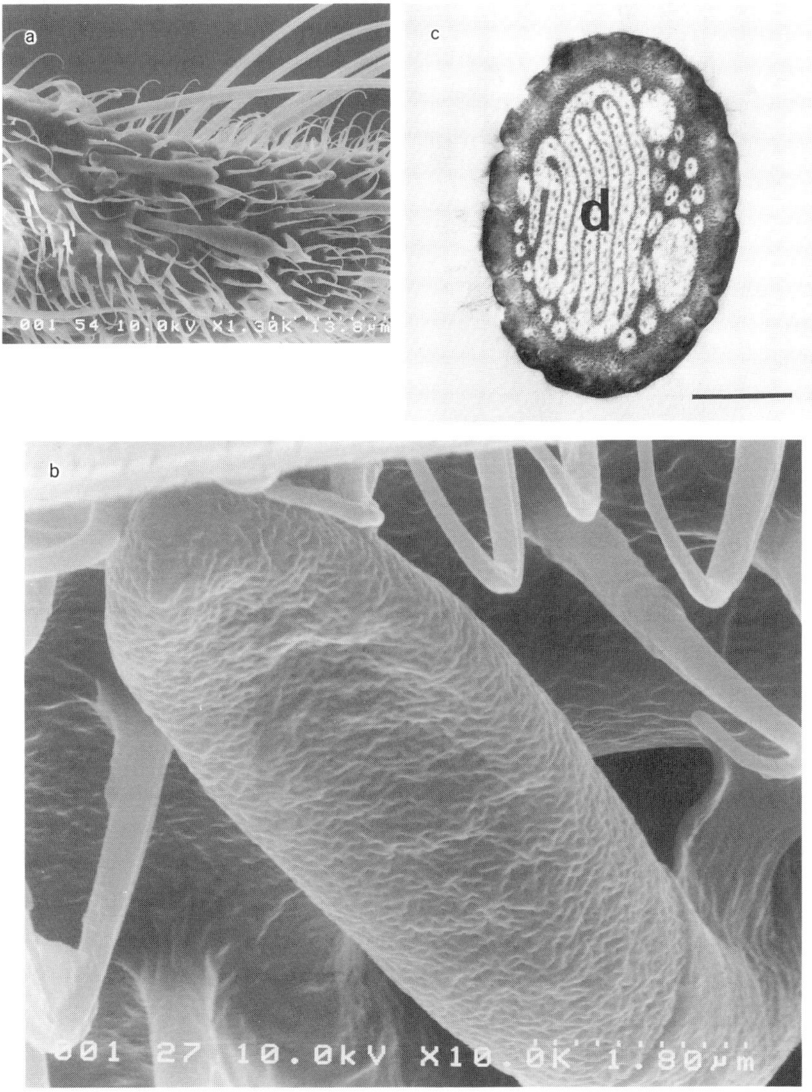

写真5.5　a：雌カの小顎第4節にある頭状炭酸ガス感覚子，b：表面の無数の孔から炭酸ガス分子が侵入する，c：タマネギバエのこん棒状感覚子の横断面で，カの炭酸ガス感覚子と相同．層状構造の軸索と毛壁の多孔が特徴（本田育郎氏の好意による）．

ンダロン）に興奮する．

4. 短い（15–20 μm）先端先鋭な嗅覚子．溝壁（grooved wall）で触角先端に多い．脂肪酸，湿度に興奮する．

（e） 湿度感覚子（外部形態的には c に類似する）

長さ 5 μm の先端丸形の錐状感覚子で約 85 個．相対湿度 2% まで感知できる．

（3） 炭酸ガス感覚子

a. 昆虫の炭酸ガス感覚子

炭酸ガスの温室効果による地球温暖化の問題と絡めて，炭酸ガスセンサーの開発は産業界における緊急の課題であり，昆虫の炭酸ガス感覚子は，開発に多くの示唆を与えると考えられる．そこで炭酸ガス感覚子の存在，感度と環境中の炭酸ガス濃度の関係を図 5. 13 に示す．

炭酸ガス感覚子は，吸血昆虫のほかに貯穀害虫，土壌昆虫，営巣昆虫，樹皮昆虫など，また鱗翅目でも発見されている．雌カでは小顎髭にあり，0. 01–4. 0% の広いダイナミックレンジを持ち，0. 01% の濃度変化を感知する．コメツキムシ *Ctenicera destructor* やニンジンバエ *Psila rosae* では，0. 002–0. 003%，ヒトリガ *Rhodogastria* spp. では下唇髭にあり，0. 03%（Bogner *et al.*, 1986）の変化を感知する．またサシバエ *Stomoxys calcitrans* では触角にあり，触角電図で 0. 023–2. 0% まで感知する（Warnes and Finlayson, 1986）．ハムシ *Diabrotica virgifera virgifera* では小顎髭と下唇髭上に，膜翅

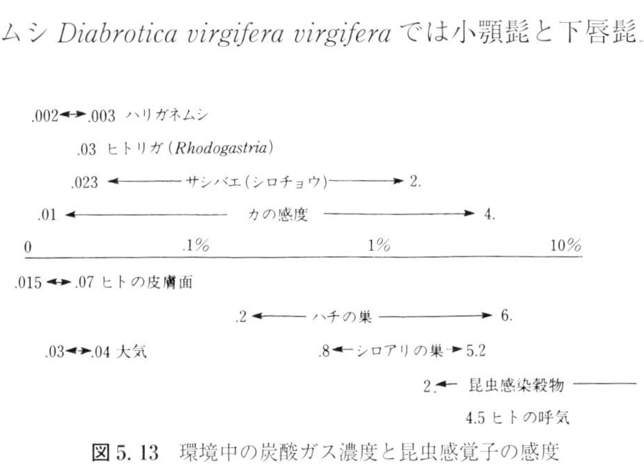

図 5. 13 環境中の炭酸ガス濃度と昆虫感覚子の感度

目では触角にある．

いっぽう，大気中の炭酸ガス濃度は産業革命以前は0.026–0.027%，以後増加して現在は0.035%である．また21世紀中ごろには，さらに0.06%へ増加すると予想されている．ミツバチの巣のなかでは0.2–6%，シロアリの巣では0.8–5.2%，害虫が発生している貯穀のなかでは2%，ヒトの呼気には4.5%，皮膚面では0.015–0.07%である．したがって，雌カはヒトの皮膚表面でも炭酸ガスを感知していることになる．

ネッタイシマカ雌の炭酸ガス感覚子に微細電極を挿入し，炭酸ガス濃度に対する活動電位反応を調べたところ（Kellog, 1970），図5.14に示すように，位相電位（phasic response）はガス濃度の対数に比例し，0.01%から0.05–0.5%の飽和濃度まで急激に増加した．緊張性（tonic response）の活動電位も同じように漸増した．

b. カの炭酸ガス感覚子

小顎髭の第4（2）節内側に20–98個（*An. stephensi* 98個，ネッタイシマカ20個，*Cx. p. pipiens* 78個，McIver and Siemicki, 1984）存在する，くぼみから立ち上がる薄壁の頭状構造（capitate peg）である（写真5.5a）．長さは*Cx. p. pipiens*で17 μm，ネッタイシマカで13 μmで，表面の無数の孔からガス分子が侵入する（写真5.5b）．孔の直径はそれぞれ150 Å，180 Åで，構造のなかには3個の感覚細胞があり，1個は樹状突起先端が多数分岐

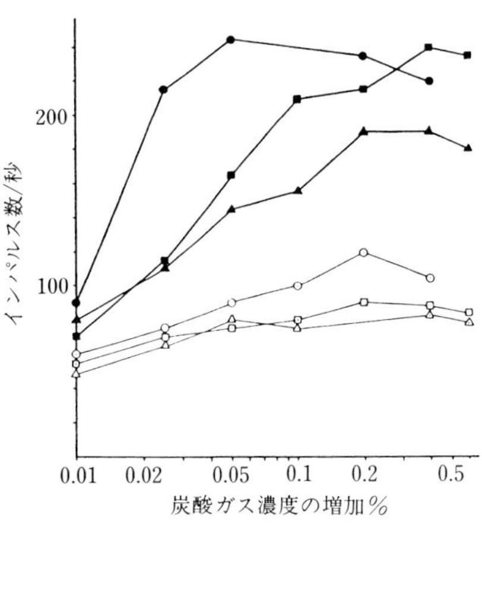

図5.14　ネッタイシマカ雌の炭酸ガス感覚子の応答（Kellog, 1970）

0.04%炭酸ガス濃度の空気中で濃度を急増させたとき．黒印は位相電位，白印は緊張電位．○，□，△はそれぞれ実験個体が異なることを示す．

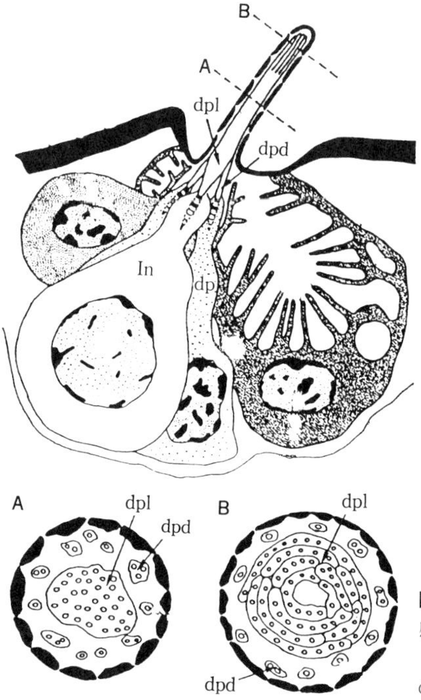

図 5.15　ネッタイシマカの小顎髭上の炭酸ガス感覚子（McIver, 1972）
In：薄色の細胞，dpl：薄色細胞の樹状突起，dp：暗色の細胞，dpd：暗色細胞の樹状突起．

し層状（lamellated）に広がっている（McIver, 1972）（図 5.15）．これが炭酸ガス感覚子である．ほかの 2 個は樹状突起が指状（digitoform）に分岐し，炭酸ガス感覚子を取り囲んでいる．これはアセトン，*n*-ヘプタン，酢酸アミルなどを感知する嗅覚細胞である（McIver, 1972）．写真 5.5c はタマネギバエのこん棒感覚子で，カと同じような層状構造の神経軸索を持っているのがわかる．

しかし，炭酸ガス分子が神経膜表面でとらえられ，分子エネルギーが神経電気エネルギーに転換される機構はまったく不明である．高濃度ガスの神経麻痺機構と関連して想像すると，神経膜表面の燐脂質の並び方を変化させ，タンパク質膜の変形を起こすのかもしれない．あるいは感覚子液に溶けた炭酸イオンは，間接的に膜の透過性を変えるのかもしれない．この生理機構の解明は炭酸ガスセンサーへの応用上必須で，将来の研究が望まれる．

(4) 寒度感覚細胞と暖度感覚細胞

多くの昆虫は寒度感覚細胞を持っているが，暖度感覚細胞と寒度感覚細胞の1対を持っているのは，カと鞘翅目の一種 *Speophyes lucidulus* を除いて発見されていない（表5.11）．また寒度，暖度感覚細胞は乾度，湿度感覚細胞と共存している．植物体温度は環境温度と一致しているので，食植性昆虫は植物探索に温度刺激を利用することはない．ところが環境温度の急激な低下は，食植性昆虫の生存にも重要で，寒度感覚細胞は必要である．反対に，カのような吸血昆虫では，動く恒温動物の熱源の動きとして追跡する必要がある．1対の寒度と暖度感覚細胞を持つことによって，リアルタイムにより精密な温度感知が可能になる．

Davis and Sokolove（1975）はネッタイシマカの触角先端の頭状感覚細胞に微細電極を挿入し，温度変化を与え神経の活動電位を記録した．その結果，図5.16に示すように，昇温によって位相–緊張的に活動電位を増加する1個の暖度感覚細胞と，反対に降温によって活動電位を増加する1個の寒度感覚細胞を発見した．また位相電位の最高感度は，+0.2℃ の暖度変化を感知し，

表5.11 昆虫の湿度・温度感覚細胞（Steinbrecht, 1984 から抜粋）

種	感覚細胞[a]	感覚子	感覚子型[b]	軸索数
直翅目				
ワモンゴキブリ	CMD_x	頭状	無孔	3+1[c]
トノサマバッタ	CMD	窩状	無孔	2+1[c]
ナナフシ（*Carausius morosus*）	$CMD(_x)$	窩状	無孔	2+1(L)[d] (+1)[e]
半翅目				
サシガメ（*Triatoma infestans*）	CMD	窩状		
トコジラミ		円錐	無孔	2+1(L)[d]
鞘翅目				
洞窟生甲虫（*Speopyes lucidulus*）	CWD	黒色毛状	無孔	2+1(L)[d]
鱗翅目				
ヨトウガ	CMD	刺状	無孔	2+1(L)[d]
双翅目				
ネッタイシマカ	CW_x	窩状	無孔	2+1(L)[d]
膜翅目				
ミツバチ	CMD	窩状	無孔	3+1(L)[e]

a）C：寒度感覚細胞，M：湿度感覚細胞，D：乾度感覚細胞，x：不明，W：暖度感覚細胞．b）化学感覚子では単孔（味覚）あるいは多孔（嗅覚）．c）第3または第4感覚細胞は感覚子基底で終っている．d）層状の軸索（L）が感覚子基底で終っている．e）第3, 4感覚子は常在しない．

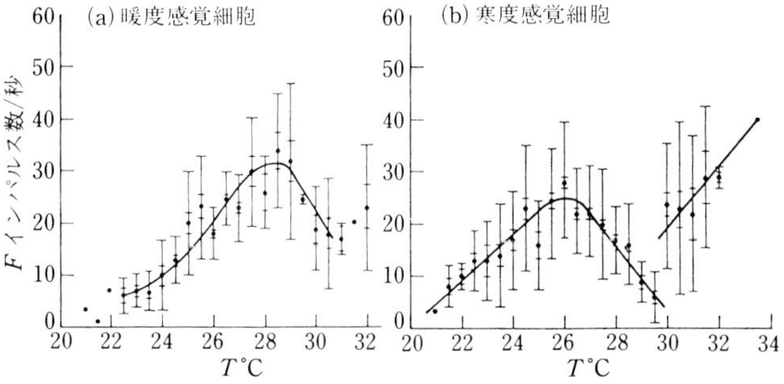

図 5. 16　ネッタイシマカ触角先端の頭状感覚子のなかの暖度・寒度感覚細胞の緊張性活動電位（Davis and Sokolove, 1975）

暖度感覚細胞は 130 pulse/(s, ℃)，寒度感覚細胞は 136 pulse/(s, ℃）の活動電位を示した．また暖度感覚細胞は 28. 5℃ で 35 pulse/s，寒度感覚細胞は 26℃ で 30 pulse/s の最高緊張電位を示した．ある気温では，暖度感覚細胞と寒度感覚細胞の緊張電位が，ほぼ同数の pulse を送り，測定温度の区別ができないおそれがある．これは両感覚細胞からの信号の対比，神経ネットワークによる情報処理により解決されているであろう．また温度変化は図 5. 17 に示すように，両感覚細胞の位相活動電位の違いで区別できる．雌の吸血可能な温度範囲は 15–38℃，最適範囲は 26–32℃ である．いっぽう，ヒトの体表温度は 32–34℃ で，対流熱が常温まで下がる距離は約 40 cm とされている．しかし Bowen（1991）によると，温度感覚細胞は 0. 05℃ まで応答し，この感度では 2–3 kg 体重のウサギから 2 m 以上離れた地点でも感知可能としている．

これらの温度感覚細胞は，赤外線自体，炭酸ガス，湿度，匂いなどの刺激には応答しない．著者の経験では，雌は光ファイバーを通した 2. 5–25 μm の赤外線には無関心であるが，赤外光源には著しく誘引される．これは光源からの暖気の対流に反応しているからで，熱幅射（放射）には反応しない．Khan *et al.*（1968）も，この現象を次の実験で確証している．すなわち，27℃ とヒトの手掌温度と同じ 34℃ の気温で，ネッタイシマカの吸血行動を比較し，手掌への着止率はそれぞれ 2. 4/min, 0/min，咬試率は 11. 8/min, 0/min，飛翔率は 6. 8/min, 1. 9/min で，熱対流の起こりやすい 27℃ の気温で

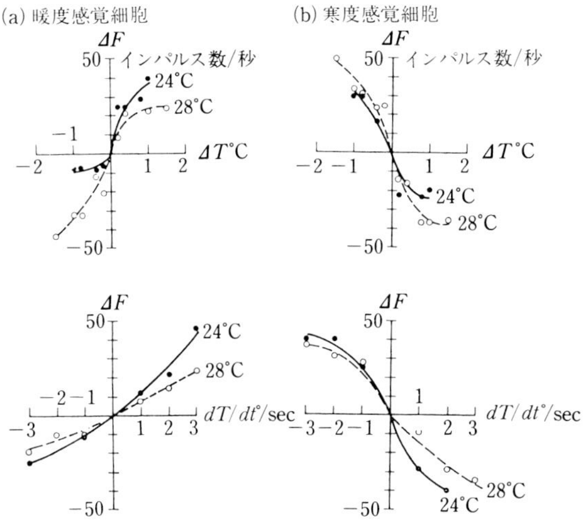

図 5.17 ネッタイシマカ触角先端の暖度感覚細胞の位相性
(Davis and Sokolove, 1975)
ΔF は活動電位の変化を示す.

は，カはよく吸血反応を示した．とくに自然界では，動物体からの暖気流が匂いもいっしょに運ぶであろう．

(5) 乾度感覚細胞と湿度感覚細胞

湿度とくに汗がカの誘引性に関与することはよく知られている．Maibach *et al.* (1966) は不汗症の2人を選び出し，ネッタイシマカの吸血実験を行った．6匹の雌カを5×5×1.5 cm の透明プラスチック箱に入れ，前腕部にあて，50% のカの咬試開始時間 (PT_{50}) を調べた．その結果，不汗症者は 123–125 分，対照者では 32 分であった．ところが前腕部を水でしめらせると，29–56 分に短縮された．また5匹入れた吸血実験では，10 分間に不汗症者には平均1匹が吸血し，対照者では3匹吸血した．このように湿度も重要な誘引刺激となっている．

カの湿度感覚細胞の微細構造を透過型電子顕微鏡で研究した形跡はない．しかし，炭酸ガス感覚細胞のような層状樹状突起を持つ，厚壁無孔感覚子が湿度感覚子と考えられている．表 5.11 に示したように，ほかの昆虫では寒

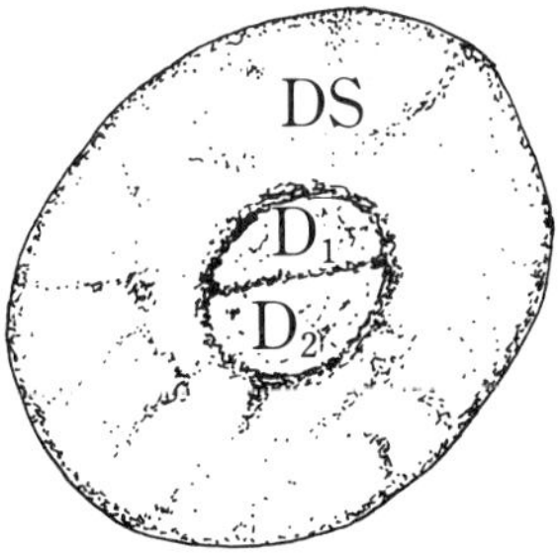

図5.18　ナナフシ（*Carausius morosus*）の触角上の錐状乾度，温度感覚子の横断面
D_1, D_2 は軸索，DS は軸索鞘．

度感覚細胞（Steinbrecht, 1984）とともに乾度感覚細胞，湿度感覚細胞が3本1組セットとして窩状感覚子（sensilla coeloconicum），あるいは頭状感覚子（sensilla capitulum）のなかに存在する．図5.18にナナフシ *Carausius morosus* の例を示すように，無孔で感覚細胞は3個ある．2個の樹状突起は樹状突起鞘に固く閉ざされ，感覚細胞腔いっぱいに広がっている．この感覚子の場合，寒度感覚細胞と考えられる3個目の層状樹状突起は，感覚細胞の根元で終わっている．

（6） 匂い感覚子

雌カが宿主に誘引されるとき，もっとも大切な刺激の1つは匂いである．したがって，吸血誘引物質の化学分析と匂い感覚子の微細構造，電気生理学的研究は古くから行われてきた．最近，吸血誘引物質である乳酸の分離と乳酸特異細胞の発見により，この学問領域は大きく進歩してきた．

まずDavis and Sokolove（1976）は微細電極を，ネッタイシマカ雌の触角上の感覚子に挿入し，いろいろな匂い刺激物質を試験した結果，溝壁錐状感覚子（grooved peg, p. 168の感覚子c）が乳酸に特異的に応答することをみつけた．その感覚子のなかには乳酸興奮性細胞（80個/供試136個），抑制細胞（50/136），非反応性細胞（6/136）があり，また3種の細胞とも水，アンモニア以外の吸血忌避物質，産卵誘引物質，植物の匂い，呼気，炭酸ガスなどほかの範ちゅうに属する化合物には無応答であった．

興奮性細胞は図5.19に示すように位相性活動電位（phasic response，刺激に対する応答初期での，たとえば数十msecの平均スパイク数），緊張性

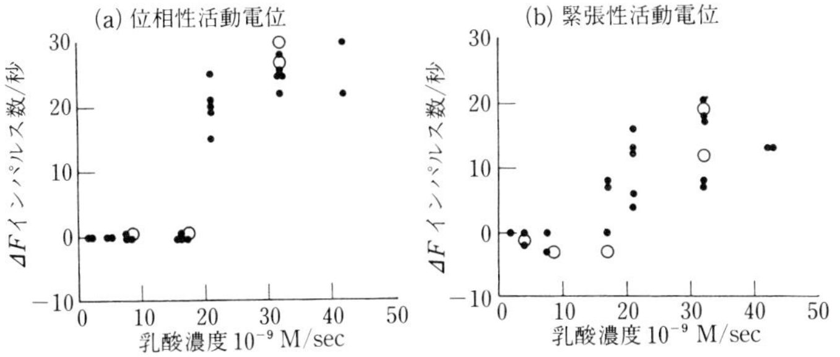

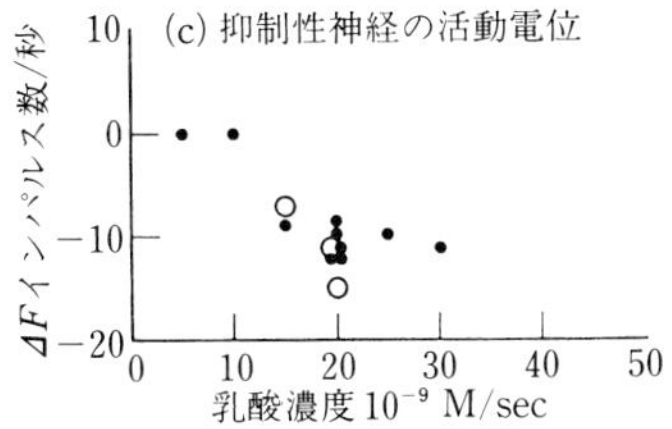

図 5.19　ネッタイシマカ雌の乳酸興奮性細胞の応答 (Davis and Sokolove, 1976)
白丸は（5% CO_2＋乳酸），黒丸は乳酸のみを示す．

活動電位（tonic response，位相活動電位後の平均スパイク数）ともに刺激濃度に比例して応答し，いっぽうに，抑制細胞は緊張性活動電位だけが抑制的に応答した．しかしこれらの感覚細胞は，誘引性の高い S(＋)–乳酸，低い R(−)–乳酸に対しても同じ程度の刺激性を示した．また，炭酸ガスは行動的に S(＋)–乳酸と強い協力作用を示すが，乳酸感覚細胞は炭酸ガスには応答せず，混合物にも応答に変化はない．したがって，この場合はそれぞれ異なる感覚子（炭酸ガス感覚子と乳酸感覚子）からの信号の脳レベルでの協力作用と考えられる．さらに興味深いことは，乳酸脱水素酵素抑制剤であるフロロ乳酸と混合して作用させると，興奮性感覚細胞と抑制性感覚細胞の応答をそれぞれ強化する．このことは乳酸分子自体の神経膜面への物理的な作用に由来し，乳酸脱水素酵素の抑制は乳酸の分解を遅らせ，匂い作用を長びかせている結果と考えられる．

Davis *et al.*（1987）は，さらにヒトの体表から発散する乳酸濃度と乳酸細胞の感度を比較している．図 5.20 に示すように吸血意欲（吸血モード）の高いカでは，乳酸興奮性細胞の活動電位のプラス F（刺激に対する応答スパイク数 f と無刺激時の任意スパイク数 f' の差）と抑制細胞電位 F' の差 ΔF 値がプラスで雌は誘引される．逆に吸血意欲のない雌では，ΔF 値はマイナ

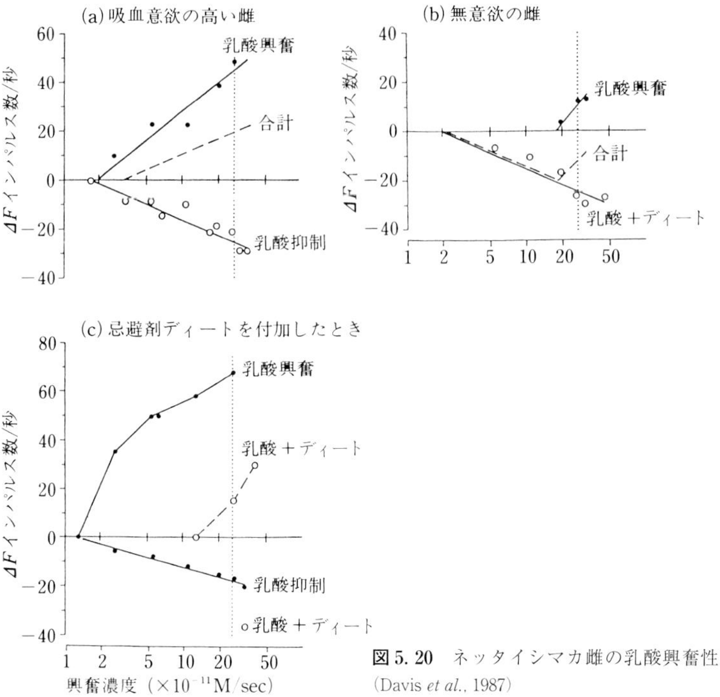

図 5. 20　ネッタイシマカ雌の乳酸興奮性細胞の応答
（Davis *et al.*, 1987）

スで誘引されない．ところが，乳酸興奮性細胞と抑制細胞の数比は2：1で，吸血モードの雌では，ΔFの値はより大きくなる．反対に非吸血モードの雌では，興奮性細胞は完全に減感されているので，抑制細胞だけが働く．さらに忌避剤ディートを混合して試験したところ，興奮性細胞は抑制されたが，抑制細胞は不変であった．このように乳酸細胞は，カの吸血活動を末梢感覚レベルで制御していることがわかった．しかし，脳レベルでの制御がないとはいえない．

雌は羽化後2–3日目で吸血意欲が高まるが，それ以前は意欲はない．そこで，Davis（1984）は日齢と乳酸細胞の応答感度を調べた．図5.21に示すように，2–3日以前では乳酸細胞は応答しない．しかし，吸血行動の高まりとともに細胞の感度は上昇した．ところが，雌は吸血すると30時間後から吸血行動を示さなくなる．卵黄形成期の脂肪体から分泌される未知因子が，吸血意欲を失わせているのである．その脂肪体を吸血意欲の高い雌に移植し

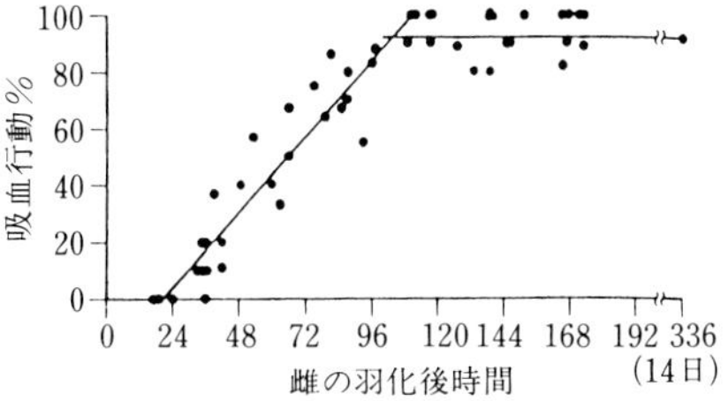

図 5.21 ネッタイシマカ雌の加齢と吸血行動の変化 (Davis, 1984)

て，吸血意欲を失わせることもできる．このとき雌の乳酸興奮性細胞はどのように反応するであろうか．Bowen and Davis (1989) によると，その細胞の感度 1/10 に減少し，ヒトの乳酸発散量以上の量でしか興奮しなくなっていた．いっぽう，雌の生理，性行動の成熟，吸血までの卵巣発育は幼若ホルモンによって制御されている．そこでホルモン生成器官であるアラタ体を除去し，乳酸興奮性細胞に対する影響を調べると，加齢とともに細胞の感度は上昇した．また若齢のアラタ体除去雌に幼若ホルモン (合成幼若ホルモンであるメソプレン) を注射しても，細胞の感度は上昇しなかった．すなわち幼若ホルモンとは無関係であった．

幼虫，さなぎ期に短日低温で成育した雌は，交尾後 (雄は越冬しない)，生殖休眠に入り吸血しない．このような雌では末梢感覚神経系は未発達である．また雌は吸血行動に日周期を示すが，乳酸感覚細胞は 24 時間同じ程度の感受性を保っている．このことは吸血行動が脳レベルで制御されていることを示している好例である．結論として，感覚器は特異刺激の転換器，増幅器であるばかりでなく，外界刺激のインプットの調整器でもある．しかし，その調節機構はホルモンによる (Bowen, 1991)．

Davis (1988) は，14 種の乳酸類縁化合物に対するネッタイシマカの乳酸興奮性細胞の応答を調べている．その結果，2-ヒドロキシとカルボキシル基を持った炭素数 3 の化合物，すなわち乳酸が感覚細胞をもっともよく刺激した．乳酸には，10^{-11} M/sec の濃度で応答し，これに近い化合物チオ乳酸，2-ブロモプロピオン酸，2-クロロプロピオン酸では 10^{-10} M/sec，さらに主鎖の炭素数を 2 個または 4 個に変えれば，刺激性は 10^{-8}–10^{-7} M/sec へ減少した (第 5 章 2 節と対比参照)．

ヒトの手掌から発散する乳酸量は 9.2–24.8×10^{-11} M/sec で，いっぽう，

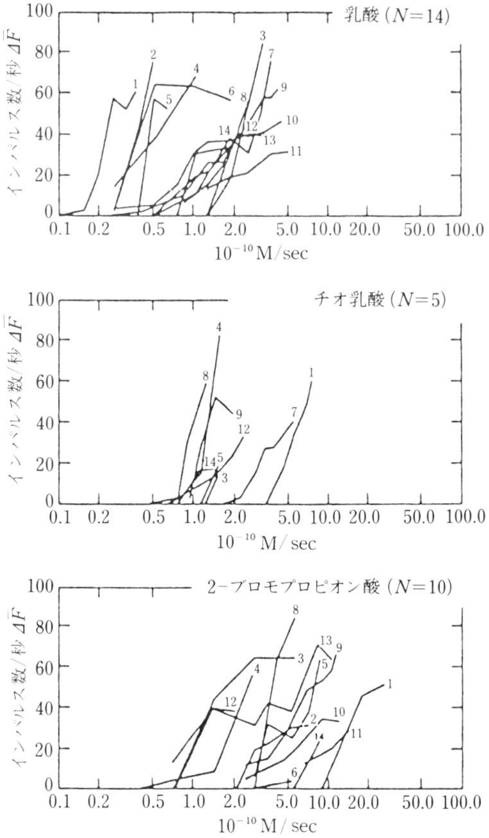

図 5. 22　ネッタイシマカ雌の各乳酸興奮性細胞の応答変異（Davis, 1988）

吸血意欲の高い雌の乳酸興奮性細胞の閾値は 2×10^{-11} M/sec 以上で発散量より低い．反対に，意欲の低い雌の興奮性細胞の閾値は 1×10^{-10} M/sec 以上で発散量の上にある．また1個の興奮性細胞の応答範囲はせまく，せいぜい10倍濃度の範囲にある．そこで図 5. 22 のように，異なる濃度領域に応答する多数の細胞群でダイナミックレンジを広げ，自然界で遭遇する広い範囲の濃度に対処していると考えられる．

引用文献

Acree, F. Jr., R. B. Turner, H. H. Grouk, M. Beroza and N. Smith (1968) L - Lactic acid : a mosquito attractant isolated from humans. *Science*, **161** : 1346–1347.

Beier, J. C., W. O. Odago, F. K. Onyango, C. M. Asiago, D. K. Koech and C. R. Roberts (1990) Relative abundance and blood feeding behavior of nocturnally active culicine mosquitoes in western Kenya. *J. Am. Mosq. Cont. Assoc.*, **6** : 207–212.

Bogner, F., M. Boppre, K. D. Ernst and J. Boeckh (1986) CO_2 sensitive receptors on labial palps of *Rhodogastria* moths (Lepidoptera : Arctidae) : physiology, fine structure and central projection. *J. Comp. Physiol.*, **A 158** : 741–749.

Bos, H. J. and J. J. Laarman (1975) Guinea pig, lysine, cadaverine and estradiol as attractants for the malaria mosquito *Anopheles stephensi* (Diptera : Culicidae). *Ent. exp. appl.*, **18** : 161–172.

Bowen, M. F. and E. E. Davis (1989) The effects of allatectomy and juvenile hormone replacement on the development of host-seeking behaviour and lactic acid receptor sensitivity in the mosquito *Aedes aegypti*. *Med. Vet. Entomol.*, **3** : 53–60.

Bowen, M. F. (1991) The sensory physiology of host-seeking behavior in mosquitoes. *Ann. Rev. Entomol.*, **36** : 139–158.

Braverman, Y., U. Kitron and R. Killick-Kendrick (1991) Attractiveness of vertebrate hosts to *Culex pipiens* (Diptera : Culicidae) and other mosquitoes in Israel. *J. Med. Entmol.*, **28** : 133–138.

Briegel, H. (1985) Mosquito reproduction : incomplete utilization of the blood meal protein for oogenesis. *J. Insect Physiol.*, **31** : 15–21.

Brown, A. W. A. and A. G. Carmichael (1961) Lysine as a mosquito attractant. *Nature*, **189** : 508–509.

Burgess, L. (1959) Proving behavior of *Aedes aegypti* (L.) in response to heat and moisture. *Nature*, **184** : 1968–1969.

Buxton, P. A. (1947) *The Louse*. Edward Arnold, London, 250.

Carlson, D. A., N. Smith, H. K. Gouch and D. R. Godwin (1973) Yellow fever mosquitoes : compounds related to lactic acid that attract females. *J. Econ. Entomol.*, **66** : 329–331.

Carnevale, P., J. L. Frezil, M. F. Bosseno, F. Le Pont and E. Lancien (1978) Etude de l'agressivite d'*Anpheles gambiae* A en function de l'age et du sexe des sujets humains. *Bull. Wld Hlth Org.*, **56** : 147–154.

Chadwick, P. R. (1985) Mosquito coils protect against bites. *Parasitology Today*, **1** : 90–91.

Chang, Y. H. and C. L. Judson (1977) The role of isoleucine in differential egg production by the mosquito *Aedes aegypti* L. (Diptera : Culicidae) following feeding on human or guinea big blood. *Comp. Biochem. Physiol.*, **57 A** : 23–28.

Chapman, R. F. (1982) *The Insects, Structure and Function*. Hodder and Stoughton, London, 919.

Clements, A. N. (1963) *The Physiology of Mosquitoes*. Pergamon Press, London, 393.

Coulson, R. M. R., C. F. Curtis, P. D. Ready, N. Hill and D. F. Smith (1990) Amplification and analysis of human DNA present in mosquito blood meals. *Med. Vet. Entomol.*, **4** : 357–366.

Curtis, C. F. and N. Hill (1988) Comparison of methods of repelling mosquitoes. *Ent. exp. appl.*, **49** : 175–179.

Curtis, C. F., J. D. Lines, L. Baolin and A. Renz (1991) Natural and synthetic repellents. In : *Control of Disease Vectors in the Community*. C. F. Curtis ed., Wolfe, London, 75–92.

Davis, E. E. and P. G. Sokolove (1975) Temperature responses of antennal receptors of the mosquito, *Aedes aegypti*. *J. Comp. Physiol.*, **96** : 223–236.

Davis, E. E. and P. G. Sokolove (1976) Lactic acid-sensitive receptors on the antennae of the mosquito, *Aedes aegypti*. *J. Comp. Physiol.*, **105** : 45–54.

Davis, E. E. (1984) Development of lactic acid-receptor sensitivity and host-seeking behaviour in newly emerged female *Aedes aegypti* mosquitoes. *J. Insect Physiol.*, **30** : 211–215.

Davis, E. E. (1985) Insect repellents : concepts of their mode of action relative to potential sensory mechanisms in mosquitoes (Dip. : Culicidae). *J. Med. Entomol.*, **22** : 237–243.

Davis, E. E., D. A. Haggart and W. F. Bowen (1987) Receptors mediating host-seeking behaviour in mosquitoes and their regulation by endogenous hormones. *Insect Sci. Applic.*, **8** : 636–641.

Davis, E. E. (1988) Structure-response relationship of the lactic acid-excited neurons in the antennal grooved sensilla of the mosquito *Aedes aegypti*. *J. Insect Physiol.*, **34** : 443–449.

Daykin, P. N. (1967) Orientation of *Aedes aegypti* in vertical air currents. *Can. Entomol.*, **99** : 303–308.

Edman, J. D. (1989) Are mosquitoes gourment or gourmand? *J. Am. Mosq. Cont. Assoc.*, **5** : 487–497.

Ellin, R. I., R. L. Farrand, F. W. Oberst, C. L. Crouse, N. B. Billups, W. S. Koon, N. P. Musselman and F. R. Sidell (1974) An apparatus for the detection and quantitation of volatile human effluents. *J. Chromato. Sci.*, **100** : 137–152.

Facer, C. A. and J. Brown (1979) ABO blood groups and falciparum malaria. *Trans. R. Soc. Trop. Med. Hyg.*, **73** : 599–600.

Gerlter, S. I., H. K. Gouck and I. H. Gilbert (1962) *N*-alkyl toluamides in cloth as repellents for mosquitoes, ticks and chiggers. *J. Econ. Entomol.*, **55** : 451–452.

Gilbert, I. H., H. K. Gouck and H. Smith (1966) Attractivenes of men and women to *A. aegypti* and relative protective time obtained with deet. *Florida Entomol.*, **49** : 53–66.

Gillies, M. T. (1964) Selection for host preference in *Anopheles gambiae* Gilles. *WHO/Mal*/455.

Gillies, M. T. and T. J. Wilkes (1974) The range of attraction of birds as baits for some West African mosquitoes (Diptera : Culicidae). *Bull. Entomol. Res.*, **63** : 573–581.

Gillies, M. T. (1980) The role of carbon dioxide in host-finding by mosquitoes (Diptera : Culicidae) : a review. *Bull. Entomol. Res.*, **70** : 525–532.

Greenberg, J. (1951) Some nutritional requirements of adult mosquitoes (*Aedes aegypti*) for oviposition. *J. Nutr.*, **43** : 27–35.

Gubler, D. J. (1970) Comparison of reproductive potentials of *Aedes* (*Stegomyia*) *albopictus* Skuse and *Aedes* (*Stegomyia*) *polynesiensis* Marks. *Mosq. News*, **30** : 201–209.

Gupta, M. and A. N. R. Chowdhuri (1980) Relationship between ABO blood groups and malaria. *Bull. Wld Hlth Org.*, **58** : 913–915.

Gupta, R. K. and L. C. Rutledge (1989) Laboratory evaluation of controlled-release repellent formulations on human volunteers under three climatic regimens. *J. Am. Mosq. Cont. Assoc.*, **5** : 52–55.

Gupta, R. K., L. C. Rutledge, W. G. Reifenrath, G. A. Gutierrez and D. W. Korte, Jr. (1990) Resistance of permethrin to weathering in fabrics treated for protection against mosquitoes (Diptera : Culicidae). *J. Med. Entomol.*, **27** : 494–500.

Halcrow, J. G. (1956) Ecology of *Anopheles gambiae* Giles. *Nature*, **5420** : 1103–1105.

Hall, D. R., P. S. Beevor, A. Cork, B. F. Nesbitt and G. A. Vale (1984) 1-Octen-3-ol. A potent olfactory stimulant and attractant for tsetse isolated from cattle odours. *Insect Sci. Applic.*, **5** : 335–339.

Hess, A. D., R. O. Hayes and C. H. Tempelis (1968) The use of forage ratio technique in mosquito host preference studies. *Mosq. News*, **28** : 386–389.

Ikeshoji, T., T. Umino and T. Suzuki (1963) On attractiveness of some amino acids and their decomposed products for mosquitoes, *Culex pipiens pallens*. *Jpn. J. Sanit. Zool.*, **14** : 152–156.

Ikeshoji, T. (1965) Fecundity of *Culex pipiens fatigans* Wied. fed on various amounts of blood and on different hosts. *WHO/VC*/133. 65.

Ikeshoji, T. (1967) Enhancement of the attractiveness of mice as mosquito bait by injection of methionine and its metabolites. *Jpn. J. Sanit. Zool.*, **18** : 101–107.

池庄司敏明・日下部良康（1992）カの吸血誘引物質の選抜試験–2．日本衛生動物学会大会発表，横浜．

Ingram, G. A. and D. H. Molyneux (1990) Lectins (haemagglutinins) in the haemolymph of *Glossina fuscipes fuscipes* : isolation, partial characterization, selected physic-chemical properties and carbohydrate-binding specifities. *Insect Biochem.*, **20** : 13–27.

Ishii, T. (1975) On *Culex pipiens molestus* in Japan : a short historical review of its research. *Jpn. Soc. System. Zool. Circular*, **48** : 1–13 (in Japanese).

Jaenson, T. G. T. (1985) Attraction of mammals of male mosquitoes with special reference to *Aedes diantaeus* in Sweden. *J. Am. Mosq. Cont. Assoc.*, **1** : 195–198.

Jha, S. N. (1987) ABO blood group preference of *Anopheles maculatus* and the retention time of the immunoglobulin (Ig) fraction of the blood meal in the mosquito gut. MS thesis submitted to Inst. Med. Res. of Malaysia, 50.

Johnson, H. L., W. A. Skinner, H. I. Maibach and T. R. Pearson (1967) Repellent activity and physical properties of ring-substituted *N,N*-diethylbenzamides. *J. Econ. Entomol.*, **60**：173–176.

Johnson, H. L., J. DeGraw, J. Engstrom, W. A. Skinner, D. Skidmore and H. I. Maibach（1972）Topical mosquito repellents. VII. Alkyl triethylene glycol monoethers.（Anonymous Publication）.

Kelkar, V. V., A. P. Pandya and N. R. C. Metha（1979）Biting activity by *Aedes aegypti* mosquitoes in guinca pigs：an experimental model for screening the effect of some systematically administered compounds. *Trop. Geogr. Med.*, **31**：415–419.

Kellog, F. E.（1970）Water vapour and carbon dioxide receptors in *Aedes aegypti. J. Insect Physiol.*, **16**：99–108.

Kenawy, M. A., J. C. Beier, C. M. Asiago and S. El Said（1990）Factors affecting the human-feeding behavior of *Anopheline* mosquitoes in Egyptian oases. *J. Am. Mosq. Cont. Assoc.*, **6**：446–451.

Khan, A. A., H. I. Maibach and W. G. Strauss（1968）The role of convection currents in mosquito attraction to human skin. *Mosq. News*, **28**：462–464.

Khan, A. A., H. I. Maibach, W. G. Strauss and J. L. Fisher（1969）Increased attractiveness of man to mosquitoes with induced eccrine sweating. *Nature*, **223**：859–860.

Khan, A. A., H. I. Maibach, W. G. Strauss and J. L. Fisher（1970）Differential attraction of the yellow fever mosquito to vertebrate hosts. *Mosq. News*, **30**：43–47.

Khan, A. A. and H. I. Maibach（1971）A study of the proving response of *Aedes aegypti*. 2. Effect of desiccation and blood feeding on probing to skin and an artificial target. *J. Econ. Entomol.*, **64**：439–442.

Khan, A. A., H. I. Maibach and D. L. Skidmore（1975）Addition of vanillin to mosquito repellents to increase protection time. *Mosq. News*, **35**：223–225.

Khan, A. A. and H. I. Maibach（1996）Quantitation of effect of several stimuli on landing and probing by *Aedes aegypti. J. Econ. Entomol.*, **59**：902–905.

King, W. V.（1954）Chemicals evaluated as insecticides and repellents at Orlando, Fld. *USDA Agric. Handbook*, **69**：397.

Kline, D. L., W. Takker, J. R. Wood and D. A. Carlson（1990a）Field studies on the potential of butanone, carbon dioxide, honey extract, 1-octen-3-ol, *l*-lactic acid and phenols as attractant for mosquitoes. *Med. Vet. Entomol.*, **4**：383–391.

Kline, D. L., J. R. Wood and C. D. Morris（1990b）Evaluation of 1-octen-3-ol as an attractant for *Coquillettidia perturbans, Mansonia* spp. and *Culex* spp. associated with phosphates mining operations. *J. Am. Mosq. Cont. Assoc.*, **6**：605–611.

Kline, D. L., J. R. Wood and J. A. Cornell（1991a）Interactive effects of 1-octen-3-ol and carbon dioxide on mosquito surveillance and control. *J. Med. Entomol.*, **28**：254–258.

Kline, D. L., D. A. Dame and M. V. Meisch（1991b）Evaluation of 1-octen-ol and carbon dioxide as attractants for mosquitoes associated with irrigated rice fields in Arkansas. *J. Am. Mosq. Cont. Assoc.*, **7**：165–169.

Krotoszynski, B., G. Gabriel and H. O'Neill（1977）Characterization of human expired air：a promising investigative and diagnostic technique. *J. Chromato. Sci.*, **15**：239–

244.

Kusakabe, Y. and T. Ikeshoji (1990) Comparative attractancy of physical and chemical stimuli to aedine mosquitoes. *Jpn. J. Sanit. Zool.*, **41** : 219–225.

Labows, J., G. Preti, E. Hoelzle, J. Leyden and A. Kligman (1979) Analysis of human axillary volatiles : compounds of exogenous origin. *J. Chromat. Sci.*, **163** : 294–299.

Labows, J., K. J. McGinley and A. M. Kligman (1982) Perspectives on axillary odor. *J. Soc. Cosmet. Chem.*, **33** : 193–202.

Lea, A. O., J. B. Dimond and D. M. DeLong (1956) Some nutritional factors in egg production by *Aedes aegypti*. *Proc. 10th Int. Cong. Entomol.*, **3** : 793–796.

Lehane, M. J. (1991) *Biology of Blood-sucking Insects*. Haper Collins Academic Press, NY., 288.

Lillie, T. H., C. E. Schreck and A. J. Rahe (1988) Effectiveness of personal protection against mosquitoes in Alaska. *J. Med. Entomol.*, **25** : 475–478.

Maibach, H. I., A. A. Khan, W. G. Strauss and T. R. Pearson (1966) Attraction of anhydriotic subjects to mosquitoes. *Arch. Derm.*, **94** : 215–217.

Mani, T. R., R. Reuben and J. Akiyama (1991) Field efficacy of "Mosbar" mosquito repellent soap against vectors of Bancroftian filariasis and Japanese encephalitis in southern India. *J. Am. Mosq. Cont. Assoc.*, **7** : 565–568.

Matsunaga, T. (1991) Repellency of pyrethroids. *Sumitomo Pyrethroid World*, **16** : 2–5.

McGovern, T. P., H. K. Gouck, M. Beroza and J. C. Ingangi (1970) Esters of α-hydroxy-β-phenyl aliphatic acids that attract female yellow fever mosquitoes. *J. Econ. Entomol.*, **63** : 2002–2004.

McIver, S. B. (1972) Fine structure of pegs on the palps of female culicine mosquitoes. *Can. J. Zool.*, **50** : 571–576.

McIver, S. B. and R. Siemicki (1984) Fine structure of pegs on the maxillary palps of adult *Toxorhynchites brevipalpis* Theobald (Diptera : Culicidae). *Int. J. Insect Morphol. Embryol.*, **13** : 1–20.

McIver, S. B. (1987) Sensillae of haematophagous insects sensitive to vertebrate hostassociated stimuli. *Insect Sci. Applic.*, **8** : 627–635.

McIver, S. B. and P. E. McElligott (1989) Effects of release rates on the range of attraction of carbon dioxide to some southwestern Ontario mosquito species. *J. Am. Mosq. Cont. Assoc.*, **5** : 6–9.

Miyagi, T. (1972) Feeding habits of some Japanese mosquitoes on cold-blooded animals in the laboratory. *Tropical Medicine*, **14** : 203–217.

Mogi, M. and T. Sota (1991) Towards integrated control of mosquitoes and mosquito-borne diseases in ricelands. In : *Advances in Diseases Vector Research*, Vol. 8. K. F. Harris ed., Springer-Verlag, NY., 47–75.

Moody, R. P., F. M. Benoit, D. Riedel and L. Ritter (1989) Dermal absorption of the insect repellent deet (*N,N*-diethyl-*m*-toluamide) in rats and monkeys : effect of anatomical site and multiple exposure. *J. Toxic. Environ. Hlth*, **26** : 137–147.

Müller, W. (1968) Die Distanz und Kontaktorierung der Steckmucken (*Aedes aegypti*)

(Wirtsfindung, Steckverhalten und Blutmahlziet). *Z. Vergl. Physiol.*, **58**：241–303.
Price, G. D., N. Smith and D. A. Carlson (1979) The attraction of female mosquitoes (*Anopheles quadrimaculatus* Say) to stored human emanations in conjunction with adjusted levels of relative humidity, temperature and carbon dioxide. *J. Chem. Ecol.*, **5**：383–395.
Rao, K. M., S. Prakash, S. Kumar, M. V. S. Suryanarayana, M. M. Bhagwat, M. M. Gharia and R. B. Bhavsar (1991) *N,N*-diethylphenylacetamide in treated fabrics as a repellent against *Aedes aegypti* and *Culex quinquefasciatus* (Diptera：Culicidae). *J. Med. Entomol.*, **28**：142–146.
Raper, A. B. (1968) ABO blood group and malaria. *Trans. R. Soc. Trop. Med. Hyg.*, **62**：158–159.
Reeves, W. C. (1953) Quantitative field studies on a carbon dioxide chemotropism of mosquitoes. *Am. J. Trop. Med. Hyg.*, **2**：325–331.
Reifenrath, W. G., G. S. Hawkins and M. S. Kurtz (1989) Evaporation and skin penetration characteristics of mosquito repellent formulations. *J. Am. Mosq. Cont. Assoc.*, **5**：45–51.
Robbins, P. J. and M. G. Cherniack (1986) Review of the biodistribution and toxicity of the insect repellent *N,N*-diethyl-*m*-toluamide (deet). *J. Toxic. Environ. Hlth*, **18**：503–525.
Roessler, H. P. (1961) Versuche zur Geruchlichen Analockung weiblicher Stechmucken (*Aedes aegypti*, Culicidae). *Zeit. Vergl. Physiol.*, **44**：184–231.
Rozendaal, J. A. and C. F. Curtis (1989) Recent research on impregnated mosquito nets. *J. Am. Mosq. Cont. Assoc.*, **5**：500–507.
Rudolfs, M. (1922) Chemotropism of mosquitoes. *Bull. New Jersey Agr. Exp. Sta.*, **367**：5–23.
Rutledge, L. C., R. A. Writz, M. D. Buescher and Z. A. Mehr (1985) Mathematical models of the effectiveness and persistence of mosquito repellents. *J. Am. Mosq. Cont. Assoc.*, **1**：56–62.
Rutledge, L. C., R. L. Hooper, R. A. Writz and R. K. Gupta (1989) Efficacy of diethyl methyl benzamide (deet) against *Aedes dorsalis* and a comparison of two end points for protection time. *J. Am. Mosq. Cont. Assoc.*, **5**：363–368.
Saini, H. K., R. M. Sharma, H. L. Bami and K. S. Sidhu (1986) Preliminary study on constituents of mosquito coil smoke. *Pesticides*, **20**：15–18.
Saini, R. K., A. Hassanali and R. D. Dransfield (1989) Antennal responses of tsetse to analogues of the attractant 1-octen-3-ol. *Physiol. Entomol.*, **14**：85–90.
Sastry, S. D., K. T. Buck, J. Janak, M. Dressler and G. Preti (1980) Volatiles emitted by humans. In：*Biochemical Application of Mass Spectrometry*. G. R. Waller and O. C. Dermer eds., John Wiley, NY., 1085–1129.
Schaerfferberg, B. and E. Kupka (1959) Der attractive Factor des Blütes für blutsaugende Insekten. *Naturwiss.*, **14**：457–458.
Schreck, C. E., D. L. Kline and D. A. Carlson (1990) Mosquito attraction to substances

from the skin of different humans. *J. Am. Mosq. Cont. Assoc.*, **6** : 406–410.

Schreck, C. E. and B. A. Leonhardt (1991) Efficacy assessment of Quwenling, a mosquito repellent from China. *J. Am. Mosq. Cont. Assoc.*, **7** : 433–436.

Skinner, W. A., H. Tong, T. Pearson, W. Strauss and H. Maibach (1965) Human sweat components attractive to mosquitoes. *Nature*, **207** : 661–662.

Smith, C. N., H. K. Gouck, D. E. Weidhaas, I. H. Gilbert, M. S. Mayer, B. J. Smittle and A. Hofbauer (1970) L-lactic acid as a factor in the attraction of *Aedes aegypti* to human hosts. *Ann. Entomol. Soc. Am.*, **63** : 760–770.

Steinbrecht, R. A. (1984) Chemo-, hygro- and thermoreceptors. In : *Biology of the Integument.* Vol. 1 *Invertebrate.* J. Bereiter-Hahn, A. G. Matoltsy and K. S. Richards eds., Springer-Verlag, Berlin, 521–552.

Strauss, W. G., H. I. Maibach and A. A. Khan (1968) The role of skin in attracting mosquitoes. *J. Med. Entomol.*, **5** : 47–48.

Takken, W. and D. L. Kline (1989) Carbon dioxide and 1-octen-3-ol as mosquito attractants. *J. Am. Mosq. Cont. Assoc.*, **5** : 311–316.

Vale, G. A., D. R. Hall and A. J. E. Gough (1988) The olfactory responses of tsetse flies *Glossina* spp. (Diptera : Glossinidae) to phenols and urine in the field. *Bull. Entomol. Res.*, **78** : 293–300.

Warnes, M. L. and L. H. Finlayson (1986) Electroantennogram responses of the stable fly, *Stomoxys calcitrans*, to carbon dioxide and other odours. *Physiol. Entomol.*, **11** : 469–473.

Warnes, M. L. (1990) The effect of host odour and carbon dioxide on the flight of tsetse flies (*Glossina* spp.) in the laboratory. *J. Insect Physiol.*, **36** : 607–611.

Woke, P. A. (1937) Comparative effects of the blood of different species of vertebrates on egg production of *Aedes aegypti*. *Am. J. Trop. Med.*, **17** : 729–745.

Wood, C. S. and G. A. Harrison (1972) Selective feeding of *Anopheles gambiae* according to ABO blood group status. *Nature*, **239** : 168.

Wood, C. S. (1976) ABO blood groups related to selection of human hosts by yellow fever vector. *Human Biology*, **48** : 337–341.

Wright, R. H. (1975) Why mosquito repellents repel? *Sci. Am.*, **233** : 104–111.

Yap, H. H. (1986) Effectiveness of soap formulations containing deet and permethrin as personal protection against outdoor mosquitoes in Malaysia. *J. Am. Mosq. Cont. Assoc.*, **2** : 63–67.

Yap, H. H., A. M. Yahaya, R. Baba, P. Y. Loh and N. L. Chong (1990) Field efficacy of mosquito coil formulations containing D-allethrin and *d*-transllethrin against indoor mosquitoes especially *Culex quinquefasciatus* Say. *Southeast Asian J. Trop. Med. Public Hlth*, **21** : 558–563.

・6・
吸血機構と動物の免疫反応

カは「どのようにして血管を探しあてるか」,「吸血メカニズムはどのようなものか」,「カに咬まれるとどうしてかゆくなるのか」などなどの素朴な質問に本章では答える.

6.1 吸血機構

カが痛痒感を与えずすばやく吸血するのは, いかにも不思議である. また, この巧みな吸血機構を安全で簡便な注射や採血装置に応用しようと考えるのは当然かもしれない. 本節ではその構造とメカニズムについてくわしく述べる.

(1) 口針の構造と吸血機構

昆虫口器の基本構造は直翅目のバッタにあり, 上唇, 下唇, 1対の大顎, 1対の小顎, 咽頭の7口器片からなりたっている. これらが種によって伸長したり, 退化消失していろいろな変形をつくっている. カ亜目とハエ亜目アブ群では吸血と捕食に適応した口針を持つ祖先から進化してきており (Waage, 1979), とくにカでは上唇, 1対の大顎, 上咽頭, 1対の小顎が伸長し口針片となり, 6本で口針を構成している. 下唇も伸長し, 口針鞘となり口針を収容している (写真6.1a, 図6.1). カは口針を毛穴か皮膚のみぞから刺入するが, 下唇弁は ω 型に左右に開き, その真中で口針を支えてい

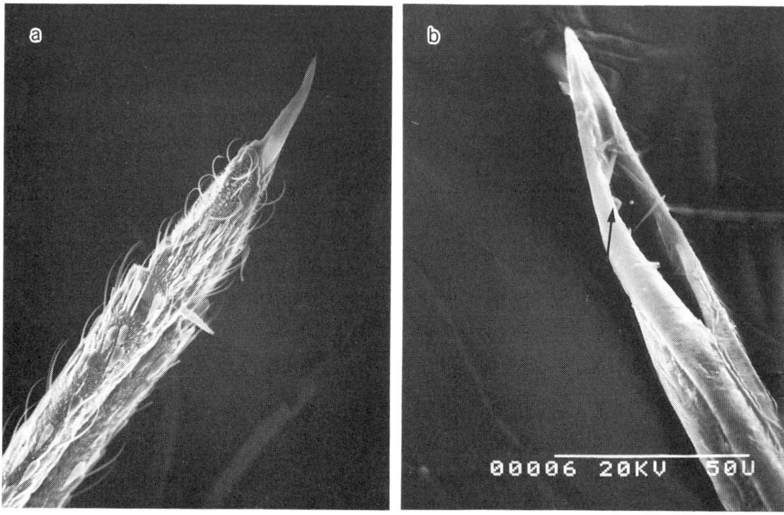

写真 6.1　a：雌カの下唇先端（鞘）．先端から口針が突き出している，b：上唇先端の開口部．開口部には各種味覚子がある（矢印）．

る．吸血するときは長さ1-2 mmの口針の半分ほどを皮膚内へ刺入する．上唇は下側の開いた管で（写真6.1b），管身には感覚神経が通り，管内を血液が流れる．その下側には1対の大顎が位置し，大顎の先端は上唇先端の開口部（血液の入口）をふさいでいる．吸血するときは先端をずらし開口する．さらに大顎の外側をイネの葉のような上咽頭が覆い，その中心は葉脈のように肥厚し唾液管が通っている．さらに外側に1対の小顎をともない，小顎先

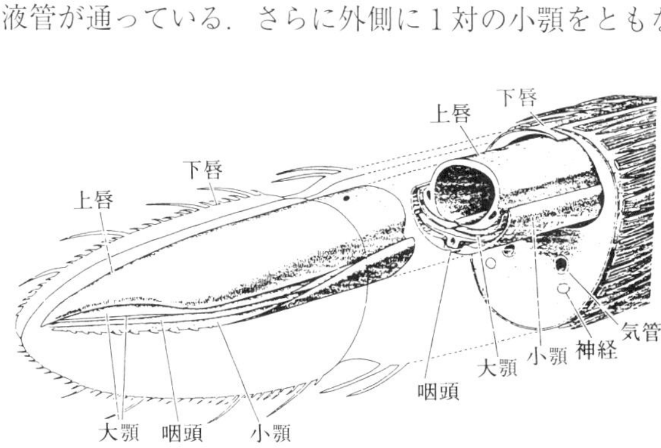

図 6.1　雌カの口針（Jones, 1978）

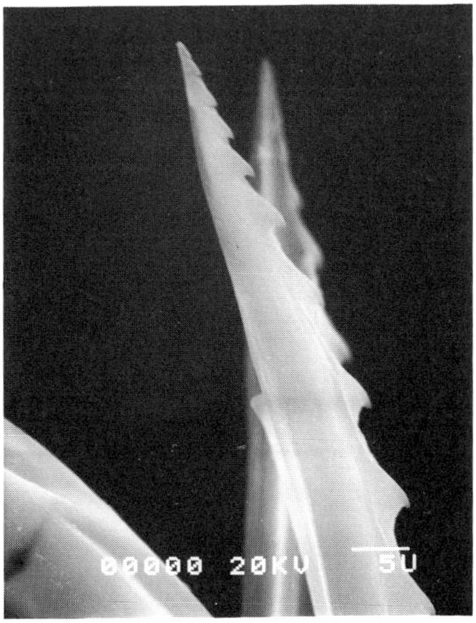

写真 6.2　雌カの小顎先端部
外縁に沿って 10–20 個の歯がある.

端には外縁に沿って 10–20 個の歯が並んでいる（写真 6.2）. 吸血しない雄は歯を持たず，皮膚の柔軟な鳥類や両生類を刺咬する種では，歯の数は少ない（Lee and Craig, 1983a）.

注目すべきは歯が小顎の根元の方向へ並んでいることである. 皮膚組織を片方の小顎で切り込み引っかけておいて，他方の小顎で切り込み，その間隙へ口針を打ち込む. その力はすべて頭を槌として打ち，毎秒 6–7 回の速さで繰り返す. 小顎の左右交互の切り込み運動は，付属した小顎髭の上下運動として顕微鏡下で観察できる. 抜針のときは小顎の歯面は内転し，皮膚組織へのひっかかりを避ける.

口針は弾力性皮膚タンパク質のレシリンで裏打ちされたキチン板であり，先端の 1/5 はとくに柔軟で，血管を探索するとき前後左右に曲げられる. 口針を血管に挿入し吸血する場合を末梢血管吸血（capillary feeding）といい，失敗し血管を破ったときできる鬱血から吸血する方法の鬱血吸血（pool feeding）と区別している. 血管が観察しやすいウサギの耳を使った実験では，血管吸血と鬱血吸血が 7 対 3 の割合で起こるらしい. このことは疫学上大切で，たとえばフィラリア症の病原微生物であるミクロフィラリアは，鬱血しても末梢血管から離れず，鬱血吸血ではカがミクロフィラリアを取り込

写真6.3 雌カの吸血ポンプ
血液は下側（波矢印）から入り，口腔ポンプ（小矢印）を通り咽頭ポンプ（大矢印）に入る．

む数は少ない．したがってフィラリア症患者の検血で，注射針で皮膚を破傷し採血する方法では，ミクロフィラリア検出率が悪くなる（Gordon and Lumsden, 1939；Griffiths and Gordon, 1952）．また鬱血吸血ではカの吸血時間が長びき，カにとっては致命的となる．

吸血ポンプは口腔ポンプと咽頭ポンプの2連球からなり（写真6.3，図6.2），先端から上唇上挙筋，前咽頭バルブ，後咽頭バルブで仕切られている．口腔ポンプは太めの肉厚チューブで弛緩筋が背側についている．いっぽう，咽頭ポンプは3枚のキチン板を縫い合わせたフットボールのようで，キチン板の背側，両側にはそれぞれ弛緩筋がついている．吸血にはまずバルブ筋をゆるめ，後咽頭バルブを閉じ同時に口腔ポンプ弛緩筋と上唇弛緩筋を緊張させ，広げたポンプ内へ血液を流入させる．次に後咽頭バルブを開き，口腔ポンプ弛緩筋をゆるめてポンプを縮めると，血液は咽頭ポンプへ送られる．最後に後咽頭ポンプを開き，咽頭ポンプ弛緩筋をゆるめて咽頭ポンプを縮めると，血液は食道へ押し流される．

最近Pappas（1988）はこの過程を，1Mの砂糖液をカに飲ませながら，口腔ポンプと咽頭ポンプの筋電図をとり，詳細に解析した．その結果，口腔ポンプは63.1 msec収縮し，12.8 msec弛緩する．いっぽう，咽頭ポンプは

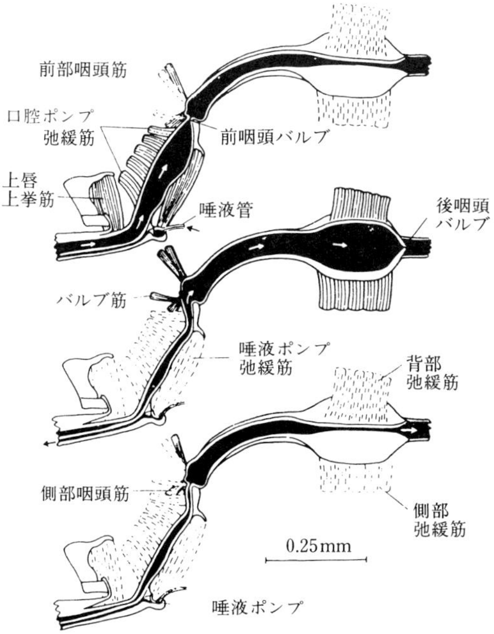

図 6.2 雌カの吸血ポンプと吸血機構（Jones, 1978）

32.5 msec 遅れて 43.4 msec 収縮する．1サイクルが 75.9 msec，すなわち 13.2Hz で，以下に述べる実験値とよく一致している．両ポンプの運動相は一部重なり，また一連の動きは口腔ポンプの動きが開発している．

このように2連球ポンプを持つ昆虫はカ，ブユ，アブなどで，ハエ，半翅目では咽頭ポンプしか持たない．カは血圧の低い末梢血管からすばやく吸血する必要があり，液圧の高い植物の維管束から，ひがな一日吸汁する昆虫とは異なる．ちなみにカは 2 mg/2 min 吸血するが，ツマグロヨコバイは 130 mg/day（0.1 mg/min），セジロウンカは 13 mg/day（0.01 mg/min）しか吸汁しない．

今，血液の流速を V，血管両端の血圧差を P とすると，流量 Q は，

$$Q=R^2V=R^4P/(8nl)\ (\text{Poiseuille の法則})$$

である．そこで半径 $R=12.5\times10^{-6}$ m，長さ $l=2\times10^{-3}$ m，血液の粘性 $n=4.5\times10$ Nsm^{-3} とすると，$P=1290$ Pa となる．いっぽう，半径 $R=7.5$

表6.1　各種動物の赤血球の大きさ（Lehane, 1991）

動物	赤血球の直径（μm）	動物	赤血球の直径（μm）
哺乳動物		爬虫類	
ヒト	7.5	ワニ	23.3
ウマ	5.5	リクガメ	18.0
ウシ	5.9	ヘビ	62.5
ヒツジ	4.8	両生類	
鳥類		カエル	24.8
シチメンチョウ	15.5		
ニワトリ	11.2		

$\times 10^{-6}$ m（ヒトの赤血球直径と同じ．表6.1），同じ長さ 2×10^{-3} m のカの口針を考えると，流速 V＝0.113 msec^{-1}（2 mg/100 s の吸血速度から計算して）となり，P＝144640 Pa（1.4 atom）と計算される．またヒトの心臓の大動脈，大静脈の血圧差を 100 mmHg とすると，13600 Pa（0.136 atom）である（池庄司，1986）から，カの吸血ポンプはヒトの心臓の 10 倍以上の圧力差で吸血していることになる．それとは対照的に植物の篩管は 0.1–1 MPa の圧力を持ち，そこから吸汁するアブラムシ，ウンカ，セミなど半翅目の昆虫は吸引する必要はなく，口針を挿入するだけで液汁が自然に口腔へ流れ込むことになる．実際，ウンカをイネの葉から吸汁させ，口針をレーザーで焼き切ると，切口から 1 日間も篩管液が採集でき，液成分の化学分析ができる．カでは口針の切口に血液球ができすぐ凝固し，末梢血管からの試料採取には工夫がいる．

Lehane（1991）は同じように，Poiseuille の式に異なるパラメータを挿入し，さらにくわしく検討している．ここでもっとも影響の大きいパラメータは口針の太さで，たとえばトコジラミの 8×10^{-6} m から，ヤブカの 11×10^{-6} m へ変化したとすると，吸血量が一定なら吸血時間は 3.6 倍，すなわち 5 分以下から 15 分へ延長する．吸血時間の延長は，外部寄生虫にとっては，寄主の防御反応と絡めて生死にかかわる大問題となる．そこでサシガメ *Rhodnius* は口針挿入後，左小顎を右小顎上にスライドし血液の流入口を広げ，吸血時間を大幅に短縮する構造を発達させている．

もう 1 つの重要なパラメータは血液の粘性 n で，これはヘマトクリット

（血液中の血球容量）に比例する．計算ではヘマトクリットが30％減少すると吸血時間も30％減少する．しかし，実測では15％しか減少しない．これは吸血によって局所的に貧血を起こし，低いヘマトクリット値を示すからであろう．

（2） 吸血過程の解析

上面が銅網のボール箱に雌カを入れ，網に電極をつなぎ，固定したマウスを乗せる．マウスの尾に注射針を刺し他端電極とし，両電極の間に1.5Vの乾電池と記録器をつなぐ．カがマウスに口針を刺入すると回路がつながり電流が流れ，記録器に描かれた電流波形からカの吸血過程がモニターされる（Kashin and Wakeley, 1965；Kashin, 1966）．河部（1979）はこの原理に基づく昆虫摂食行動の電気的測定装置（EMIF, Electric Monitoring of Insect Feeding）を完成し，植物吸汁のウンカやアブラムシに応用した．池庄司（1986），松永（1989）は河部の装置を使い，カの吸血過程を次のように解析した．

まず電導性塗料ドータイトで，20 μm の金線をネッタイシマカ雌の胸背部

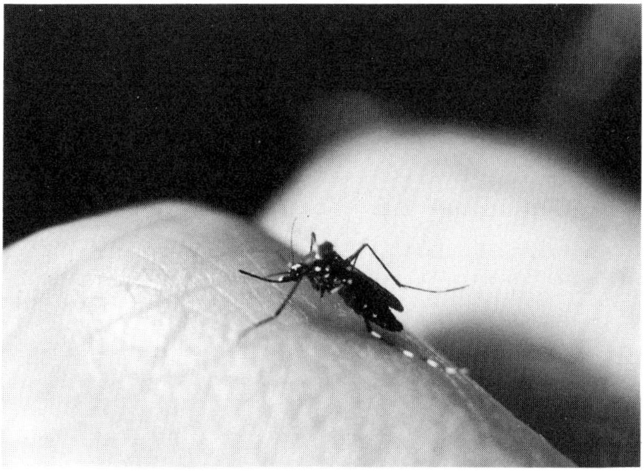

写真6.4 指から吸血するネッタイシマカ雌
胸背部には極細の金線を付着し，吸血行動をモニターするため微細電流を通じてある．

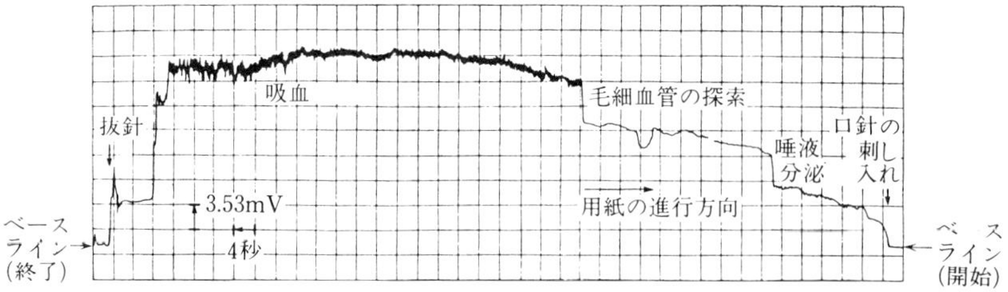

図6.3　昆虫摂食の電気的測定装置（EMIF）によるネッタイシマカ雌の吸血行動の記録（松永，1989）

0.15 V，500 Hz 通電，記録速度は 30 cm/min.

に接着し，不感電極は指で挟み，0.15 V，500 Hz の交流電流を通した（写真6.4）．カが口針を皮膚に刺入すると電気回路が閉じる．さらに唾液を分泌するとインピーダンスが下がり，吸血が始まると電導体である血液中をさらに電流は流れる．その様子を図6.3に示す．この図では16秒間唾液を分泌し，末梢血管の探索に36秒間を要している．その間1回口針の刺し替えを行い，その後82秒間吸血し，さらに8秒後に抜針している．吸血中は周波数の高い波が規則的に出現し，急速にカ腹部が血液で膨張していく．全吸血過程は約2.5分である．

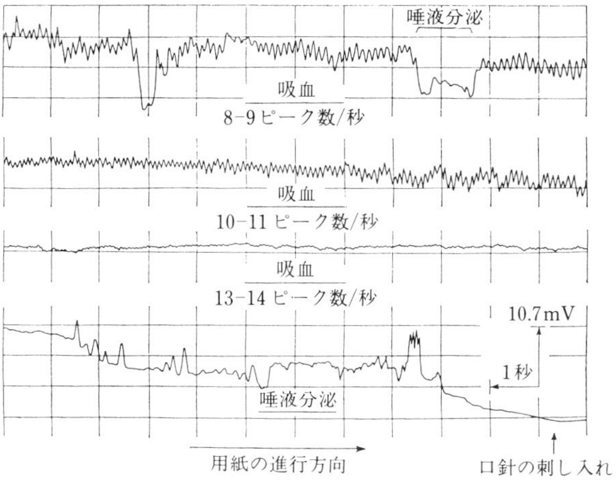

図6.4　EMIF によるネッタイシマカ雌の吸血と唾液注入波形の比較（松永，1989）

図6.4のように記録紙を高速掃引すると，吸血ポンプと唾液ポンプの動きがピークとして読み取れる．吸血サイクルは，カにより8–9 Hz, 10–11 Hz, 13–14 Hzと異なり，サイクル数（*H*）と血液摂取時間（*T*）は次式のような反比例関係にあった（松永，1989）．

$$T = 3327H^{-1} - 218$$

ガラス毛細管から血清を吸わせると，吸血サイクルは小さいがバルブの開閉は鋭く（ピークの振幅が大きい），唾液分泌も少ない．しかし，砂糖水では唾液分泌も行わない．

6.2 口器感覚器の構造と機能

吸血機構も感覚器からの情報インプットなしでは，正確に作動しない．そこで，口腔ポンプと咽頭ポンプを始動させる感覚子についても述べておく．ヤブカ，ハマダラカ，イエカ，*Psorophora*属8種の雌では，1 M砂糖液で下唇先端を刺激するだけで口腔ポンプの運動が始まるが，ハボシカ *Cs. inornata*では上唇，下唇同時の刺激が必要であった（Pappas, 1988）．このことは下唇先端における糖感覚子の存在を証明している．

Lee and Craig（1983b, c）は40種のカを調べ，吸血種雌の上唇先端の吸血口には3組の感覚子が存在するとした．すなわち，単孔の先端感覚子（apical sensilla）2個，単孔の亜先端感覚子（subapical sensilla）2個と，さらに亜先端に位置する鐘状感覚子（campaniform sensilla）2個である（写真6.1b参照）．雄では鐘状感覚子しかなく，非吸血種のオオカでは上唇先端に感覚子はない．したがって，これらの感覚子は吸血に関与し，とくに先端感覚子と亜先端感覚子は，それぞれ5個の神経樹状突起を持ち味覚子と考えられる．鐘状感覚子はキャップが血液流方向を向き，圧力を感知する流圧計でポンプの動きをモニターする．口腔に入った血液は，口腔ポンプ内壁に存在する3種の感覚子で感知される（写真6.5a, b，図6.5）．口蓋乳頭（palatal papillae），背側乳頭（dorsal papillae），腹側乳頭（ventral papillae）は単孔の錐状味覚子（ATPなどの血液成分を感知する）で，種により数が多少異なる．毛状感覚子（trichoid sensilla）は，ほかの昆虫で推察されている

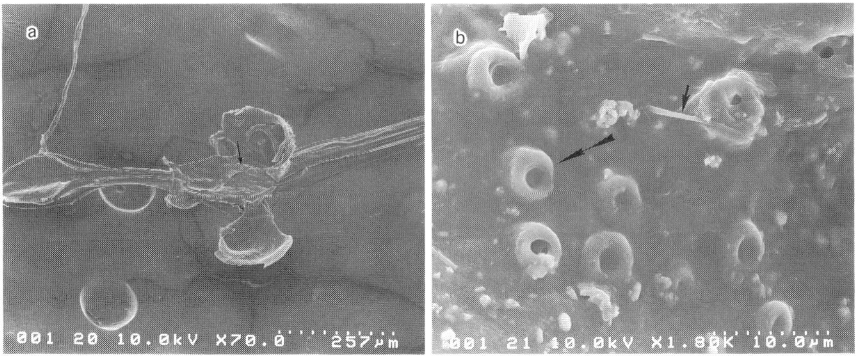

写真 6.5　a：雌カの口腔ポンプを背部から開いたところ．開口部両側に鐘状感覚子が並んでいる（矢印）．b：流量計である毛状感覚子（大矢印）と味覚子である乳頭．

ように流量計であろう．カは血液と同じように花蜜も吸う．花蜜（糖）は盲嚢（diverticula）へ，血液（タンパク質液）は直接中腸へ入ることが知られており，この流路変換機構は口腔ポンプ内の腹側乳頭によるタンパク質の感知か，下唇味覚子による糖の感知によると推察されている．上唇上の感覚神経は食道下神経節へ，口腔内感覚子の神経は第3脳へ連絡している事実は，

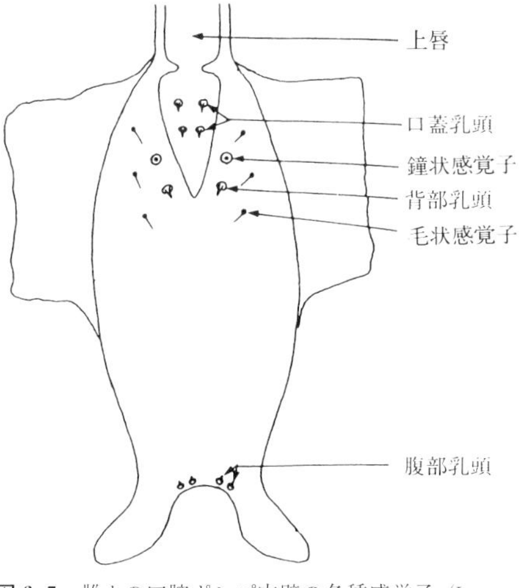

図 6.5　雌カの口腔ポンプ内壁の各種感覚子（Lee and Craig, 1983c）

個体発生学的にみて当然である．

6.3 吸血刺激

（1） 吸血刺激物質

吸血動物が吸血するとき，どのような物質を信号物質として感知するのであろうか．血液（血管）を探りあてる道筋にはいろいろな信号物質が介在している．表6.2で，まず下等な環形動物ヒルは，宿主動物の体表分泌物である汗や，血漿に多量に含まれるアルギニン（それぞれ345–977 μM/*l*，95 μM/*l*）を信号物質としている（Galun *et al.*, 1985a）．カのなかでも未進化のハマダラカ亜科（第4章2節，図4.3の系統樹参照）は，血漿部分の

表6.2 吸血動物に対するヒト血液中の摂食刺激物質

動物	摂食刺激物質	文献
ヒル *Hirudo medicinalis*	アルギニン	8
カズキダニ *Ornithodoros tholozani*	GSH	
ネズミノミ *Xenopsylla cheopis*	ATP	1
シラミ *Pediculus humanus*	アルブミン	2
サシガメ *Rhodnius prolixus*	ATP(4 μM)，DPG(5 μM)，PA(7 μM)，ADP(3 μM) AMP(630 μM)，ATP＋DPG(0.3 μM)	3
ウシアブ *Tabanus nigrovittatus*	ADP(35 μM)，ATP(112 μM)，AMP(180 μM)赤血球＋血漿	4
サシバエ *Stomoxys calcitrans*	ATP，ロイシン(ATP＋血漿)，ATP(4 μM)，ADP(2.5 μM)＋NaCl＋$NaHCO_3$	5
ツェツェバエ *Glossina austeni*	ATP(50 μM)，ADP，AMP(1000 μM)	6
ブユ *Simulium venustrum*	ADP(5 μM)，ATP(13 μM)，AMP(100 μM)	7
ハマダラカ *Anopheles stephensi* *An. freeboni, An. gambiae* *An. dirus*	$NaHCO_3$(0.02 M)＋アルブミン(5%)	9
ネッタイシマカ *Aedes aegypti*	ATP(500 μM)，ADP，AMP(3000 μM) ATP＋アルブミン＋$NaHCO_3$(20 μM)	10
アカイエカ *Culex pipiens pallens*	ATP(1000 μM)	11
ハボシカ *Culiseta inornata*	ATP(10 mM)	

文献 1：Galun (1966)，2：Mumcuoglu and Galun (1987)，3：Smith and Friend (1982)，4：Friend and Stoffalano (1983)，5：Christensen *et al.* (1990)，6：Galun and Margalit (1969)，7：Galun (1987)，8：Galun *et al.* (1985a)，9：Galun *et al.* (1984)，10：Hosoi (1959)，11：Friend (1978).

$NaHCO_3$とくに*An. dirus*は（$NaHCO_3$＋アルブミン）を信号物質としている．進化したイエカ亜科，ブユ，アブ，ハエ類は，すべて血球中の核酸物質を信号物質とし，血液の探索を確実なものにしている．核酸物質は血漿には極小量であるが，血球には大量に含まれている．たとえば，ATPは血小板10^{11}個のなかに3.8 μM（ヘマトクリットを0.4として計算し，血液中に1.46 μM/*l*），赤血球100 m*l*中に135 μM（540 μM/*l*），白血球10^7個中に9.8 nM（6.86 μM/*l*）含まれている．さらにADPはそれぞれ2.5 μM/10^{11}個（0.96 μM/*l*），21.6 μM/100 m*l*（86.4 μM/*l*），3.0 nM/10^7個（2.1 μM/*l*）含まれている．

ヤブカに対しては，血漿中のアルブミン，$NaHCO_3$がATPに協力作用を示し，ATPの刺激閾値を1/25に下げている．さらにサシガメでは赤血球の2,3−ジホスホグリセリン酸（DPG）（赤血球に5.59 μM/m*l*，血液に2.24 mM/*l*）やフィチン酸（PA）が協力し，（ATP＋DPG）だけでも刺激閾値を0.3 μMのレベルに下げている（Friend and Smith, 1982）．DGPは赤血球にのみ存在し，ATPと同じようにヘモグロビンへの酸素の結合を調節している．鳥類ではDGPはなく，PAや燐酸イノシトールがそのかわりをする．総じて核酸は生理食塩水や（NaCl 0.15 M＋$NaHCO_3$ 0.01 M）液と協力作用を示し，37℃に加温すると刺激閾値を下げる．

（2）　核酸濃度と刺激閾値

口針を血液に挿入すると，この異物のまわりに血小板が集合し粘着する．血液1 *l*中の血小板に含まれている1.5 μMのATPと1.0 μMのADPは，それぞれ30%，60%が血漿中へ放出される．もともと血漿中の濃度はゼロに近いから，放出量が均等に混ざれば0.45 μM, 0.6 μMとなる．いっぽう，ネッタイシマカに対するATP, ADPの50%刺激濃度（EC_{50}）は，血液と等張の0.15 M NaCl溶液に溶解したとき58 μM, 140 μMである．この濃度は血小板から放出された濃度よりはるかに高く，吸血刺激物質とはなりえない．そこで想像されるのは，(1) 血小板が粘着した口針付近では局所的に核酸濃度が高い，(2) 高濃度の核酸を含む赤血球も，なんらかの機構で核酸をリークする，(3) ほかの血液成分が協力的に働き，刺激閾値を下げるというメカニズムである．実際5%のアルブミンを加え，0.01 M $NaHCO_3$ で pH 7.4 に調節すれば，EC_{50} は 20 μM まで低下する．サシガメでも，ATP の EC_{50} は 3.2 μM であるが，赤血球に含まれる 2,3-ジホスホグリセリン酸を等量加えれば，0.3 μM へ低下する．

(3) 核酸刺激物質とプリン受容体

Burnstock and Kennedy (1985) によれば，脊椎動物には 2, 3 種のプリン

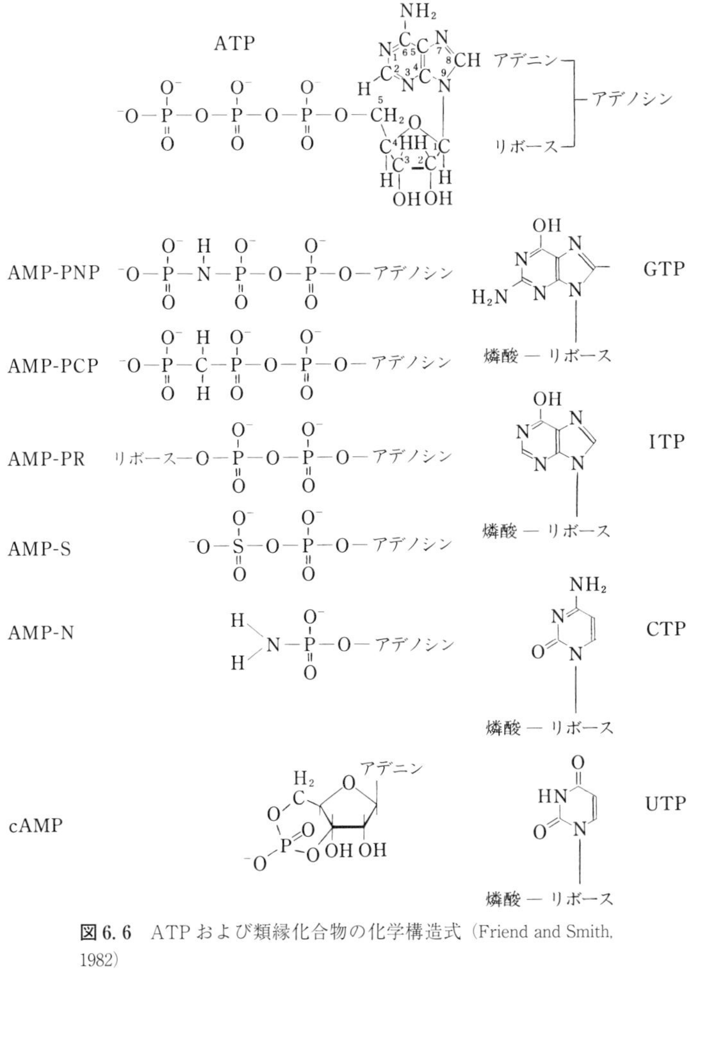

図 6.6 ATP および類縁化合物の化学構造式 (Friend and Smith, 1982)

表 6. 3　昆虫に対する ATP 類縁化合物の摂食刺激性（ED_{50}, μM）

化合物	ネッタイシマカ[1)]	ブユ，アブ[2)]	イエカ[1)]	ハボシカ[3)]
A(tetra)P	16	192	>100	—
AMP-PNP	2. 4	161	20	168
AMP-PCP	3. 6	208	48	338
AMP-CPP	—	—	>100	—
ATP	12	112	25	199
2'd ATP	25	—	833	—
3'd ATP	25	—	—	—
2'3'dd A	1. 2	—	—	—
ADP	97	46	12	91
2'd ADP	249	—	594	—
AMP	463	119	27	906
c-AMP	—	—	417	—
AMP-S	509	239	145	3000
アデノシン	—	—	>1000	>1000

1) Galun *et al.*（1985b），2) Friend and Smith（1982），3) Galun *et al.*（1988）.

受容体がある．P_1 受容体にはアデノシン（Ado)>AMP>ADP>ATP の順に，P_2 受容体には，反対に ATP>ADP>AMP>Ado の順に刺激性が高い．さらに P_2 を P_{2x}, P_{2y} に分け，P_{2x} には AMP-CPP>AMP-PCP>ATP＝2-メチルチオ ATP の順に，P_{2y} には 2-メチルチオ ATP>ATP>AMP-CPP>AMP-PCP の順に刺激性が高いとしている．

これらと比較して，吸血昆虫口器のプリン受容体はどうであろうか．図 6. 6 は ATP 類縁体の化学構造を，表 6. 3 はそれら溶液の摂食性を ED_{50} で表わしたものである（Friend and Smith, 1982；Friend and Stoffalano, 1983；Galun *et al.*, 1985b；Galun *et al.*, 1988)．その順位を以下のように並べ比較する．

ネッタイシマカ　AMP-PNP, AMP-PCP>ATP>ADP>AMP, AMP-S

サシガメ　ATP>AMP-PNP>AMP-PCP≫AMP-S, AMP-N, AMP-PR

ブユ，アブ　ADP>ATP, AMP-PNP, A(tetra)P>AMP-PCP>AMP

イ　エ　カ　ADP＞AMP-PNP＞ATP，AMP＞AMP-PCP≫A(tetra)P，AMP-CPP

ハボシカ　ADP＞AMP-PNP＞ATP＞AMP-PCP≫AMP≫AMP-S

すなわち，ネッタイシマカとサシガメはP_2受容体を持ち，ブユ，アブ，イエカ，ハボシカはP_{2x}, P_{2y}のいずれでもない．Galun *et al.*（1988）は，後者ではP_{2x}, P_{2y}のいずれかに似たタイプの受容体が存在するか，あるいは両方の受容体に感受されるとしている．

Friend and Smith（1982）は，サシガメに対するATP類縁物質の刺激性を調べ，P_2受容体神経膜に作用する分子上の作用基を予想している．すなわち3番目の燐酸基，リボースの2,3位炭素上の2個の水酸基，プリン核上のアミノ基の4つの作用基である（図6.6）．さらに同じP_2受容体を持つネッタイシマカでは（Galun *et al.*, 1985b），酵素に分解されないAMP-PNPやAMP-PCPがATPと同じ程度に有効である．したがって，これらの分子作用は酵素作用ではなく，受容位とリガンド結合をすると考えられる．また2′,3′-ddATPがATPよりさらに10倍有効なのは，ほかの2位置でリガンド結合したATP分子が2′,3′位で束縛されず，分子回転が自由で，受容位によりフィットするためと考えられる．

6.4　血液探索と止血

（1）血液探索

ヒトの表皮には血管はなく，その下の真皮に容積で1–2%の末梢血管が存在する．このわずかな血管を，カが探知できる確率はひじょうに小さいであろう．そこで雌カは唾液を分泌して，血液の感知を容易にしている．実際，Mellink and Van den Bovenkamp（1981）は，細い首筋を通る唾液腺を切断し，無分泌のネッタイシマカの吸血時間を計った．その結果，切断1日後のカは血液探索に185秒かかり，対照のカでは42秒しかかからなかった．しかし，吸血量や産卵率への影響はなく，血液摂取過程への影響もわずかであった．また，吸血時間の遅延は人工膜を通して吸血させるときには起きない．

表 6. 4　吸血昆虫の唾液中に存在する抗凝固物質とアピラーゼ（Lehane, 1991 から改変）

昆　虫　種	抗凝固物　質	アピラーゼ	昆　虫　種	抗凝固物　質	アピラーゼ
トコジラミ	＋	＋	ネッタイシマカ	−	＋
サシガメ（*Rhodonius prolixus*）	＋	＋	*An. quadrimaculatus*	＋	
サシガメ（*Triatoma infestans*）	＋		*An. stephensi*	＋	
シラミ	＋		*An. freeboni*		＋
サシチョウバエ（*Phlebotomus papatasi*）	＋	＋	*An. salbaii*		＋
ツェツェバエ（*Glossina morsitans*）	＋	＋	*Cx. pipiens*	＋	＋
サシバエ	−		*Cx. salinarius*	−	

では血液中のなにが血液探索時間を短縮させ，吸血過程を容易にしているのであろうか．

Ribeiro *et al.*（1985a）はまずネッタイシマカにセロトニンを注射し，鉱物油を満たした毛細管に唾液を採集した．そして試験管内で，唾液がADPや組織破壊で放出されるコラーゲンによる血小板の凝集を抑制することを実証した．さらに唾液はアピラーゼを含みATPやADPを分解し，2燐酸を放出してAMPを生成することを示した．すなわち，血小板の凝集抑制によって抗止血作用を示し，吸血を容易にするわけである．

Ribeiro *et al.*（1985a）はさらに唾液中のアピラーゼの役割を実証するため，各種のカについてアピラーゼの活性を計っている．その結果，吸血しない雄や，無吸血種オオカ *Tx. brevipalpis* の雌は，吸血雌の5%しか活性を持たないことを示した．また *An. freeboni*（唾液腺1対当たり 20. 7 mU），*An. stephensi*（7. 8 mU），*An. salbaii*（3. 0 mU）雌の持つ活性と，吸血時間の間には反比例の関係があった．しかし，抗凝集反応との間には相関関係はみられなかった．結論として，雌はアピラーゼだけで吸血時間を短縮し，すばやく吸血し逃げる戦略をとっている．表 6. 4 に各種吸血昆虫の唾液中のアピラーゼと抗凝固物質の有無を示す．

（2） 吸血時間

雌の唾液注入開始時間とヒトの痛痒感開始時間との差を，「安全時間」と定義する．この時間の短縮はカにとっては生存上，また宿主動物にとっては疫学上大切な意味を持っている．Gillett（1967）は，室内飼育と野生のネッタイシマカや *Ae. africanus* について，それぞれの時間を計測した．安全時間は，いずれも3分で同じであったが，野生種は吸血時間を短縮し，飼育種は延長した．またわずかではあるが，痛痒感開始を遅らせる個体も存在した．このように安全時間を延長すると生存率が高まるだけでなく，血液を満腹し高産卵率を獲得し進化すると考えられる．

このことと関連して興味深いことは，病原微生物がヒトの止血作用を抑え，カの吸血時間を短縮し感染能率を高める事実である．すなわち，病原微生物とカの間には相利共生が存在するとされている（Rossignol *et al.*, 1985）．マラリアやデング熱は血小板数減少（thrombocytopenia）を，RFV（Rift Valley Fever）は血管拡張（vasodilation）をともない，カの吸血を容易にしている．たとえば，マラリア原虫 *Plasmodium chabaudi* や RFV ウイルスを感染させたネズミでは，非感染のネズミよりネッタイシマカの血液探索時間が，最低1分間も短縮された．反対に，ネズミマラリア原虫 *P. gallinaceum* は，唾液腺先端部に集中しアピラーゼの分泌を1/3に減量し，カの血液探索時間すなわち宿主と媒介カの接触時間を延長し，原虫の感染を促進する．このように宿主動物と病原微生物，媒介カの共進化は，それらのインターフェイスの様相をたいへん複雑にしている（Rossignol *et al.*, 1984；Ribeiro, 1989）．

（3） 止血機構

ここでヒトの止血機構について述べておこう（Lehane, 1991）（図6.7）．血管が破壊されると，血液は内皮以外の組織に接触する．その組織成分とくにコラーゲンは表面に陰電荷を帯びている．そこへ血小板が付着し，トロンボキシン A_2（thromboxane A_2, TXA_2），セロトニン（5HT），ADPなどを合成分泌し，局所的に血管収縮をする．ADPは破壊組織からも分泌され，TXA_2，トロンビンとともに血小板を集合し傷口をふさぐ．これは末梢血管を数秒間で閉鎖する．大きな傷口ではさらにフィブリンのネットワークがつくられる．

組織の破壊は血管収縮，血小板栓ばかりでなく，血液凝固も惹起する．これは各種酵素の連鎖したカスケードで，1つは外因過程で破壊組織からのトロンボプラスチンの放出で，2つは内因過程で血漿中のXII因子が陰電荷を持つコラーゲンなどに接触し，活性化されたXII_aになる．XII_aはプレカリクレン（prekallikrein）をカリクレンに，カリクレンは高分子キニノーゲン（HMW-kininogen）の存在下で，より多量のXIIをXII_aに変換する．XII_aは同じようにXIをXI_aに活性化し，XI_aはCa^{2+}の存在下でIXをIX_aにする．この過程は組織からのトロンボプラスチンによっても起こる．IX_aはXをX_aへ開裂する．IX_a, X_aはともに，VIIのVII_aへ変換を刺激するループをつくる．X_aはプロトロンビンをトロンビンに変える．トロンビンは血小板

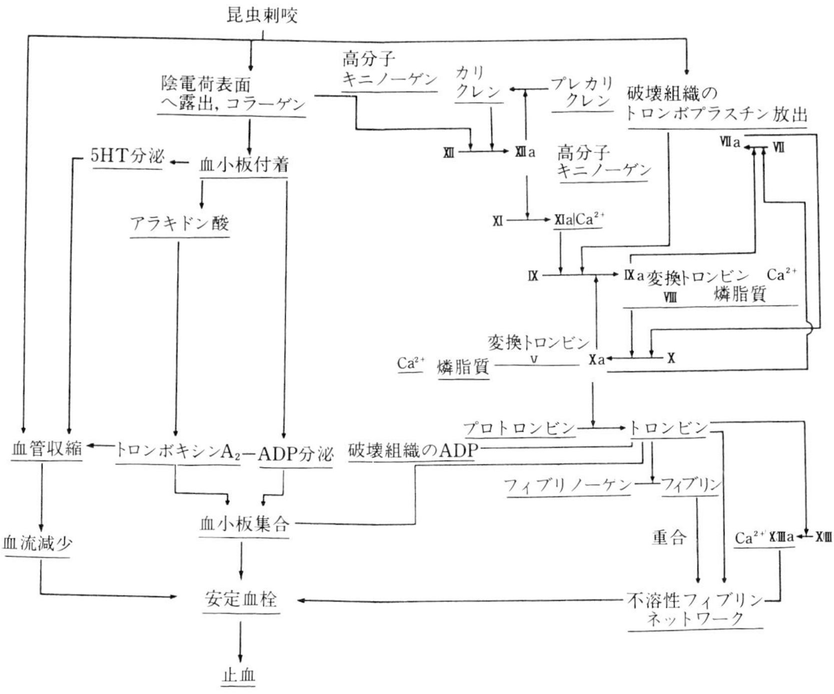

図6.7　止血機構（Lehane, 1991）

をさらに集合し，ADP を分泌させ，またフィブリノーゲンをフィブリンに変え，フィブリンネットワークをつくる．これは血小板栓を強化する．

(4) サシガメやダニの吸血

サシガメやダニは長い時間，動物体表に留まり吸血するので，カよりさらに複雑で確実な抗止血機構を持っている．カとの比較のためその機構を述べる．まずサシガメ *Rhodonius prolixus* は，アピラーゼのほかに，コラーゲン起因のトロンボキシン A_2(TXA_2) による血小板集合を抑制する抗トロンビン活性を持っている．ここでは TXA_2 による血管収縮をも抑制し，さらに抗セロトニン活性で血管収縮を抑制し，抗ヒスタミン活性で痛みを抑えている．さらにトロンビンの生成を遅らせる因子 VIII の拮抗剤である抗凝血剤も含んでいる（Ribeiro, 1987；Ribeiro *et al.*, 1985b）．

紅斑熱やバーベシア症を伝播するマダニ *Ixodes dammini* は 6–7 日間も吸血する．その期間は十分に止血し，炎症を防ぐ必要がある．ダニの唾液は抗凝血剤として，血管拡張剤であるプロスタグランディン E_2(PGE_2) や，抗ヒスタミン剤を含んでいる．さらに抗止血，抗炎症，免疫抑制作用が認められ，抗止血作用にはアピラーゼ，PGE_2，プロスタサイクリンが協力する．さらに唾液はブラディキニンやアナフラトインなどの炎症作用物質を分解する．PGE_2 は T 細胞の活性化を阻止し免疫抑制作用を示す（Ribeiro, 1987）．

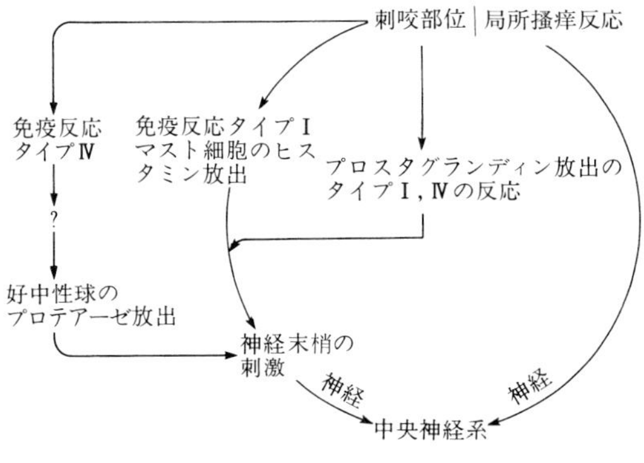

図 6.8 カの吸血とくに唾液注入に対する動物の反応（Lehane, 1991）

6.5　宿主動物の反応

(1)　抗体反応

カの吸血，とくに注入する唾液に対する宿主の反応は5段階に分けられる(図6.8).

(1)　無反応

(2)　搔痒症をともなう遅延性（1–2日後）の免疫反応タイプIV

(3)　搔痒症をともなう急性の免疫反応タイプI（3分後）とタイプIVの反応

(4)　搔痒症をともなう急性の免疫反応タイプI

(5)　無反応

タイプIではマスト細胞から分泌されたヒスタミンが神経を刺激し，タイプIVでは好中性血球が放出するタンパク質分解酵素が神経を刺激し，両タイプの反応はプロスタグランディンの放出をともない，ヒスタミンへの反応閾値を下げる．カの刺咬が恒常的に2年間継続すると最終段階（5）まで進行するが，カが夏季だけ発生する温帯地方ではときどき刺咬される程度で，

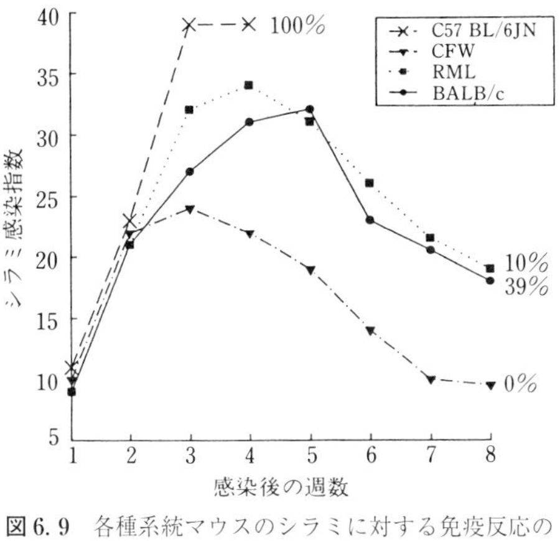

図6.9　各種系統マウスのシラミに対する免疫反応の開発とシラミ感染率の違い（Clifford *et al.*, 1967）

シラミ感染指数は，10：稀，20：数匹，30：多数，40：きわめて多数.

免疫反応は遅延し，けっして最終段階まで進行することはない．また反応は刺咬部位に局在し，新しい部位では反応は起こらない．宿主の年齢や栄養状態，抗原の種類，遺伝的な性質なども関係し，宿主個体群のなかにはアナフラキシーショックや水腫，激しい掻痒症を起こすものから，無反応のものまでいろいろある．ヒトに対するカの刺咬実験はないが，シラミ *Polyplax serrata* に対する各種系統マウスの免疫反応と，それに開発された見つくろい行動（grooming）とシラミの感染数，マウスの死亡率の関係を調べた実験結果がある（Clifford *et al.*, 1967）．図 6.9 に示すように，C57BL/6 JN 系統と CFW 系統ではシラミの感染率とマウスの死亡率が極端に違い，免疫反応の程度に明らかな差があることがわかる．

（2） 動物の防衛行動と抵抗性獲得

宿主の防衛行動には身つくろい，尾による払いのけ，隠遁，カの捕食などいろいろな行動がある．防衛能力は宿主種，大きさ，年齢，健康状態，個性によって異なる．たとえば図 6.10 に，マラリア感染マウスからのカの吸血率を示す．このように，拘束し防衛行動を阻止すると当然吸血率は高く，反

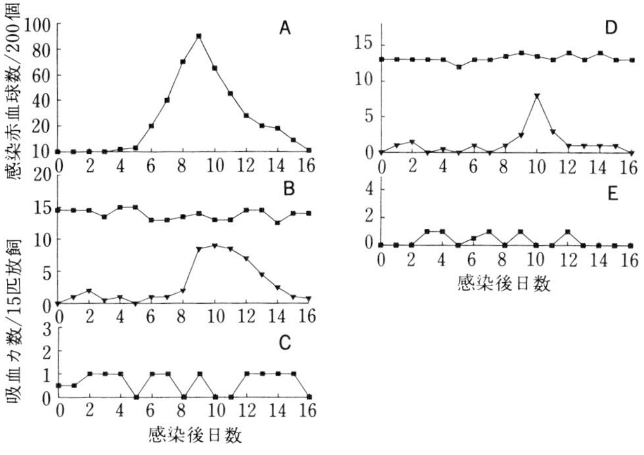

図 6.10　マラリア感染マウスからのカの吸血（Edman and Scott, 1987）
A：感染マウスの赤血球，B, C：ネッタイシマカ，D, E：ネッタイイエカ，B, D：上線は拘束感染マウス，下線は無拘束感染マウス，C, E：無拘束，非感染マウス．

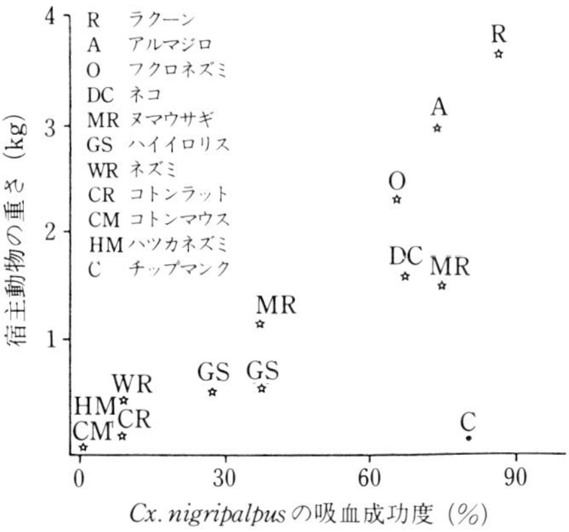

図 6. 11　宿主動物の大きさとカの吸血成功度

対に無拘束マウスでは吸血率は低い．また無拘束マウスでは，血液中にマラリア原虫の生殖体数（gametocytes）が最高に達した日か次の日に，カの吸血率は最高となっている．これは，この日にマウスの防御機構が最低になっていたことを意味する（Edman and Scott, 1987）．

動物宿主もヒトと同じように，うるささ（annoyance）閾値を持ち，防衛行動はカの密度と一致する．たとえば，スズメ1匹に1晩当たり *Cs. melanura* が20匹以下になれば，吸血率が50%以上増加する．反対にコトンラットでは，カが低密度でも吸血率を10%以上には増加させない．宿主動物の大きさもカの吸血率と相関関係にある（図 6. 11）．小動物は激しくしかも効果的な防衛行動を示すので，*Cx. nigripalpus* の吸血率は低い．しかし，宿主の過去の被刺咬経験と防衛行動の間には明確な関係はない．

感染宿主がとくに防衛行動を獲得するか否かについては，動物の種により異なり一定の傾向はない．たとえば，セントルイスウイルスや西部馬脳炎，東部馬脳炎ウイルスに感染したスズメと非感染のスズメを比較したところ，カの吸血率に差はなかった．反対に宿主が免疫抵抗性を獲得することもある．この現象は外部寄生虫で局所的に認められるが，その効力は寄生数を減少するだけで，けっして獲得抵抗性が寄生虫を絶滅するほどの威力はない．さらに広い自然界での働きにも限りがあるであろう．

しかし将来，忌避性ワクチンなどへの応用も考えられ，興味深い研究課題である．たとえばマダニ *Ixodes* の吸血は，宿主の免疫反応を引き起こし，宿主抵抗性獲得の主要因となっている．モルモットを免疫抑制剤で処理すると，ダニには抵抗性を示さなくなる．最近，Need *et al.*（1991）はヒメダニ *Ornithodoros talaje*, *O. turicata*（Acari：Argasidae）をマウスから吸血させ，つくらせた抗体から初期免疫反応を起こす IgM，その後の反応を起こす IgG1 を分離した．しかもこれらの抗体は 90 日間も有効で，*O. turicata*, *O. talaje*, *D. variabilis* の 3 種間に交叉免疫性が認められた．

さきにカの刺咬に対する宿主の免疫反応，なかんずくセロトニン，ヒスタミン，プロスタグランディンなどの分泌について述べた．ダニにも，これらの情報物質は直接的な忌避効果を示す（Paine *et al.*, 1983）．たとえばヒスタミンは局所的な痛痒症を起こし，宿主の「ひっかき運動」を誘発する．この防衛行動は同じウシダニ *Boophilus microplus* では 50% 程度の幼虫付着を阻止する．ところがセロトニン，ドーパミン，ブラディキニン，プロスタグランディン E_2 を付加した血液では幼虫脱落作用はなく，ヒスタミンの牛体皮下注射では有効であった．実際，ヒスタミンとセロトニンを，局所的にみられる 10 mM 程度血液に混ぜ，カワマダニ *Dermacentor andersoni* に摂食させ，その電気波形（第 6 章 1 節 2 項参照）を調べたところ，摂食唾液分泌の波形振幅が減少し摂食忌避を示した．

（3） 動物体内の抗カ特異抗体

カに刺咬され宿主体内にできた特異抗体が，次の吸血カの死亡率を高め産卵率を減少する現象については以前からよく知られていた．たとえば免疫ウサギを吸血させた *An. stephensi* や，ほかの吸血昆虫ニクバエ，サシバエ，ツェツェバエでも知られている．その機構については，摂食した特異抗体が免疫性を保ちながら中腸壁を通過し，体内の標的抗原と反応し，生体生理にいろいろな悪影響をおよぼすとされている．

Hatfield（1988a）の実験では，マウスの免疫グロブリンがネッタイシマカの摂食血液中に 2–3 日間残り，中腸細胞の絨毛内に特異的に取り込まれていた．さらに高感度の ELISA 法で調べたところ，血液中での存在も確認された．特異抗体の中腸細胞通過については，ウイルスが細胞間を通過するように，いわゆる漏れ作用 "leaky" で受動的に通過するのか，あるいは哺乳動物新生児の小腸細胞を母親の免疫グロブリンが通過するように，特異的，能動的に通過するのかは不明である．しかし中腸細胞に吸着した特異抗体が，血液の消化を妨げ，死亡率の増加へつながることは考えられる．事実，ダニでは特異抗体がヘモグロビンの消化を変え，ツェツェバエではタンパク質分解酵素活性を抑制することが知られている．

通過した血液中の特異抗体と標的組織との結合について，Hatfield（1988b）はネッタイシマカの磨砕液抗体がカの筋肉や腸，脂肪体，神経組織に反応することを認めているが，カを刺咬させてできたマウスの血清抗原は唾液腺とだけ反応した．その結果，吸血カの吸血率と産卵率に変化はなかったが，死亡率が血液中の抗原タイターに比例して増加した．しかし Ramasamy *et al.*（1988）は，ウサギでは特異抗体はネッタイシマカの卵巣に特異的に結合したとしている．両者の違いの原因は，Hatfield が砂糖液を吸汁カに供試したのに反し，Ramasamy は吸血カを供試した点にある．

引用文献

Burnstock, G. and C. Kennedy（1985）Is there a basis for distinguishing two types of P_2-purin receptor? *Gen. Pharmacol.*, **16**：433–440.

Christensen, A. A., J. F. Sutcliffe and C. J. Straton（1990）Feeding response of the stable fly, *Stomoxys calcitrans* L., to blood fractions and adenosine nucleotides. *Physiol. Entomol.*, **15**：249–259.

Clifford, C. M., J. F. Bell, G. J. Moore and C. Raymond（1967）Effects of limb disability on lousiness in mice. IV. Evidence of genetic factors in susceptibility to *Polyplax serrata*. *Exp. Parasit.*, **20**：56–67.

Edman, J. D. and T. W. Scott（1987）Host sefensive behaviour and the feeding success of mosquitoes. *Insect Sci. Applic.*, **8**：617–722.

Friend, W. G.（1978）Physical factors affecting the feeding responses of *Culiseta inornata* to ATP, sucrose and blood. *Ann. Entomol. Soc. Am.*, **71**：935–940.

Friend, W. G. and J. J. Smith（1982）ATP analogues and other phosphate compounds as gorging stimulants for *Rhodnius prolixus*. *J. Insect Physiol.*, **28**：371–376.

Friend, W. G. and J. G. Stoffalano, Jr.（1983）Feeding responses of the horsefly, *Tabanus nigrovittatus*, to phagostimulants. *Physiol. Entomol.*, **8**：377–383.

Galun, R.（1966）Feeding stimulants of the rat flea *Xenopsylla cheopis* Roth. *Life Sci.*, **5**：1335–1342.

Galun, R. and J. Margalit（1969）Adenine nucleotides as feeding stimulants of the tsetse

fly *Glossina austeni* Newst. *Nature*, **222**：583–584.
Galun, R., N. Oren and M. Zecharia (1984) Effect of plasma components on the feeding response of the mosquito *Aedes aegypti* L. to adenosine nucleotides. *Physiol. Entomol.*, **9**：403–408.
Galun, R., L. C. Koontz and R. W. Gwadz (1985a) Engorgement response of anopheline mosquitoes to blood fractions and artificial solutions. *Physiol. Entomol.*, **10**：145–149.
Galun, R., L. C. Koontz, R. W. Gwadz and J. M. C. Ribeiro (1985b) Effect of ATP analogues on the gorging response of *Aedes aegypti*. *Physiol. Entomol.*, **10**：275–281.
Galun, R. (1987) Regulation of blood gorging. *Insect Sci. Applic.*, **8**：623–625.
Galun, R., W. G. Friend and S. Nudelman (1988) Purinergic reception by culicine mosquitoes. *J. Comp. Physiol.*, **A 163**：665–670.
Gillett, J. D. (1967) Natural selection and feeding speed in a blood-sucking insect. *Proc. Roy. Soc.*, **B 167**：316–329.
Gordon, R. M. and W. H. R. Lumsden (1939) A study of the behavior of the mouth-parts of mosquitoes when taking up blood from living tissue together with some observations on the ingestion of microfilariae. *Ann. Trop. Med. Parasit.*, **33**：259–278.
Griffiths, R. B. and R. M. Gordon (1952) An apparatus which enables the process of feeding by mosquitoes to be observed in the tissues of a live rodent：together with an account of the ejection of saliva and its significance in malaria. *Ann. Trop. Med. Parasit.*, **46**：311–319.
Hatfield, P. R. (1988a) Detection and localization of antibody ingested with a mosquito bloodmeal. *Med. Vet. Entomol.*, **2**：339–345.
Hatfield, P. R. (1988b) Anti-mosquito antibodies and their effects on feeding, fecundity and mortality of *Aedes aegypti*. *Med. Vet. Entomol.*, **2**：331–338.
Hosoi, T. (1959) Identification of blood compounds which induce gorging of the mosquito. *J. Insect Physiol.*, **3**：191–218.
池庄司敏明（1986）蚊の吸血機構——器官の構造，作用，センサー．日本臨床検査自動化学会誌，**11**：350–354.
Jones, J. C. (1978) The feeding behavior of mosquitoes. *Sci. Am.*, **238**：112–120.
Kashin, P. and H. G. Wakeley (1965) An insect bitometer. *Nature*, **30**：462–464.
Kashin, P. (1966) Electronic recording of the mosquito bite. *J. Insect Physiol.*, **12**：281–286.
河部　進（1979）昆虫の吸汁行動の電気的測定法（EMIF）．植物防疫，**33**：65–70.
Lee, R. M. K. W. and D. A. Craig (1983a) Maxillary, mandibulary and hypopharyngeal stylets of female mosquitoes (Diptera：Culicidae)：a scanning electron microscope study. *Can. Entomol.*, **115**：1503–1512.
Lee, R. M. K. W. and D. A. Craig (1983b) The labrum and labral sensilla of mosquitoes (Diptera：Culicidae)：a scanning electron microscope study. *Can. J. Zool.*, **61**：1568–1579.
Lee, R. M. K. W. and D. A. Craig (1983c) Cibarial sensilla and armature in mosquito

adults（Diptera：Culicidae）. *Can. J. Zool.*, **61**：633–646.

Lehane, M. L.（1991）*Bilogy of Blood-sucking Insects.* Harper Collins Academic, London, 288.

松永忠功（1989）蚊の吸血行動．化学と生物，**27**：751–754.

Mellink, J. J. and W. Van den Bovenkamp（1981）Functional aspects of mosquito salivation in blood feeding in *Aedes aegypti. Mosq. News*, **41**：110–115.

Mumcuoglu, Y. K. and R. Galun（1987）Engorgement response of human body lice *Pediculus humanus*（Insecta：Anoplura）to blood fractions and their components. *Physiol. Entomol.*, **12**：171–174.

Need, J. T., J. F. Butler, S. G. Zam and E. D. Wozniak（1991）Antibody responses of laboratory mice to sequential feedings by two species of argasid ticks（Acari：Argasidae）. *J. Med. Entomol.*, **28**：105–110.

Paine, S. H., D. H. Kemp and J. R. Allen（1983）*In vitro* feeding of *Dermacentor andersoni*（Stiles）：effects of histamine and other mediators. *Parasitology*, **86**：419–428.

Pappas, L. G.（1988）Stimulation and sequence operation of cibarial and pharyngeal pumps during suger feeding by mosquitoes（Diptera：Culicidae）. *Ann. Entomol. Soc. Am.*, **81**：274–277.

Ramasamy, M. S., R. Ramasamy, B. H. Kay and C. Kidson（1988）Anti-mosquito antibodies decrease the reproductive capacity of *Aedes aegypti. Med. Vet. Entomol.*, **2**：87–93.

Ribeiro, J. M. C., P. A. Rossignol and A. Spielman（1985a）Salivary gland apyrase determinations probing time in Anopheline mosquitoes. *J. Insect Physiol.*, **31**：689–692.

Ribeiro, J. M. C., G. T. Makoul, J. Levine, D. R. Robinson and A. Spielman（1985b）Antihemostatic, antiinflammatory and immunosuppressive properties of the saliva of a tick, *Ixodes dammini. J. Exp. Med.*, **161**：332–344.

Ribeiro, J. M. C.（1987）Role of saliva in blood-feeding by arthropods. *Ann. Rev. Entomol.*, **32**：463–478.

Ribeiro, J. M. C.（1989）Vector saliva and its role in parasite transmission. *Exp. Parasit.*, **69**：104–106.

Rossignol, P. A., J. M. C. Ribeiro and A. Spielman（1984）Increased intradermal probing time in sporozoite-infected mosquitoes. *Am. J. Trop. Med. Hyg.*, **33**：17–20.

Rossignol, P. A., J. M. C. Ribeiro, M. Jungrey, M. J. Turell, A. Spielman and C. L. Bailey（1985）Enhanced mosquito blood-finding success on parasitemic hostes：evidence for vector-parasite mutualism. *Proc. Natl. Acad. Sci.*, **82**：7725–7727.

Smith, J. J. B. and W. G. Friend（1982）Diphosphoglycerate and phytic acid as feeding stimulants for the blood-feeding bug *Rhodnius prolixus. Comp. Biochem. Physiol.*, **72A**：133–136.

Waage, J. K.（1979）The evolution of insect/vertebrate associations. *Biol. J. Linn. Soc.*, **12**：187–224.

・7・ 視覚による誘引

可視光による情報伝達の特長は，化学情報とは反対に，色相（spectrum），明度（hue），色彩（飽和度 saturation）の空間的，経時的変化による複雑多岐な信号となり，昼行性昆虫の近距離交信に適している．いいかえれば標的の色，形と大きさ，動きは大切な刺激となり，視覚はとくに昼行性昆虫にとっては不可欠の感覚である．また視覚刺激は，熱や音などの物理的刺激，匂いや味などの化学刺激と共存して強い誘引刺激性を発揮する．遠くから匂いに誘引された昆虫は，近づくと標的をみわける．実際に匂いトラップは簡単な視覚的要素の工夫によって，誘引効率を数倍に高められる．

カは複眼を持つが，単眼は持たない．一般的な複眼の構造については池庄司ら（1986）などの成書を参照されたい．本章ではカの視覚がとくに関係する訪花と吸血宿主の皮膚の色について述べる．

7.1 花とカ

（1） 訪花の必要性と花蜜

カは幼虫時代にたくわえた栄養の一部を成虫時代へ持ち越すが，日々の飛翔エネルギー源として炭水化物は必要で，その補給がなければ雌雄とも寿命は短い．炭水化物とくにフラクトース，グルコース，スクロースがおもな栄養素となっている．自然界ではこれらの糖を花蜜，サトウキビ，果実，アブラムシが排泄する甘露などから摂取している．雌は摂取した糖を一部グリコーゲンに重合し脂肪体にたくわえるが，雄では貯蔵量は少なく，そのまま飛翔エネルギーとして消費するので，羽化数日後から毎日訪花し摂食する必要がある．

飛翔活動による糖の消費量と吸蜜活動による補給量の関係は，カの生理状態や蜜源の有無，天候によって変動するが，1日平均で平衡が保たれている（Handel and Day, 1990）．カを採集し糖含量を分析すると，花から摂取したフラクトース（70% メタノール抽出物の冷アンスロン反応による定量）やスクロース（抽出物の熱アンスロン定量，このなかにはカの血糖トレハロースも含まれる）と，摂取数時間後から合成される貯蔵体グリコーゲン（沈殿物の熱アンスロン定量）の日周期の動態がわかり，カの日周行動がうかがえる．たとえば，吸蜜活動開始前後の19–20時に採集した *Ae. taeniorhynchus* 雌は，1匹当たりフラクトース9.5 μg，スクロース36.5 μg（うち10 μg はトレハロース），グリコーゲンは34.5 μg であったが，吸蜜活動完了後の0時には，それぞれ34.5 μg, 79 μg, 31.5 μg となり前2糖が増加している．朝方6–7時には，28.4 μg, 67.8 μg, 38 μg で糖が一部グリコーゲンへ転換されている．吸蜜後時間を経過した昼12時には，10 μg, 49 μg, 34 μg へといずれの糖も減少している．さらに吸蜜時間前後での詳細な分析では，18時ではフラクトース15 μg，21時では52.9 μg となり，吸蜜は21時前の短時間に行われていることがわかる．

同じように Reisen *et al.*（1986）は *Cx. tarsalis* のフラクトースを分析している．南カリフォルニア州の熱い夏の日没後，雌は雄の群飛に飛来し交尾したのち，すぐに吸血活動に入る．訪花は20–21時から始まり，2–3時ごろピークに達する．いっぽう，空腹の雄は群飛のあとすぐに吸蜜行動に入る．訪花時間については，ほかの種でも多くの研究がある．たとえば *Ae. cantator, Ae. sollicitans* は20–21時に，*Cx. torrentium* は22–4時にピークに達する．北米北部の森林地帯に発生する *Ae. stimulans* は7週間の長い寿命を持ち，昼夜訪花し頻繁に吸蜜するし，また吸血からグリコーゲン合成を行うこともできる（Magnarelli, 1990）．いずれにしても訪花時間はカの種，場所，季節により変動する．

一般に越冬休眠に入るカは，秋口に吸血し脂肪酸を合成し，これを脂肪体に貯蔵する．この現象は生殖分離（gonotrophic dissociation）の一種で，吸血と産卵が一致しないことを意味する．いっぽう，一致するときは生殖一致（gonotrophic concordance）という．ところが，Schaeffer and Miura（1972）は温暖な南カリフォルニアでは，越冬している *Cx. tarsalis* も秋口あるいは冬の暖かい日に吸蜜し，糖から直接脂肪酸を合成貯蔵すると考えている．吸蜜源は雑草の花や収穫後放置された果物，レーズン，砂糖大根などで，ガスクロマトグラフィーによるくわしい分析では，大部分がフラクトースとグルコースであるが，ときにメレティトース（この三糖は，ミツバチが蜜源の少ないとき集めるように，樹液の甘露から摂取したと考えられる）が全糖含量の30% にも達し，トレハロース（α-Glu(1-1)-β-Glu）やラフィノース（α-Gal(1-6)-α-Glu(1-2)-β-Fru）が 5–10% も含まれていた．また，このカは唾液中の酵素で，スクロース，マルトース，メレティトースをすばやく単糖に消化するが，ラクトースやラフィノースは消化もしなければ，摂食刺激にもならない．

Grimstad and DeFoliart（1974）は糖の種類と摂食選択性，栄養価の関係について次のように総括している．スクロースはグルコースより雄の摂食を刺激し，グリコーゲンや脂質へは変換されず，飛翔エネルギー源としてすばやく代謝される．したがって雄はとくに激しい群飛運動の前後にスクロースの豊富なガガイモ（common milkweed, *Asclepias syriaca*）の花などから吸蜜する．反対に雌はグリコーゲンや脂肪酸の貯蔵が必要で，合成にはグルコースが適しており，グルコースを豊富に含むキク科のフランスギク（*Chrysanthemum leucanthemum*），アキノキリンソウ（goldenrod, *Solidago* spp.），ノコギリソウ（*Achillea millefolium*）の花を選好する．しかし，糖には揮発性はなく，カの摂食は刺激するが誘引性はない．花の誘引性は匂いと色にある．

花の匂いに関しては，Wensler（1972）が初めて蜂蜜のエーテル抽出物がネッタイシマカを強く誘引することを示した．雌雄ともに抽出物に約 12 分間誘引されるが，それ以上は係留せず，また蜂蜜摂食後 6 日間は誘引されないことを示した．のちに Vargo and Foster（1982）もガガイモとアキノキリンソウ（*Solidago canadensis*）の花や蜂蜜を，極性の異なる 5 種溶媒で抽

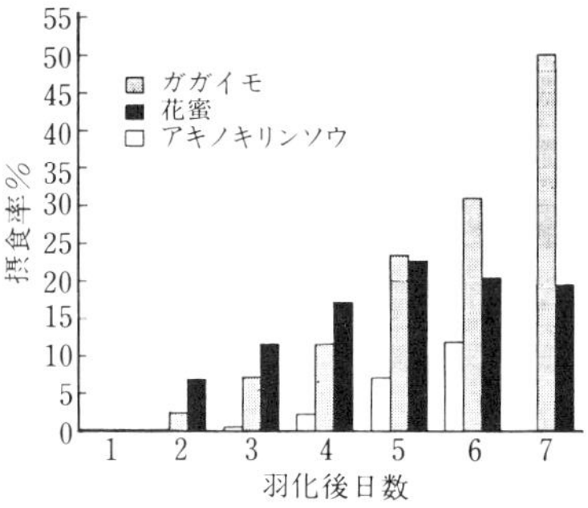

図 7.1 ネッタイシマカ雌の花蜜摂食率（Vargo and Foster, 1982）

出し比較した．その結果，図 7.1 に示すように全抽出物が誘引性を示したが，なかでもガガイモ抽出物がとくに強く誘引した．また 5% の砂糖溶液を摂食させた雌は 1 日後に，吸血した雌では 3 日後に，抽出物への誘引性をそれぞれ回復した．蜂蜜からの誘引物を，著者の研究室の学生がかつて卒業論文の研究で分離を試み，GC-MS による化学構造決定ではテルペン様物質であることは判明したが，時間切れで最終的な決定には至らなかった．したがって，花の誘引物質は糖代謝物ではなく，花の匂いである可能性が強い．

（2） 花の色と昆虫

地上での太陽光の波長スペクトルは 290–3000 nm で，動物の可視光は短波長側に片寄り 290–800 nm（Animal Visual Spectrum, AVS）である．いっぽう，ヒトの可視光スペクトルは 380–780 nm（HVS），昆虫では 300–600 nm（IVS）である．したがって昆虫は紫外光（Ultraviolet, UV）を感受し，赤色光は感受しない．また地上に達する太陽光エネルギーの 65% は AVS の範囲にある．とくに昼行性で 3 原色感受性の網膜を持つミツバチを代表させて表わすと，視覚は 300–390(360) nm（紫外），410–480(440) nm（青），500–650(588) nm（黄）の光に吸収マキシマを持つ．ヒトの 3 原色は 450 nm（青），520 nm（緑），700 nm（赤）である．まず Kevan（1972）は，昆虫の色素感覚をヒトの色素感覚と対比し，ヒトがみる色におきかえて表わし（従来の Daumer の表現より簡単で混乱しない），昆虫の青，昆虫の緑，昆虫の赤と定義した．

Kevan（1978）はカナダの雑草の花の色について解析し，図 7.2 に示すよ

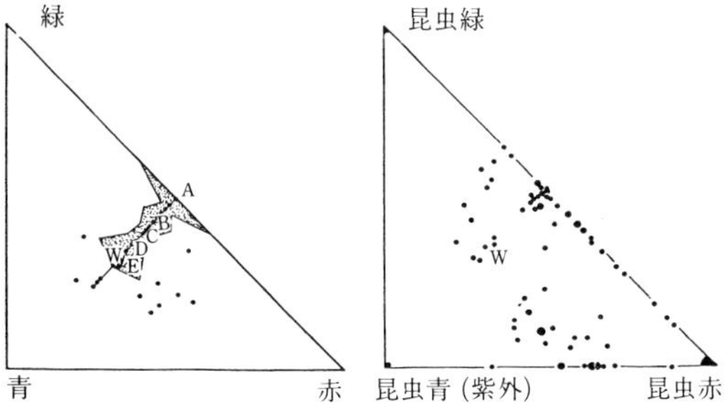

図7.2 カナダにおける雑草の花の3原色解析図 (Kevan, 1978)
ヒト (HVS, 左図) と昆虫の視覚スペクトル (IVS, 右図).

うにヒトには黄や淡黄の花が多く, 25% 程度は白である. ところが, 同じ花が昆虫にはより分散した多様な色にみえ, 昆虫の白は黄白から, さらに黄桃からも離れている. 昆虫の紫色も多く, 緑, 桃へ分散している. 昆虫の赤 (ヒトにはUV のない黄色) にも集中している. すなわち昆虫にとっては, 花それぞれが違った多様な色にみえている.

さらに Kevan (1972), Mulligan and Kevan (1973) はカナダ極北の花の色と訪花昆虫を調べた. その結果, 30 種の白花のうち 2 種しか誘引性を示さず, 紫系統の花も誘引性を示さなかった. 26 種の黄色花 (昆虫の赤) のうち, 13 種は誘引し, 3 種は誘引しなかった. UV とはとくに関係なく, 総じて黄色の花が昼行性の昆虫をもっともよく誘引した. これは黄色の花には反射性の高いものが多く, 反射性の低い葉 (とくに UV やほかの原色光を吸収して黒灰色にみえる. 図 7.3 の花と葉の吸収スペクトルの対比を参照) を背景に強いコントラストを示すので, 遠距離からみえやすいからである. 花弁の混色パターン, とくにネクターガイドは花弁に UV 吸収の筋があり, 昆虫を蜜腺へ導く花色パターンで, 花弁の外側は UV を反射し, 内側はフラボノールを細胞繊毛に含み UV を吸収する (Brehm and Krell, 1975 ; Thompson *et al.*, 1972). ネクターガイドは, キク科などの花に特長的で, 近距離からの誘引には重要である (写真 7.1, シュンギク, ヒメシオンの花弁のパンクロ写真と紫外線写真を対比).

花の大きさや香りも, 昆虫の誘引に大きく関与しているらしい. たとえば

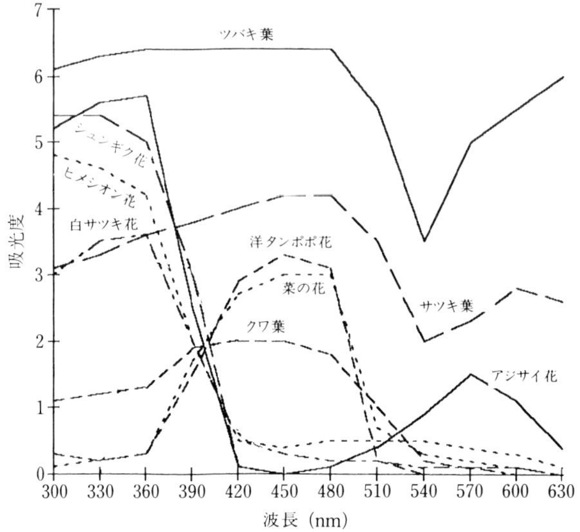

図7.3　花と葉の吸収スペクトル

写真7.1　シュンギク（a, b）とヒメシオン（c, d）の花弁の紫外線吸収
パンクロ写真（a, c）と紫外線写真（b, d）.

ハナムグリは花の直径に比例して誘引される．また自家受粉する雑草は20 mm以下の花をつけ，他家受粉する雑草の花はそれより大きく，自家受粉へ交配育種すると花のサイズは小さくなる．ときに無性生殖や自家受粉する花でも，大型の花には昆虫の訪花頻度は高い．ただし，昆虫は遠距離からは花を個々にではなく群落としてとらえるので，この点を注意しなければならない．

カを誘引する花の色についても研究があるが，スペクトル分析と対応させた報告はない．たとえばGrimstad and DeFoliart（1974）は，ウィスコンシン州で23種（約30%に相当する）の雑草の花に飛来する5属23種のカを調べ，カの訪花性は偶然ではなく特定の選択性を示していることをつきとめた．すなわち，カは季節とともに交代しながら，全植生の20–50%を占めるフランスギク，ノコギリソウ，ガガイモ，アキノキリンソウを強く選択した．これらのキク科の花の色は，白，黄，桃の淡色である．日本の草本や木本の花をアカイエカ，ネッタイシマカに吸蜜させた原田ら（1974）による実験でも，クリやマテバシイなど木本の白い花がよく，飼育カゴに挿入するとたちまち花穂に群集した．これは光反射率の低い濃緑の葉を背景にした，白い花とのコントラストと，特有の強い匂いによると考えられる．

（3） 花と昆虫の相互進化

カゲロウやトンボなどの旧翅群昆虫が飛翔し始めたのは2億5000万年前の石炭紀で，続いて1億5000万年前のジュラ紀には新しい飛翔メカニズムを持ったハエやミツバチなどの貧新翅群が分化した．それはソテツ，イチョウ，針葉樹の時代で，このころから被子植物が進化し始め，葉から花が分化した．昆虫が訪花し始め，これを機会に被子植物も昆虫種も爆発的に増加した．すなわち胞子は飛翔する昆虫の助けを借りて分散し，植物個体間の遺伝子交流を促進し変異を拡大したからである．現在，65%以上の被子植物は虫媒介花を持ち，20%以上の昆虫種は花蜜や花粉を摂食するといわれている．このように花と昆虫の関係は地質時代から継続しており，ヒトに愛でられるために存在するのではない．ちなみに，ヒトと花の関係はせいぜい100万年の歴史しか持っていない．

花と昆虫の相互進化の過程は花の形に現われている（Barth, 1991）．もっとも原始的な花は不定形のめだたないものであった．タイサンボクやモクレンの花は白亜紀に始まり，現在の花形の原形と考えられている．すなわち，非対称の半球形で多数の雄ずい，雌ずい，花弁が渦巻き状に配置されている．次にこれらの要素が円形に配置され，フクジュソウのような平面開放的，放射対称形の花が進化した．それから二分し，一方は単子葉植物のムラサキツユクサのように，他方はキンポウゲのように花弁を一定数に減らした．さらに前者はフリージアのように後者はオダマキのように，花弁は融合し蜜腺は後退し，左右対称でより立体的となる．進化の最高レベルでは，それぞれアツモリソウ，トリカブトのように複雑な花形となっている．この花形の変化は訪花する昆虫の種類との間の相互進化に基づいている．

訪花昆虫のなかでは鞘翅目（甲虫）が最大で35万5000種，鱗翅目（チョウ，ガ）は16万5000種，膜翅目（ハチ）は10万5000種，双翅目（カ，ハエ）は9万種である．そのなかでもっとも古い甲虫類は，口器が咀嚼型で初期の平面開放型の花に適応しているし，ハチ類も同様で，次世代の花弁が融合し蜜腺が後退して筒状に進化した花では，足場もなく侵入しがたい．それに適応して口吻を長くしたのがチョウやガ類で，飛翔しながら吸蜜できる種もいる．花は形をかえ，色香を付加して，ほかの花よりめだとうとする．いっぽう，訪花昆虫は隠された花蜜を得るために，花の種類を学習し相互進化したのである．

7.2　動物の形状と吸血誘引

カの吸血誘引に関与する動物宿主の化学的要因については，すでに述べた．ここでは標的動物の非化学的要因，とくに色，形，動きについて述べる．

（1）　動物の色と誘引性

カにとって蜜源の花の色と，吸血源の動物の色は異なる可能性がある．そこで着衣の色や皮膚の色と雌カの誘引性について考察してみる．

着衣の色とカの誘引性については，昔から多くの実験が行われてきた．

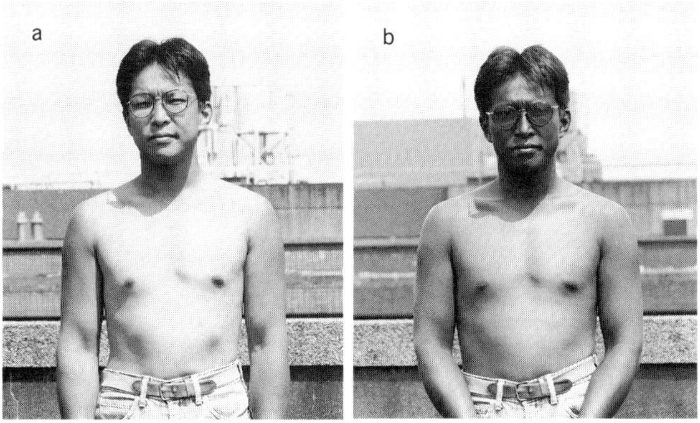

写真 7.2　日焼けしてメラニン色素を増強した日本人学生
パンクロ写真（a）と紫外線写真（b）.

Gjullin（1947）はヒトに色シャツを着せ日陰に立たせ，*Ae. lateralis* や *Ae. dorsalis* の飛来数を比較した．その結果，黒，青，赤，褐，緑，黄，白の順によく誘引し，黒と白の差は 3–4 倍であった．Brown（1955）も同じように，青，緑，黒，白の戦闘服を着せ，顔や背中に着止する *Ae. communis, Ae. punctor* など 4 種の数を比較した．黒対白でもっとも差が大きく約 1.5 倍の差を示した．

ヒトの皮膚の色でも同様で，黒いメラニン含量の多いヒトは刺咬されやすい（写真 7.2）．Smart and Brown（1956）によれば，黒人の手は黄色人種の手より，黄色人種の手は白人の手よりネッタイシマカを誘引しやすい．また動物の黒い皮膚，毛皮，羽は UV 光をよく吸収しカには暗く（明度）みえる．それらのスペクトル吸光率を図 7.4 に示す．実験用マウス，ニワトリ，カンガルーの白色部，ホワイトフォクス，ブルーフォクスは全領域で吸光率が低い．とくに昆虫の皮膚成分であるキチンは完全な白である．反対に，ヒトの黒髪，ヒグマ，タヌキ，テン，ダークミンク，アナグマ，メラニン（イカの墨）は吸光率が高い．なお，カラスの羽は「濡れ羽」のたとえほど黒くもない．一般的に動物の皮膚は UV 領域では高い吸光率を示し，カには暗くみえるようである．蚊柱（カの群飛）は黒髪のヒトの頭や，動物の上にできることは，第 4 章 2 節で述べた．蛇足ながら，ヒトの白髪はメラニンを失い

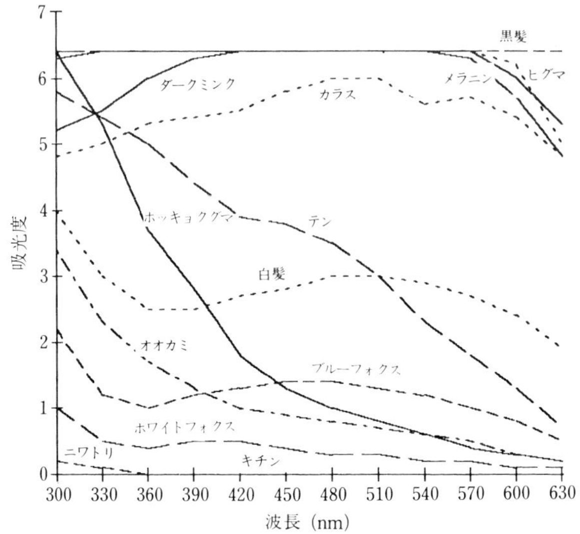

図 7.4　動物の毛皮と羽毛の吸収スペクトル

UV 領域の吸光率も低くなっている．ここで大切な例外はホッキョクグマで，UV 領域で極端に吸光率が高く，昆虫には白い花のように（昆虫の青）よくみえる存在である（写真 7.3）．いっぽうホッキョクウサギやホッキョクギツネはUV 光もよく反射し，雪原の豊富な UV 反射光のなかに溶け込み，UV 光を感知できない捕食動物から隠れることができるらしい（Lavigne

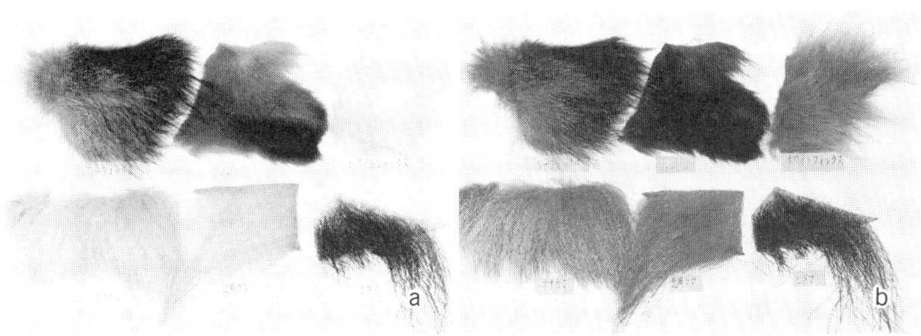

写真 7.3　各種動物の毛皮

パンクロ写真（a）と紫外線写真（b）．上左からブルーフォックス，テン，ホワイトフォックス，下左から，オオカミ，ホッキョクグマ，ヒグマ．

and Oritsland, 1974)．UV 光を感知できるカとの関係は，将来のよい研究課題になるであろう．

交尾行動についても，雄は種と雌の識別に，羽音とともに視覚を用いている可能性がある．カには種や性特有の白黒斑紋があり，白斑はキチンで UV を含む全スペクトル光を反射する完全な白色で，黒斑は主としてメラニンで完全な黒色である（図 7.4）．とくに昼行性の種には，オオカのように金属色の鮮やかな色彩のものや，ヤブカのように強烈な白黒コントラスト模様を持つものが多い．

（2） 雌カを誘引する色

カを誘引するためのカラー板やライトトラップの試験はたびたび行われてきた，カの種，性，飛翔目的（吸血，吸蜜，産卵，自由飛翔），実験条件（環境条件，照射光，室内，野外，昼，薄暮時，夜），色の定義（スペクトル，反射率）などの実験情報の欠如から結果は多少異なるが，図 7.5 にまとめた．大勢では黒がもっとも誘引し，カにとって黒色とみえる赤，低反射率の紫外，紫，青が続き，反対に白，黄，緑の順で誘引しない．カは２つの異なる行動反応に基づき，これらの色系列を選択しているようである．１つは吸

	紫外（300–400）　紫　青　緑　黄　橙　赤　赤外（800–900） 300　400　500　600　700　800　900 nm
スペクトルマキシマ (nm)	
ネッタイシマカ	360　515
ライトトラップへの走光性	
アカイエカ	ブラックライト＞青色蛍光灯＞タングステン電球
ネッタイイエカ	青　＜黄，赤，白
Culex nigripalpus	青　＝黄，赤，白
Cx. salinarius and *Ae. vexans*	紫　青　＞黄，赤，白
Cx. tarsalis, *Cx. fatigans* and *An. sirrensis*	紫外，　青，緑，橙，白＜赤
An. stephensi	紫外，　＞青，緑，黄　＜赤
Cx. nigripalpus, *Psorophora confinnis* and *Uranotaenia saphilina*	緑
An. stephensi and チカイエカ	紫＞青＞緑，黄
Aedes, *Culex*, *Culiseta*	水銀ランプ＞紫，混合色ランプ
Culicidae spp.	紫外　＞　緑，黄，白

図 7.5　カの走光性と網膜光色素の吸収スペクトル（池庄司，1981）

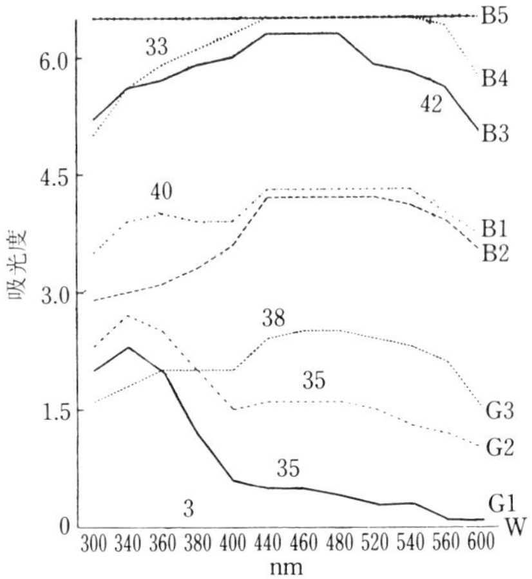

図7.6　吸光度の異なる各種色板（黒から白）のネッタイシマカ雌に対する誘引性（Kusakabe and Ikeshoji, 1990）
図中の数値はB5に対する誘引率（%）を表わす．B：黒，G：灰色，W：白．

血標的（appetitive flight）に対してで，黒や赤の低反射率の色が選択されている．2つは吸血行動以外の自由飛翔で，ライトトラップのように紫外光を出す黒色灯，水銀灯，紫外ランプがよく誘引している．また，このような光源には雄も多く誘引される．

塩化ビニールの着色板や偏光板を使用したネッタイシマカ雌の吸血誘引実験でも，色や偏光にかかわらず，300–600 nm の領域での反射率と関係し，図7.6のように反射率の低い暗黒色塩化ビニール板を選択している．すなわちコントラストが選択の基準になっており，反射率とは反比例の関係にで

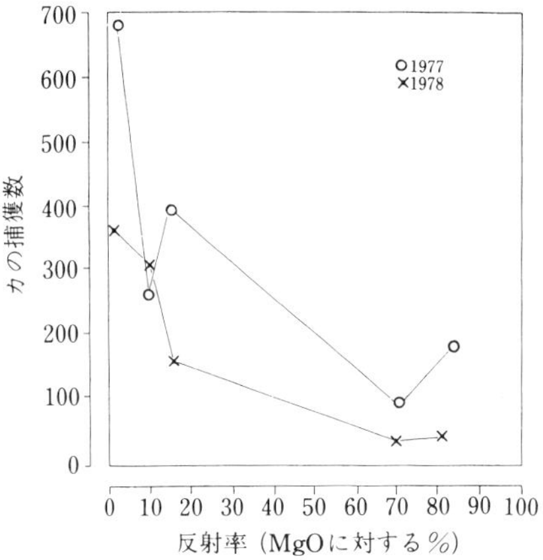

図7.7　各種色板トラップの光反射率とカの誘引捕獲数（Browne and Bennett, 1981）

はなく，悉無律（全か無かの法則）に選択している．

対照との選択試験ではなく，単独試験の場合には，Browne and Bennett（1981）が *Ae. cantator, Ae. punctor, Ma. perturbans* を野外で捕獲したように，誘引率と色板の反射率の間には比例関係が得られている（図7.7）．この関係は昼夜とも同様であった．黒色とほかの色の縞模様を選択させた場合でも，誘引率は黒色部の総面積に比例した．しかし，カは同じ双翅目のハエのように，2–3原色に応答する視神経を持ち，色の識別ができることも確かである．Browne and Bennett（1981）は，カの標的選択では色と強度が関与し，一義的には色に，二義的には低反射率に反応しているが，吸血行動ではたいていの大型恒温動物は低反射体であり，この特性が重要となっていると考えている．

偏光とカの誘引性については，いくつかの研究があるが，むしろ将来の研究課題である．すなわち黒い動物体はUV光もよく吸収し偏光を反射することもないので，カの吸血行動では偏光は関与しないであろう．しかし，日没後の残光や水面からの反射光には偏光が含まれるので，飛翔や群飛（Wellington, 1974），雌の産卵（Schwind, 1989）には偏光が重要な役割を果たすであろう．事実，ネッタイシマカの抱卵雌は鏡や黒い紙に載せたガラス板に誘引され，これはUVの偏光による誘引と考えられる．

（3） 標的の形と動き

標的の形も大切な誘引特性である．Browne and Bennett（1981）は直径40.6 cmの球と，同じ表面積の40.6×40.6 cm，高さ35.2 cmのピラミッドの誘引性を比較し，球がピラミッドより2倍，さらに黒い球は白い球より8倍捕獲率が高いことを示した．またBrown（1952）も同じように，球面に白黒の帯や格子模様を描き誘引性を調べ，模様が多いほど誘引数も多いとした．著者の実験では，立体トラップとして黒色塩化ビニール板を折ってつくった風車は，同面積の平板トラップより格段にカの捕獲効率がよい．立体標的の優れた誘引性は，Mzokhin-Porshnyakovの解釈によれば，飛翔するカは標的を断続の光のフラッシュ映像としてとらえるので，フラッシュ数は立体や不規則構造の標的で多くなる．たとえば球は平板より視覚映像がより変

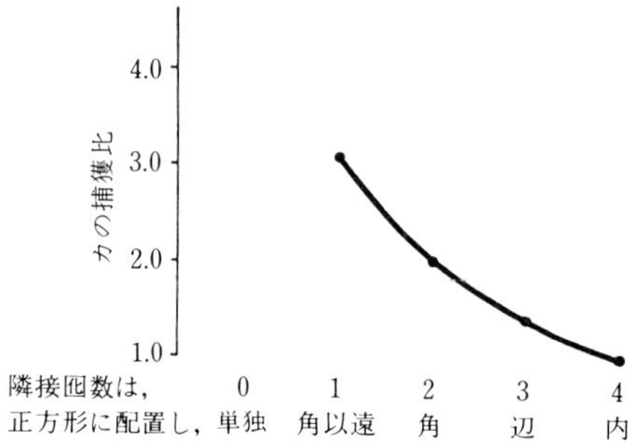

図7.8　視覚トラップの設置位置とカ捕獲率（Bidlingmayer and Hem, 1980）

化し，複眼を通して網膜に達する刺激回数は多くなる．標的の大きさも同じ原理で，あるいは遠距離からのみやすさで，誘引性が高い．

カの可視距離を調べるため，Bidlingmayer and Hem（1980）はフロリダの16 haの灌木の半牧草地に，1.5×2.4 mのベニヤ板視覚トラップを16個，格子状に配置しカの捕獲数を調べた．その結果，15 m間隔に設置したとき，図7.8のような雌の捕獲比が得られた．四方をほかのトラップで囲まれたトラップの捕獲率は1.0で，端の三方を囲まれたトラップは1.5，角の二方を囲まれたトラップでは2.1，さらに角から離し一方のみ接したトラップでは3.3であった．すなわち，競合トラップが1個増加するごとに捕獲率が33%減少した．孤立したトラップでは5.0が期待できる．したがって，この実験で使用したトラップの大きさと環境条件下では，各視覚トラップが競合を避けるためには，最低40 mの間隔が必要であり，トラップ1個の誘引効果は1250 m^2 をカバーした．同様に各種のカについて可視距離を測定した結果は，*Ae. vexans, Ps. columbiae* がもっとも遠距離を，*Cx. nigripalpus, Cs. melanura* が続き，*An. crucians, Ps. ciliata, Ur. lowii* までが15.5–19 mの可視距離を示した．また，*Ur. sapphrinai, Cx. quinquefasciatus* は7.5 m以下の近距離を示した．

昆虫はとくに動体視覚が発達し，カも標的の動きに鋭敏である．Sippel and Brown（1953）は麻酔し静止したマウスと自由に動くマウスを透明な密閉容器に入れ，ネッタイシマカに選択させたところ，動くマウスのほうが3.7倍誘引性が高いことを報告している．このように極端ではないが，Wood and Wright（1968）も，ケージ上から光の明暗帯を投射し3.5–5 cm/

secの速度で動かしたときは，静止したときより暖湿黒色標的へのカの飛来数が1.8倍増加することを示している．Kusakabe and Ikeshoji（1990）の実験でもメトロノーム針につけた4×4 cmの黒板は，静止状態より8.7 cm/secの振り子運動で，ネッタイシマカ雌雄を2倍誘引した．

以上のような物理特性をいかした多種多様なトラップが考案されているが，ほかの具体例についてはService（1976）を参照されたい．

引用文献

Barth, F. G.（1991）*Insect and Flowers : The Biology of a Partnership*（Translated by M. A. Biederman-Thorson）. Princeton University Press, Princeton, New Jersey, 408.

Bidlingmayer, W. L. and D. G. Hem（1980）The range of visual attraction and the effect of competitive visual attractants upon mosquito（Diptera : Culicidae）flight. *Bull. Entomol. Res.*, **70** : 321–342.

Brehm, B. G. and D. Krell（1975）Flavonoid localization in epidermal papillae of flower petals : a specialized adaptation for ultraviolet absorption. *Science*, **190** : 1221–1223.

Brown, A. W. A.（1952）Factors in the attractiveness of bodies for mosquitoes. *Trans. 9th Int. Contr. Entomol.*, **1** : 895–900.

Brown, A. W. A.（1955）Effect of clothing color on mosquito attack on exposed skin. *J. Econ. Entomol.*, **48** : 130.

Browne, S. M. and G. F. Bennett（1981）Response of mosquitoes（Diptera : Culicidae）to visual stimuli. *J. Med. Entomol.*, **18** : 505–521.

Gjullin, C. M.（1947）Effect of clothing color on the rate of attack of *Aedes* mosquitoes. *J. Econ. Entomol.*, **40** : 326–327.

Grimstad, P. R. and G. R. DeFoliart（1974）Nector sources of Wisconsin mosquitoes. *J. Med. Entomol.*, **11** : 331–341.

Handel, E. V. and J. F. Day（1990）Nector-feeding habits of *Aedes taeniorhynchus*. *J. Am. Mosq. Cont. Assoc.*, **6** : 270–273.

原田文雄・森谷清樹・矢部辰男（1974）花蜜によるイエカ属およびヤブカ属成虫の飼育実験（第3報）．衛生動物，**25**：79–88.

池庄司敏明（1981）カとハエの性行動をおこす刺激――羽音，色，匂い．『昆虫学最近の進歩』石井象二郎編，東京大学出版会，東京，433–446.

池庄司敏明・山下興亜・桜井宏紀・山元大輔・正野俊夫（1986）昆虫生理化学．朝倉書店，東京，262.

Kevan, P. G.（1972）Floral colors in the high arctic with reference to insect-flower relations and pollination. *Can. J. Bot.*, **50** : 2289–2316.

Kevan, P. G.（1978）Floral coloration, its colorimetric analysis and significance in anthecology. In : *The Pollination of Flowers by Insects*. A. J. Richards ed., Academic Press, London, 51–78.

Kusakabe, Y. and T. Ikeshoji（1990）Comparative attractancy of physical and chemical stimuli to aedine mosquitoes. *Jpn. J. Sanit. Zool.*, **41**：219–225.

Lavigne, D. M. and N. A. Oritsland（1974）Black polar bears. *Nature*, **252**：218–219.

Magnarelli, L. A.（1990）Total available carbohydrates in *Aedes stimulans*（Diptera：Culicidae）. *Can. J. Zool.*, **68**：603–606.

Mulligan, G. A. and P. G. Kevan（1973）Color, brightness and other floral characteristics attracting insects to the blossoms of some Canadian weeds. *Can. J. Bot.*, **51**：1939–1952.

Reisen, W. R., R. P. Meyer and M. M. Milby（1986）Patterns of fructose feeding by *Culex tarsalis*（Diptera：Culicidae）. *J. Med. Entomol.*, **23**：366–373.

Schaeffer, C. H. and T. Miura（1972）Sources of energy ulitized by natural populations of the mosquito, *Culex tarsalis*, for overwintering. *J. Insect Physiol.*, **18**：797–805.

Schwind, R.（1989）A variety of insects are attracted to water by reflected polarized light. *Naturwis.*, **76**：377–378.

Service, M. W.（1976）*Mosquito Ecology：Field Sampling Methods*. Applied Science Pub., London, 583.

Sippel, W. L. and A. W. A. Brown（1953）Studies on the responses of the female *Aedes* mosquito. Part. V. The role of visual factors. *Bull. Entomol. Res.*, **43**：567–574.

Smart, M. R. and A. W. A. Brown（1956）Studies on the responses of the female *Aedes* mosquito. Part VII. The effect of skin temperature, hue and moisture on the attractiveness of the human hand. *Bull. Entomol. Res.*, **47**：89–100.

Thompson, W. R., J. Meinwald, D. Aneshansley and T. Eisner（1972）Flavonols：pigments responsible for ultraviolet absorption in nector guide of flower. *Science*, **177**：528–530.

Vargo. A. M. and W. A. Foster（1982）Responsiveness of female *Aedes aegypti*（Diptera：Culicidae）to flower extracts. *J. Med. Entomol.*, **19**：710–718.

Wellington, W. G.（1974）Changes in mosquito flight associated with natural changes in polarized light. *Can. Entomol.*, **106**：941–948.

Wensler, R. J. D.（1972）The effect of odors on the behavior of adult *Aedes aegypti* and some factors limiting responsiveness. *Can. J. Zool.*, **50**：415–420.

Wood, P. W. and R. H. Wright（1968）Some responses of flying *Aedes aegypti* to visual stimuli. *Can. Entomol.*, **100**：504–513.

・8・ 新たな領域

8.1 カ媒介病の拡大とヒトスジシマカ，ヤマトヤブカの拡散

（1） カ媒介病の分布拡大

第1章4節1項では1991年当時の世界のカ媒介病について述べた．それから十数年経過しても，各国政府やWHOなどのカ防除の努力にもかかわらず，カ媒介病の流行は減少するどころかむしろ拡大している（図8.1）．

マラリアは1950年代から世界的に分布域・罹患者数を減少し続けてきたが，1990年代から平衡状態で罹患者数も年間2億人から3億人となった．しかし現在は再び減少し，アフリカ大陸と過去の大流行地域周辺に限られるようになっている．致死率も罹患者の2%から0.3%に改善し，治療対策が功を奏している．日本では古代・中世から昭和60年代まで風土病として定着し，とくに平安・鎌倉時代には京畿で大流行した．現在は年間500人程度の海外帰国罹患者があるだけで定着していない．

フィラリア罹患者は3万人から1億2000万人に増加し，後遺症患者は33%に達する．都市周辺のネッタイイエカと南米の*An. gambiae*の増加が原因で，中国・南米で拡大し，エジプトとサハラ以南のアフリカでは5000万人のバンクロフト糸状虫罹患者がいる．日本では1960年代に絶滅した．

日本脳炎はコガタアカイエカが媒介する．流行地は南アジア・東南アジアに加え中国全域に拡大したが，罹患者数は30万人から5万人少々まで減少

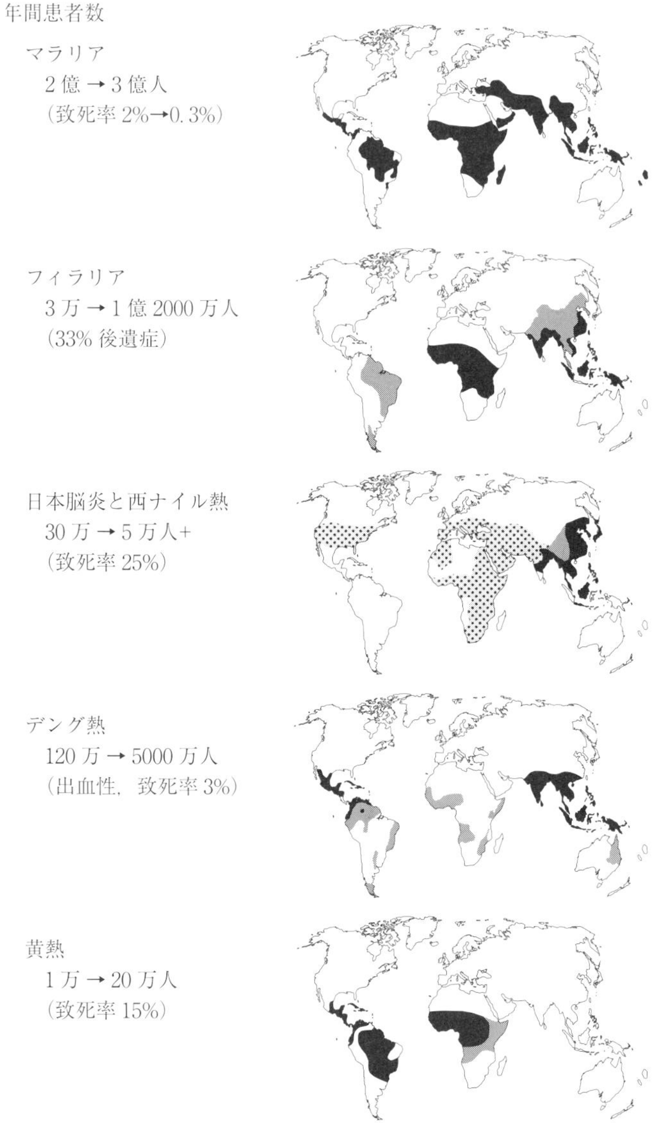

図8.1　世界のカ媒介病（LeMonnier, 1991から改変）
■：1991年範囲，▒：2002年範囲，⁘：西ナイル熱流行地.

した．罹患者の致死率は25%である．日本では年間数人の罹患者がいる．同じフラビウイルスが原因の西ナイル熱は中東・北アフリカの風土病で，近年渡り鳥により南アフリカやヨーロッパ，北米へ拡大した．ニューヨークの大流行は1999年から始まり，数年で全米を席巻した．主力媒介カは在来種の *Cx. pipiens* で，日本・東洋から移入したヒトスジシマカやヤマトヤブカも関与している．

デング熱罹患者は120万人から5000万人に激増し，劇症の出血性熱炎では3%が死亡する．東南アジアやアフリカ，中南米，オーストラリア北部の都会で拡大している．また熱帯では在来のネッタイシマカが，温帯では拡散してきたヒトスジシマカが媒介している．日本の海外帰国罹患者は年間100人程度である．2014年，東京では72年ぶりに流行したが，温暖化による高温・多雨環境が都会周辺のヒトスジシマカを増殖し，流行の素地をつくっている．

400年来の古典的な黄熱も罹患者は1万人から20万人に増加したが，致死率は10–50%から15%とあまり変化していない．流行地は中・南米とアフリカの開発途上国の都会で，サハラ砂漠以南・東部へも拡大している．

（2） ヒトスジシマカの世界拡散

ヒトスジシマカは東南アジアや太平洋・インド洋の島々の森林種であったが，1970年代に卵や幼虫が日本・東アジアからの古タイヤや南中国からの竜血樹（*Dracaena sanderiana*）に付着して地球を東回りし，太平洋・パナマ運河を渡ってアメリカ南部・東沿岸に上陸した．漸次内陸へカリフォルニアまで，さらに南下してカリブ諸島や南米に達した．いっぽう，西回りしたカは中東を経由して地中海沿岸に入り，遅れてヨーロッパ内陸へ浸透していった．アフリカには1990年に南アフリカへ達していたが，中部アフリカには地中海か北米から拡散したと考えられる（図8.2）．

ヒトスジシマカとネッタイシマカは同所競合種である．東南アジアでは在来のヒトスジシマカは新来のネッタイシマカ（*Ae. ae. aegypti*）より弱く，逆にアメリカ大陸では在来のネッタイシマカ（*Ae. a. aegypti* と *Ae. a. formosus* の混血種と考えられる）より新来のヒトスジシマカのほうが強いよう

図 8. 2　ヒトスジシマカとヤマトヤブカの世界拡散

×，↓：ヒトスジシマカ拡散地と方向，●，⇣：ヤマトヤブカ拡散地と方向，⇒：西ナイル熱拡散方向．数値は拡散年号の下 2 桁を示す．

である．それにはいろいろな理由が考えられる．たとえばヒトスジシマカはネッタイシマカより成育温度が低く，短日休眠性で北極圏を除く地球上の広域や高地森林地帯まで成育できる．またネッタイシマカは純都会型で寡植な住宅街の廃棄容器などで発生し，吸血宿主はほぼヒトに限定されるが，ヒトスジシマカは半都会型で近郊の植生地，公園墓地，庭園や家庭の排水枠，廃棄容器，古タイヤなどで発生し，ヒトのほかに愛玩動物や野鳥，渡り鳥から吸血する．さらにヒトスジシマカ幼虫は餌不足下でも競合して成長が早い．

ヒトスジシマカが在来種と交代すれば，媒介病も変化する．このカはフラビウイルス（西ナイル熱やデング熱，日本脳炎），アルファウイルス（チクングヤ），フラボウイルス（リフトバーレィ熱，ロスリヴァー熱）を含む 23 種以上のアーボウイルスやイヌ糸状虫（*Dirofilaria immitis, D. repens*）を媒介するので，拡散先では在来媒介種ネッタイシマカや *Ochlerotatus*，イエカ類との競合・疫学的な難題が持ち上がる．アジア・太平洋の島々ではデング熱媒介カはヒトスジシマカであるが，西半球ではネッタイシマカからヒトスジシマカに交代した．逆に，アジア大陸ではネッタイシマカに代わり，大都市では 1950 年代から出血性デング熱も流行している．これまでネッタイシマカはヒトスジシマカよりデング熱ウイルスの受容性が低いとされてきたが，実際にはネッタイシマカのほうがはるかに高いことがわかった．

（3） ヤマトヤブカの世界拡散と西ナイル熱伝播

西ナイル熱は1937年にウガンダでみつかり，広くアフリカ大陸や中東，南アジアが流行地で，1950–90年代にはイスラエル，フランス，ルーマニアなどヨーロッパ各地へ広がった．最初に *Cx. univittatus*，*Cx. antennatus* からウイルスが分離され，のちに *Cx. pipiens* やヒトスジシマカ，ヤマトヤブカ（*Ochlerotatus*（*Aedes*）*japonicus japonicus*, Theobald, 1901）が主媒介種であることがわかった．

ヤマトヤブカはヒトスジシマカより少し遅れて日本や東アジアから拡散し，1988年にメリーランドやボルチモア，ワシントンDC周辺に定着し，カラス類から吸血して西ナイル熱ウイルス（WNV）を貧民層やウマに媒介した．1992–98年にはコネチカットで，1998年にはバージニアでもヒトスジシマカとともに採集され，東沿岸全域やハワイ，カナダの一部でも広く繁殖している．Fonseca *et al.*（2001）は日本のヤマトヤブカ6個体群とアメリカ9個体群のmtDNA, ND4のDNA配位を比較して，日本個体群間では遺伝子変異が小さく交流がなかったが，アメリカとニュージランドの個体群では遺伝的変異が多様であることを発見した．その結果，ヤマトヤブカの由来は不明瞭であったが，南本州か西九州個体群のDNA配位が近似しており，その周辺が拡散源と推定した．

1999年にニューヨークで突然多数のカラスや動物園のトリが痙攣死亡し，ついで市内では62万人の西ナイル熱患者が続出した．さらに感染者はアメリカ全土に広がり，2002年には4156人が，2003年には9862人が発病した．とくに南カリフォルニアでは猛威をふるい，2005年までに2016人が発病した．

WNV媒介カの種類についてはアメリカ各地で多くの研究があるが，結果は地域によってまちまちである．Turell *et al.*（2001）はニューヨークで墜落死したカラスから分離したWNVをニワトリに接種し，近郊のカ数種を吸血させ媒介能を調べた．その結果，ヤマトヤブカやヒトスジシマカ，*Ae. at-*

ropalvus に親和性が高く，*Cx. pipiens* と *Ae. sollicitans* にはほどほどで，ネッタイシマカや *Ae. taeniorynchus*，*Ae. vexans* には親和性がなかった．さらに北フロリダでは 2001 年にニワトリを囮に WNV 感染した *Cx. nigripalpus* とネッタイイエカを捕集しているし，キイウエストでも自然感染した *An. atropos*，*Deinocerites cancer*，*Oc. taeniorhynchus* を捕獲している．オハイオでは 2002 年に *Ae. vexans*，*Cx. pipiens*，*Cx. restuans*，*Oc. triseriatus* を多数捕獲したが，*Cx.* 2 種が最高の WNV 感染率を示している．北部アメリカでは *Cx. restuans* が最高のトリ吸血率を示すので，動物との間で WNV の橋渡し役をしていると考えられている．さらにカリフォニアの室内感染実験では *Cx. tarsalis* や *Cx. pipiens* 複合種，*Oc. sirrensis* が効率的で，ネッタイイエカは非効率的であった．動物風土病（enzootic）としては *Cx. tarsalis* と *Cx. pipiens* が有力媒介種である．

1999，2000 年の北アメリカの流行は都市型感染であったが，フロリダでは郊外型で野鳥感染が先行し，2 週間遅れでヒト感染が始まっている．野鳥 1106 匹，ウマ 492 頭，ニワトリ 194 羽，ヒト 12 人，イエカは 13/28 匹が感染しており，WNV 検出には野鳥の死亡率確認が最速で最高であった．

フランス首都圏やヨーロッパでのヤマトヤブカの最初の報告は 2000 年で，日本やアメリカから輸入した中古タイヤから発見されたが，WNV はウマから検出され，*Cx. pipiens* が主媒介種である．イタリア中部トスカナ地方では 1998 年に西ナイル熱が起こったが，カ最盛発生期がアフリカからの渡り鳥到着期と合致していた．とくに春季に大発生する半トリ吸血性の *Cx. impudicus* が WNV を渡り鳥から土着鳥に伝播し，夏季に多動物吸血性の *Cx. pipiens* がトリからウマやヒトに伝播していた．旧世界では *Cx. pipiens* 複合種が動物風土病 WNV を媒介するが，北ヨーロッパではそのようなカ異種間の遺伝子交流はなく生態的に隔絶している．いっぽう，アメリカではヒト吸血種とトリ吸血種の交配種が橋渡し種となり，史上空前の西ナイル熱流行をもたらした．

8.2 産卵誘引・忌避と密度調節

産卵はカの一生を通じてもっとも重要な時期で，分布や個体群の大きさを決定する．農作害虫が作物の匂いや味を選択して産卵・摂食するように，カも水面から蒸散する匂いと水質を選択して産卵する．第2章と第3章では産卵誘引と忌避に関する先駆的研究を解説したが，本章ではさらに多種類の新産卵誘引・忌避物質や競合動植物と密度調整物質について最近の事例を紹介する．

（1） 産卵誘引物質と忌避

WNVを野鳥からヒトに橋渡しする *Cx. restuans* は自種の生息水域には産卵回避し種内競争を避け，なおかつ他水域へは産卵促進する戦略を持っている．事実，室内試験で卵塊は野外水容器に集中したが，各容器内の卵塊数は減少していた．この産卵行動は病原媒介カの局地的減少と生息域拡大という二律背反性を持ち，疫学的な絡みを含んでいる．

ネッタイイエカの卵先端の油滴に含まれる産卵誘引フェロモンである6–アセトキシ–5–ヘキサデカノリドはイエカに特異的な産卵フェロモンであることはすでに説明した．最近，ホウキギ（*Kochia scoparia*，ヒユ科）がacy-ACP脂肪酸不飽和酵素を持ち，種子がこの特異な不飽和脂肪酸5–ヘキサデセン酸を含むことがわかった．この脂肪酸から合成したフェロモンは単独でも，ほかの産卵誘引物質スカトールと協力しても屋内外試験で有効である．つまり産卵誘引フェロモンとカイロモンの協力効果が認められている．

産卵誘引物質が細菌・藻類や植物起源の例も多数ある．ネッタイシマカ飼育水から *Psychrobacter immobilis* が，土壌汚染した綿タオルから *Spingobacterium multivorum* が，カシ葉浸漬液からは枯草菌（*Bacillus* sp.）が分離され，これら細菌の代謝脂肪酸やメチルエステルが高い産卵誘引性を示している．通常，野外のカ発生源では植物プランクトンは動物プランクトンの餌となり，前者は直接幼虫の餌とはならない．このような食物連鎖はネッタイシマカが発生する容器や古タイヤ，竹切株，水溜りなどでもみられる．Rohani *et al.*（2002）はマレーシアの都市郊外の放棄容器を調査し，ネッタイシマカ幼虫や 196 種の藻類を発見した．適度な日照の清浄水容器には幼虫とクロレラ，*Senedesmus*，トックリヒゲムシが共存していたが，無生息容器にはこれら以外の多種類の藻類が繁殖していた．カイアシ類（*Mesocyclops longisetus*）の生息水はテルペン類や 3–カレン，α–カドレン，δ–カジネンなどを含みネッタイシマカの産卵を誘引したが，ケンミジンコ（*M. annulatus*）は容器中のカ幼虫を捕食絶滅し，新発生を 155 日間防止した．

雑草浸出液を産卵トラップに利用するのは慣例で報告例も多い．カンボジアの例では浸出液トラップには 15. 6–34. 6% のネッタイシマカが産卵し，対照の素水トラップには 6. 7–34. 9% が産卵し，週平均産卵数は，それぞれ 410. 1 と 181. 9 で 2. 2 倍の差があった．またモミジ（*Acer buesgerianum*）の葉屑は幼虫の餌となり，クスノキ・ニッケイ（*Cinamomum japonicum*）の葉屑はヒトスジシマカの産卵を誘引する．インドのケララ州で使い捨て樹脂容器 175 個を庭垣に沿って並べたところ，25 個に雨水が溜まり 9 個にはヒトスジシマカが発生していた．この卵陽性カップには落葉が混入し腐敗していた．

（2） 種内・異種間競合と密度調整物質

ネッタイイエカ幼虫の種内競争については第 3 章 1 節で述べた．その後も多くの例が報告されている．*An. gambiae s. s.* と *An. arabiensis* の 3 齢，4 齢幼虫を混合飼育すると，両種の 4 齢幼虫は正常に育つが 3 齢幼虫は顕著に減少する．せまい水表面（高密度）では 3 齢幼虫の被食と共食いが原因で死亡率が高まるが，餌不足は死亡には直接関係せず発育を遅らせるだけである．しかし，幼虫の種内・異種間干渉は羽化成虫のマラリア媒介能の低下にもつながる．

異種間競争についても同じで，*Cu. longiareolata* と *Cx. laticinctus* は幼虫の捕食天敵マツモムシ（*Notonecta maculate*）の存在を避け，産卵率を減少する．*Culiseta* の産卵忌避率はマツモムシ生息数に比例はしないが，幼虫の被食数には比例している．このマツモムシ飼育水は 8 日間有効で産卵忌避物質の存在が予想できる．自然界では，このように天敵の危険度と産卵誘引の有利性の間に絶妙な均衡がとれている．

北アメリカでのヒトスジシマカの分布拡張には在来ネッタイシマカの排除効果がみられる．その原因は餌不足下での幼虫の摂食行動の違いがある．両種をカシ葉で飼育したとき，ヒトスジシマカは葉表面でさかんに採餌するが，ネッタイシマカは静止したままで採餌しない．カシ葉を微孔ナイロン網で遮っても，ヒトスジシマカは濾過する微生物を食べ早く成長する．その結果，羽化成虫はネッタイシマカ成虫より大きく生存率も高い．

An. gambiae s. s. も産卵場所は選択的で，ネッタイイエカ発生源には産卵しない．これはネッタイイエカの産卵忌避物質による．室内試験で *An. gambiae s. s* はネッタイイエカの卵塊低密度区（1–15 舟/100 m*l*）には無処理区より約 2 倍産卵したが，高密度区や幼虫飼育区には密度依存的に顕著に減少した．ところが，ネッタイイエカの卵塊・幼虫は同種の産卵を誘引している．

Davis と Stamps の“出生地選好誘導説”（natal habitat preference induction）によれば，カの生育経験はのちの行動に影響し，雌カは育った幼虫環境を好んで産卵する．出生地選好は子孫の生育環境の不確定性を排除し生存率を高め，同所性を通してほかと隔離し，種の分化を促進し進化する．Hamilton *et al.*（2011）は各発育段階のネッタイシマカを忌避性シトロネラの希釈液に暴露し，雌カの産卵選択性を調べた．その結果，全期間暴露したカはシトロネラ処理水を選好し，24/36（66.7%）が産卵したが，無処理水にはわずか 7/23（30.4%）しか産卵しなかった．しかし，幼虫か成虫時代だけに暴露したカはまったく選好性を示さなかった．

幼虫の過密度環境は生存率・成育期間や羽化率，産卵率などにネガティブに働き，さらに病原媒介能にも影響する．幼虫の栄養条件や種内・種間競争によって羽化成虫の大きさも違い，大きなカは長命で吸血量と頻度が高い．Reiskind and Lounibos（2009）はネッタイシマカとヒトスジシマカを密度と湿度を変えて飼育したところ，競合がネッタイシマカの成育遅延と羽化成虫の羽長短縮と短命をきたしたが，ヒトスジシマカは競合に強く無関係であった．この事実も，近年世界に拡散したヒトスジシマカの在来ネッタイシマカに対する優位性の原因である．

8.3　デング熱媒介カと産卵トラップ

(1)　デング熱媒介カと疫学

ネッタイシマカの遺伝的分化はカの移動と集団化の歴史に基づき，現在は(1) 西アフリカとインド洋数島の森林型 *Ae. ae. formosus*，(2) 東南アジアと南米の都市型 *Ae. ae. aegypti*，(3) 南太平洋諸島の *Ae. ae. aegypti* 個体群の3群がある．デング熱ウイルスに対しては，(1) 感受性の低い *Ae. ae. formosus* と (2) 感受性の高い *Ae. ae. aegypti* の2群に分かれる．

アジアの諸都市ではデング熱が1950年代以来深刻な問題で，主要媒介カはヒトスジシマカからネッタイシマカに交代した．従来，ネッタイシマカはヒトスジシマカに比べてデング熱ウイルスの経口感染率が低いとされていたが，最近の確認実験ではやはりネッタイシマカの感染率が高いようである．いっぽう，西半球でもウイルスに同様な変化が起こっており，アメリカ遺伝子型タイプが東南アジア遺伝子型タイプに急速に変換している．ちなみに劇症の出血性熱炎を起こすのは東南アジア型の血清タイプIIである．15系統の血清タイプIIウイルスを各国のネッタイシマカに感染したところ，アメリカ遺伝子型が6系統，東南アジア型が9系統感染した．またテキサスで採集した感染カは9%がアメリカ遺伝子型を，27%が東南アジア遺伝子型を持っており，メキシコ採集のカでも13%と30%であった．つまり西半球のネッタイシマカも，アメリカ遺伝子型より東南アジア型に感受性が高くなっていた．

ネッタイシマカのウイルス経卵伝染（垂直伝染）は疫学上重要な要因で，インドでの興味深い研究がある．ウイルス感染したカを7累代飼育したところ15.5–67.5%が経卵伝染し，さらに感染卵の孵化から成虫までの悪影響は30.0–68.1%におよんだ．つまりウイルスがカにとっても致命的な病気であることがわかった．

ネッタイシマカの生息水質や羽化成虫の中腸細菌も成虫のウイルス感受性に関係しているようで，表皮殺菌した羽化成虫の中腸から分離した細菌 *Aeromonas culicicola* か大腸菌とデング熱ウイルス感染したヒト血液をカに摂取させたところ，カのウイルス感受性が増加した．ところが，対照実験でカに抗生物質を投与し中腸細菌を滅菌すると，感受性は増加しなかった．

“世の中には腹汚いカもいるものだ”．

(2) 媒介カの生態と産卵トラップ

近年のヒトスジシマカのアジアから世界への拡散と72年ぶりの東京都心緑地でのデング熱感染は人々のカへの関心を高めた．ここではデング熱媒介カの生態と防除技術の一環となる産卵トラップについて解説する．

カの拡散距離は防除範囲を決定するうえで不可欠な要素で，多くの研究がある．とくにシマカの拡散距離は平均1000 mのイエカ類より短く50–300 mで，活動範囲はせまくデング熱感染者も地域に集中する．カの拡散距離は蜜源や休止，交尾，吸血，産卵場所などの地理的条件や風向速，気温などの気象条件で決まる．ローマで染料標識した雌ヒトスジシマカの放飼実験では，9日後に放出点から50–200 mの範囲内に4.3%の抱卵カが拡散し，3回実験の平均拡散距離は1日119 m，最大距離は199–290 mであった．またリオデジャネイロでのデング熱流行時のネッタイシマカ放飼実験では，雌カは放出1–2日後に広範囲に不均一に拡散し，4–5日後に抱卵カとなって小水域や容器の多い地域に集合していた．

カ幼虫の成育条件は羽化成虫の大きさや寿命，吸血頻度，総じて病原媒介能に影響する．大きさを表わす羽長は餌量，幼虫飼育密度，水質，容器の大きさとも相関している．リオデジャネイロで大きさの異なる雌雄ネッタイシマカを放飼し，捕獲カの生存率と拡散距離を調べたところ，雌カは雄カより日生存率が高く，大きな雄カは小さな雄カより長命であった．しかし小さな雌カは大きな雌カと日生存率に差はなく（0.71%と0.74%），拡散距離はむしろ長かった（78.8 mと40.9 m）．けっきょく，小さな雌カは大きな雌カと同じ生存期間を持つが，1吸血産卵周期により頻繁に吸血するので，大きな雌カより高い病原媒介能を持つといえる．以上のようにヤブカの活動範囲はせまく，極言すれば家から発生するカはその家のカで，地域のカ分布は不均一で生息密度には高低がある．そのため防除対策には局地的で精細な対応が必要である．

産卵トラップはカの生態調査や防除手段として利用される．マレーシアの都市中心部や郊外での幼虫調査では廃棄タイヤやプラスチック容器，空き缶がおもな発生源で，ヒトスジシマカについでネッタイイエカ，オオクロヤブカが多くネッタイシマカは少数であった．またクアラルンプールの室内試験では両ヤブカの産卵用水は違っていて，雨水や家庭排水，河川水，井戸水，水道水のうち家庭排水が最高の産卵誘引性を示した．ところが，野外試験では井戸水への産卵数が最高で，その水からは *Acinebacter anitratus* が検出され，この細菌処理水は確かに産卵誘引した．

2000年のエルサルバドルのデング熱大流行時には，媒介カのBreteau指数（調査100カ所当たりの幼虫発生箇所数）は62，家屋指数（幼虫発生家屋率）は36%で，住民の血液中IgM，IgG抗体上昇者率は9.8%であった．対照的に，低流行時のデング熱発生家庭では，空き缶の幼虫非発生数vs発生数の割合が4.3（発生率18.9%）と廃棄プラスチック容器での割合が3.9（発生率20.5%）で，いずれも大流行時よりは1/2–1/3倍に減少していた．つまりカ発生容器の減少や廃棄タイヤの処理，地域清掃がデング熱予防には有効であることを示している．

2001年の上海のデング熱流行時のヒトスジシマカ調査では，各家に幼虫発生タイヤや壷，花瓶などが多く存在し，容器指数（幼虫発生容器率）8.6%，家屋指数8.9%，Breteau指数12.2，幼虫密度指数2.2%，カ刺咬指数16.6/時，人であった．インド・マドラスのネッタイシマカ調査では，容器指数とBreteau指数，休止成虫指数，吸血成虫指数の間に有意な相関関係があった．さらに1998年の出血性熱炎流行時に発足したタイのネッタイシマカ駆除計画でも，幼虫発生密度と家屋指数，容器指数，Breteau指数の間で相関関係を確認し，さらに幼虫発生指数の順位と日最低気温，前月からの雨量増加，日最高気温を関連させ（順位相関係数=0.053–0.554），統計モデルを作成して未調査地域や将来的な予測に応用している．

広範囲の地域カ駆除計画では，調査用産卵トラップが多くの廃棄容器と拮抗し現実的でないという意見もある．採用トラップは簡便・安価で効力持続性が必要であり，デルタメスリン塗布やキチン合成阻害剤処理，粘着テープ貼付，あるいは雑草浸漬液に *Bti* 製剤を処理してカの死亡率を上げる．誘引と殺虫効力が数カ月持続すれば，孤立しがちな都会の家屋でも効果は1年間は発揮する.

8.4 植物の忌避性と毒性物質

人類は過去数千年にわたって，カや虫の吸血を回避するため屋内外に諸々の忌避植物をつるし，薫蒸してきた．古代中国ではカに毒性を示す1200種の植物を記録し，米軍は第2次大戦中にカが飛び交う戦場にそなえて1万1000種もの化合物から忌避剤を選抜した（第5章3節参照）．ディートはその成果である．世界の研究機関はその後も数万の化合物と3000種以上の植物を選抜試験している．それらの結果から，多数の植物に吸血忌避や殺虫活性，産卵誘引・忌避作用を認め，分析して優れた忌避剤や殺虫剤を合成してきた．ところが，合成化合物は効力が高いが，人蓄・環境毒性を持ち，害虫に抵抗性を発達させ，開発費用も高騰した．対照的に有効植物は混合成分で副作用が少なく，害虫種特異的で環境にやさしく，持続可能な製剤は安価で開発途上国にも受け入れられやすい．インドネシアのユーカリ樹植林のように，活性植物を植生として利用する“無カ村”も可能である．そのような利点から，活性植物の広範な探索は今でも世界規模で進められている．

（1） 植物の分類と活性2次物質

植物の2次物質（エネルギー代謝や成育，体制維持にかかわる基礎物質以外の活性物質）の類型は，(1) メバロン酸から出発するテルペン合成系のサポニンやテルペンラクトン，(2) シキミン酸から出発するフェノール合成系のタンニンやフラボン，(3) アミノ酸から出発する窒素化合物合成系の非タンパク質アミノ酸や青酸体，カラシ油，ステロイド，アルカロイドなど多様である．そのなかで匂い成分には揮発性の高いもの，セスキテルペン類や短鎖脂肪酸，炭化水素などが，殺虫成分には複雑な薬理作用を持つ非揮発性高位テルペン類のサポニンやタンニン，フラボン，ステロイド，アルカロイドなどが多い．これらの成分は特異な分子構造を持ち，植物の生育期や産地，部位で含量も異なり，抽出法や溶媒，標的種や成育段階によっても活性は異なる．

最近の研究成果の一端からみると，対カ活性植物は針葉樹を除いてすべて被子植物である．各科の属数（種数や現存量は考慮不可能）と各科の対カ活性種数を比較すると，キク科は181属と活性種14で多く，次いでミカン科は19属（ただしムクロジ目では73属）と活性種19（ムクロジ目では23種），シソ科は67属と活性種16で活性種数が多い．ところが，イネ科171属やマメ科138属，ラン科96属では属数は多いが，活性種数はそれぞれ6種，5種，0種と少ない．このような事実は被食植物と食植性昆虫の発生，共（競）進化時期の一致と無関係ではないことを示している．1億4400–6500万年前の中生代後期白亜紀に発生した昆虫は被子植物のなかでも新しく進化した植物シソ科とキク科，ミカン科を食べ，とくに3700万年前の新生代第三紀中ごろに発生したミバエ科昆虫は最新のキク科を摂食した．いっぽう，カは2億5000万年前の古生代ペルム紀にハエから分離し，2億500万–1億6000万年前の中生代ジュラ紀に進化し，ついで上記1億–7000万年前の白亜紀には各属に分岐している．6500–6300万年前の第三紀前期に現われた哺乳動物から吸血しながら被子植物とも出会い，少し遅れて進化したシソ科とキク科とも共（競）存したと考えられる．

以上のキク科やミカン科，シソ科を除いた被子植物各科にも活性植物種は少ないが一様に含まれている．その理由は植物の活性成分は多様で共通成分が多く，含量も微量で協力作用するからと考えられる．

（2） 植物の忌避，毒性物質

有機リン系殺虫剤マラチオンのカ幼虫毒性はLC_{50} 0.2–2.3 ppmで，この毒性に近い植物と，標準忌避剤ディートに匹敵する忌避植物を最近の研究成果から以下に例示する．

（1） コショウ科フトウカズラ葉のMeOH抽出物はヤブカ，ハマダラカ，イエカに対しLC_{50} 8–38 ppmである．

（2） モクレン目のマレーシア産ニクズク樹皮のメチール，ヘキサン抽出物はネッタイシマカを忌避し，ゴニオサラマスはゴニサルミン，アセトゲニン，フラボノン，ディオキシフラボノン，ストリピロンを含み，LC_{50}<10 ppm.

（3）ケシ科アサミゲシの種子精油は灯火や石鹼に使うが，10 ppm でネッタイシマカの卵孵化を完全抑制し，25–200 ppm で殺幼虫・羽化成虫を不妊化する．

（4）クスノキ科には活性種が多く，アオモジやニッケイ，クスノキ，ゲッケイジュの葉・樹皮抽出油は LC_{50} 14–21 ppm で，トンキンニッケイ樹皮の MeOH 抽出物はネッタイシマカ，アカイエカ，トウゴウヤブカに対し，0.1 mg/cm^2 塗布で1時間程度の忌避効力を示し，樟脳やディートに匹敵する．

（5）タコノキ科ビャクブの根はアルカロイドであるステモクルチシノール（stemocurtisinol）やオキシプロテステモニン（oxyprotestemonine）を含み，*An. minimus* に LC_{50} 4–39 ppm である．

（6）ショウガ科ウコン・ターメリク根の MeOH 抽出物はトウゴウヤブカ，ネッタイイエカ，コガタアカイエカ，オオクロヤブカ，アシマダラシマカに忌避薬量 ED_{50} 0.06 mg/cm^2，ED_{95} 1.55 mg/cm^2 で市販忌避剤に匹敵する．

（7）ボタン科ボタンの根水蒸留液はディートに匹敵する忌避性を示す．

（8）フトモモ科ユーカリの精油はユウカリプトール，*p*-メンタン-3,8-ジオールを含み，*An. darlingi* やアシマダラシマカなど多くのカに忌避性を示し，市販製剤が多い．50% ココナツ油製剤はルー（*Ruta chalapensis*）は 92%，ニーム（*Azarirachta indica*）は 98% で，ピレトリン（*Chrysanthemum cinerariaefolium*）は 96% の，ディートと同程度の忌避性を示す．英国兵の野外治験でチョウジクローヴ・ユーゲニア（*Syzygium aromatica*）の花蕾乾露塗布で，刺咬痛や炎症を 97.8% 治癒する．ブラシノキ果実の蒸留液は 25 ppm 処理でネッタイイエカ羽化成虫の卵巣奇形・卵数減をきたす．

（9）キントラノオ目には活性植物が多く，フクギ科のテリハボク葉の MeOH 抽出物はカ各種に LC_{50} 8–38 ppm，コミカンソウ科コミカンソウ根の MeOH やクロロホルム抽出物も *An. stephensi* に LC_{50} 3.7 ppm，13 ppm.

（10）マメ科のダイズ油は 7% ディートに匹敵し，ネッタイイエカ，ネッタイシマカ，*Ochlerotatus* を忌避する．ゴールデンシャワやシロツメグサのアセトン抽出物もネッタイイエカを忌避．ナツフジはネッタイシマカに LC_{50} 3. 5 ppm で，成分のロテノイド，デゲリン，テフロシンは LC_{50} 1. 4 ppm, 1. 6 ppm.

(11)　ムクロジ目もセンダン科やミカン科を含み活性種が多い．センダン科のインドセンダン葉の MeOH 抽出物は *An. stephensi* に LC_{50} 43–60 ppm で，卵巣縮小やタンパク質減少もきたす．さらに *An. stephensi* を忌避し，ED_{90} 0. 7 m*l*，脚塗布で 2. 5 時間持続する．対照のシトロネラ は 2 時間，レモンユーカリは 4 時間持続．果実成分のメリアシニンは LC_{50} 13 ppm，アザヂロン酸は LC_{50} 4. 5 ppm，そのエステルは LC_{50} 2. 5 ppm で，対照のパーメスリン LC_{50} 0. 12 ppm にもみおとりしない．果実はアルカン 16 種，フェノール類 3 種，脂肪酸エステル 3 種，ベンゾピラン 3 種，テルペン類 2 種を含む．

(12)　ミカン科はネッタイシマカに対し $LC_{50}<200$ ppm の有効植物を多く含む．*Atlantia monophylla*（ミカンモドキ?）葉の MeOH 抽出物はネッタイシマカに成長抑制有効薬量 EI_{50} 0. 002 ppm，*An. stephensi* とネッタイイエカに LC_{50} 0. 14 ppm を示し，ニーム油，フェニチオン，メソプレンの殺虫力に匹敵する．シュウジンサンショウも 10 ppm で 48–100%（LC_{50} 5 ppm 程度か），メリコペ葉の CH_2Cl_2，MeOH 抽出物はジェラニオールクマリン酸を含み，ネッタイシマカに LC_{50} 8. 7–13 ppm を示す．ライム葉の水蒸気蒸留，石油エーテル抽出油はネッタイシマカに忌避作用が 5 時間持続する．

(13)　オミナエシ科 *Nardostachys chinensis* 根の MeOH 抽出物は 0. 1 mg/cm^2 塗布で忌避効力が 1 時間継続し，ディートに匹敵する．

(14)　セリ科セロリ種子のヘキサン抽出物はオオクロヤブカやイエカ，ヌマカに ED_{50} 0. 41, 2. 9 mg/cm^2 塗布で忌避力は 3. 5 時間持続する．

(15)　ミカン科・シソ科・キク科は他科と比べて活性種が多く，数種のミカン類はテルペン類を含み忌避性を示す．シソ科植物もイエカやヤブカ，ハマダラカを忌避し，とくにフブキバナ抽出液にオクタノンを加えると LC_{50} 7. 2 ppm で，忌避性も 1 mg/cm^2 で 85 分持続する．キンランジソの MeOH 抽出物はテルペンやペルゲニン，アルカロイド，ステロールを含み，ネッタイイエカに LC_{50} 0.037 ppm で，産卵忌避性と孵化抑制を示す．シチヘンゲ花の水蒸溜液やアセトン抽出物はハマダラカやシマカを 6–22 時間忌避し，さらに消炎解毒作用を示す．この植物の植え込みもカを忌避する．

(16)　マツ科のアカマツやクロマツ，ヒノキ科のスギ，イチイ科のカヤ，ミカン科のポンカン，ゴマ科のゴマ，シソ科のベニロイヤルミントやエゴマ，キク科のオケラは古代から蚊遣りに利用された植物である．

8.5　交尾行動と群飛

2009 年のイタリアでの放射線不妊雄ヒトスジシマカの野外放飼実験では 72% のカ減少が報告され，より先進的な遺伝子転換カの放飼実験もすでに世界の数カ所で進行中である．これらの放飼駆除法にはカの交尾行動や生理に関する研究は不可欠で，雄カの音響トラップも大量飼育や自然集団からの雄カ抽出に利用できる．

(1)　交尾行動と生理

ヒトスジシマカ雌は羽化後 24 時間以内には交尾せず，雌カは雄雌比 1：5–6：1 で 100% 受精する．ネッタイシマカ雄の体長と日齢は精子容量（数）に比例し，繁殖成功度に影響する．多回交尾も問題で，Boyer *et al.*（2011）はヒトスジシマカの飼育ケージ実験で，雄は 1 週間に最大 14 匹，平均 9.2 匹の雌カに授精でき，平均 15.5 個（3–27 個）の精胞を挿入できた．さらに雄カ 1 匹に毎日処女雌 2 匹を与え 12 日間続けたところ雌 5.3 匹を，20 匹を与えたところ 14 日間に雌 8.6 匹を授精できた．このような雄カの高授精能と長交尾可能期間と雌カの多回吸血は，不妊カ放飼計画の成否や疫学的見地からも重要な課題である．

自然界でもケージ実験同様に雄カの多回交尾が行われるのか．Tripet *et al.*（2003）は野外採集した *An. gambiae s.l.* 雌の受精嚢中の精子の遺伝子を PCR 増幅し，短塩基配列反復数（microsatellite）を分析して授精回数を調べた．その結果，多回受精は6/239匹=2.5%でみつかり，そのうち2匹（0.8%）は*An. gambiae s.s.*の染色体/分子型内で起こり，残り4匹（1.7%）は*An. gambiae s.l.*異型間の生殖隔離過程で起こっていた．つまり多回交尾は広い開放的な野外でも起こるが，頻度は低くカの種類や環境条件で異なる．

雄カの性付属腺タンパク質は精液の重要部分で，雌カ受精後の生理・行動に重要な変化をもたらす．たとえば注入された付属腺タンパク質は排卵刺激や卵形成，産卵，雌の再交尾意欲減退に関与する．ショウジョウバエでは近縁種間の付属腺タンパク質の種分化で性や種選択が起こっている．カでも付属腺分泌物が雌カの再交尾拒否を誘導することは1960年代から知られており，この事実はネッタイシマカやアカイエカ，*An. quadrimaculatus*の処女雌でも雄カの性付属腺抽出物の胸部注射で確証されている．いっぽう，*An. gambiae s.l.*や*An. albimanus*では否定されていたが，Shutt *et al.*（2010）は*An. stephensi*や*An. gambiae s.s.* M型とS型の間で再確認している．ところがM型とS型の間では性ペプチドが未分化で，まだ生殖隔離の十分な障害には至っていない．

（2）群飛と音響トラップ

最近，米国のあるTV映像で雄カ飛群（蚊柱）のなかの雌カの飛翔音を識別してレーザー光で撃墜する映像をみる機会があった．この技術は兵器への応用にはたいへんおもしろいが，カ駆除にはイグノーベル賞級の話である．日本では全国的に都市化が進み，蚊柱をみることはまれとなったが，雄カの群飛行動は，音響トラップによるカ駆除の応用には必須の研究テーマである．

Charlwood *et al.*（2002）は西アフリカのサントトメ島近郊で*An. gambiae*の群飛を観察した．雄カの始動は日没前2分に昼間の隠れ場所で始まり，群飛は2分後に草地と道路の境界や茂みなど地上の陰影を標識に2–3 m上空で始まった．最初の到着から5分後に参加数は最高になり，7分後に交尾を開始し，8分後には最高潮に達した．暗黒前20分間（赤道付近では夕暮れ時間は短い）に270組の交尾を観察し，群飛する雄カを網で捕獲除去しても雌カの到着数に影響しなかった．濾紙に塗布した処女雌磨砕液には反応せず，雌フェロモンの存在は否定された．ネッタイイエカやヌカカ，アリの群飛も同所でみられたが，時刻と高さは違っていた．

誘引した雄カは捕殺するより不妊化放飼するほうが数倍有利で，自然集団を直接不妊化する「水平（自己）運搬法」（horizontal transfer）は過去にも試行された．Ikeshoji and Yap（1987）は野外ネッタイイエカ雄をメテパ塗布の音響トラップで不妊化し，卵舟の17%（最高93%）を不妊化した（第4章5節）．Schlein and Pener（1990）も病原細菌 *Bacillus sphaericus* の砂糖液を草叢に散布して *Cx. p. pipiens* に産卵水域に持ち帰らせ，幼虫数を2/3に減少した．同様に Chism and Apperson（2003）は抱卵ヒトスジシマカ（IE_{50} 0.2 ppb）と *Oc. triseriatus*（IE_{50} 0.029 ppb）を成長抑制剤ピリプロキシフェン 0.2–0.4 mg/cm^2 処理の紙面に接触させ，5匹を産卵ケージに移し，付節に付着した薬剤を幼虫飼育水面に運ばせ，幼虫成長率を30%に抑制した．強制接触した雌カの初回産卵率には影響はなかったが，以後の産卵率は30%低下した．

8.6　吸血行動と誘引・忌避物質

ヒトがカを意識するときは，カが吸血するときと病気を伝染するときである．カの吸血誘引と宿主動物，吸血忌避についてはすでに第5章で述べた．本章ではその後の進展と新しい話題について述べる．

(1)　ヒトの各種カ誘引性

中国や日本の古典に，孝行息子が蚊帳を買う金もなく，自ら裸になってカをおびき寄せ親を護った話がある．この話は近年ヨーロッパやアフリカ諸国にもあるカ回避法で，成果はヒトや囮家畜，カの種類による誘引差に基づく．

ヒトのカ誘引性は性別や年齢，生理状態，遺伝的体質などでも異なる．Qui *et al.*（2006）は22–53歳の白人男女27人に洗浄ガラスビーズを握らせ皮膚の蒸散物を採集し，*An. gambiae s.s.* に対する誘引性を比較した．採集ビーズの誘引性はひじょうに高いが個人間で明らかな差があり，誘引性上位3人と下位3人の間では統計的に有意な差があった．さらに総勢10人に対する *An. gambiae s.l.* の誘引性・吸血率を比較した．誘引性は各1人収容の小屋に侵入した平均カ数で，吸血率は各小屋の平均ヒト吸血数である．侵入数/吸血カ数は住居構造やヒトの防禦行動，他動物の存在などが影響するが，各個人の先天的な違いも確かに存在し，また多年にわたって変化しなかった．Himeidan *et al.*（2004）は妊婦のカ誘引性について実験した．9人の妊婦と9人の非妊婦を別々に蚊帳に寝かせ，近づくカを採集したところ，2グループ間でほぼ同数のカを誘引した．しかし妊婦と非妊婦各1人の9組を屋外に寝かせたところ，*An. arabiensis* の吸血数は妊婦0.94，非妊婦0.49（p=0.005）で，妊婦はとくにマラリア感染の危険性が高いことがわかった．

Shirai *et al.*（2004）は血液型の異なる64人のヒトスジシマカ誘引性を調べた．血液型OのヒトはB, AB, A型のヒトより誘引性が高く，A型のヒトと比較すると差は顕著であった．ABO型抗原の分泌者と非分泌者を比較すると，相対誘引性はO型分泌者が83.3%で，A型分泌者の46.5%より有意に高かった．さらにABH抗原を前腕に塗布したところ，O型二糖類（H抗原）はA型三糖類より，A型二糖類はB型三糖類（B抗原）より顕著に誘引した．ただし，ABH抗原自体はABO型血液より誘引性は低い．

ヒトのカ誘引性とは逆に，カの動物嗜好性という視点も大切である．*An. culicifacis* はインドのマラリア媒介カでヒトを好むが，*An. stephensi* は屋外・動物吸血性でとくにウシやスイギュウを好み，ブタやヒツジを嫌う．*An. anthropophagus* は中国南部のマラリア媒介種で，屋内でヒト吸血性が高い．平均密度は屋内で7.4匹/人，夜半のウシ小屋で6.4匹/時，ブタ小屋で2.4匹/時．ヒト吸血率は5.1匹/人でシナハマダラカの7.8倍，マラリア伝播率は1.7で8.3倍高い．

Torre *et al.*（2008）は *An. arabiensis* と *An. quadriannulatus* のウシとヒトの誘引数，屋内侵入数，体着留数を調べた．*An. arabiensis* 誘引数は誘引源がヒト1人か牡ウシ1頭では変わらず，3人に増員すると4倍に増加した．*An. quadriannulatus* 誘引数は誘引源をヒト1人から3人へ，牡ウシ1頭から1人と1頭へ増加すると6倍に増加した．*An. arabiensis* は屋内侵入率が高くヒト臭に62%，ウシとヒト臭に15%，ウシ臭に6%であった．*An. quadriannulatus* はウシ，ヒトともに少なかった（<2%）．体着留率は両種とも炭酸ガスか牡ウシ臭成分（1-オクテン-3-オル，4-メチルフェノール，3-

n-プロピルフェノール）にほぼ100%であった．けっきょく，*An. arabiensis*の誘引数はヒトがウシより少なく（–0.7），侵入数はヒト臭がウシ臭より2–4倍多かった．Fettene *et al.*（2004）もヒト家屋やヒト・ウシ共住家屋，ウシ小屋の係留カ800匹を採集しPCR法で判定したところ，大部分がウシ小屋から採集されたウシ吸血種で，*An. arabiensis*のヒト吸血率はわずか7.3%，マラリア原虫保有率も0.24%であった．*An. quadriannulatus* sp. Bのヒト吸血率はさらに低く1.1%で，原虫保有率はゼロであった．このように*An. quadriannulatus*はウシから吸血するが，*An. gambiae s.s.*はおもにヒトから吸血する．カの動物嗜好性は先天的嗅覚に基づき，匂いの室内選択試験では*An. gambiae s.s.*は清浄空気よりヒト臭を選び，ウシ臭より清浄空気を選ぶ．いっぽうの*An. quadriannulatus*は清浄空気よりウシ臭を選ばなかったが，ヒト臭より清浄空気を選んだ（Dekker *et al.*, 2001）．

（2） 吸血部位の探索と汗腺の発達

雌カは吸血するとき，口針を皮溝やその交差点（深さ1/20 mm程度の溝数本の）から刺し込む．そこは皮丘より口針が安定し，末梢血管に近く血流音（脈拍）をとらえやすいと思われる．また皮溝や交差点には汗腺や皮毛の皮脂腺が開口し，そこに蓄積した分泌・排泄物に皮膚細菌が働いてカの吸血誘引・刺激物質を生産している．

皮膚の色と汗腺の発達はカの吸血行動と関連して進化した歴史がある．ヒトの皮膚は700万年前のチンパンジーの多毛桃色から無毛淡色へと変化した．320万年前の猿人は現在のサバンナにすむ霊長類のように，毎日4–6 km先まで食糧調達に出かけ，夜は森の樹上寝床まで帰ってきた．160万年前の旧人（*Homo ergaster*）はこの生活様式を変え，遠距離の平原を長足で二足歩行し始めた．彼らはたちまち熱射による体温上昇を受け脳の保冷に迫られ，適応したのが減毛と汗腺の進化・増加である．さらに紫外線による皮膚損傷を避けるため，メラニンの遮光幕を発達させた．昼行性のヤブカはこの黒色メラニンに誘引される．

汗腺にはアポクリン腺とエクリン腺があり，アポクリン腺は毛胞に開孔し，黒人>白人>黄色人の順に多い．エクリン腺は皮溝底に沿って開孔し，熱帯住民は280万個，寒帯のロシア人は190万個，日本人は中間の228万個を持っている．ウマやウシ，ヒツジはイヌのアポクリン腺をアドレナリン作動性に発達させ多汗になった動物であるが，類人猿やヒトはアポクリン腺をエクリン腺に進化させ，コリン作動性の高い分泌機能を獲得した動物である．ゴリラの手掌や足裏にはヒトと同様に汗腺が濃密分布している．ちなみにゴリラは熱帯熱マラリアの野生原宿主である．

（3） ヒトとウシのカ誘引・刺激物質

カの吸血誘引・刺激はカの種類によって多少異なる．夜行性のイエカやシマカには炭酸ガスや体温，湿度などの共通した物理的刺激が，昼行性のヤブカには動物体の黒色も重要である．乳酸やアンモニア，脂肪酸，オクテノールなどの化学物質の匂いは動物種や吸血部位を特定する微妙な修飾刺激となる．さらに夜行性のマラリア媒介カ *An. gambiae* や昼行性のデング熱・黄熱媒介カのネッタイシマカやヒトスジシマカはヒト特有の誘引物質を探索する．

ヒトの匂いには数百種の化合物が含まれているが，そのうち数種の単体がカ誘引物質として認められている．たとえば，熟成した汗は新鮮な汗よりアンモニア濃度が高く *An. gambiae* に誘引性が高い．L–乳酸は単体で誘引性を示すが，アンモニアを加えても誘引性は高まらない．さらに呼気や尿，汗のなかには誘引成分4–エチルフェノールやインドール，3–メチル–1–ブタノール，2種のケトンがあるが，アンモニアかL–乳酸を混合すると，後者の誘引性は帳消しになる．アセトン自体は誘引性を示さないが，乳酸との混合は誘引性を，アンモニアとの混合は忌避性を示す．二硫化メチルとドデカノールはアンモニア・乳酸混合物の誘引性に影響しないが，腋臭のなかの7–オクテノン酸は混合物の誘引性を増加する．このようにヒト臭は多成分の複雑系カイロモンで，個々の分離成分の匂いとは違う．昆虫が目的を持って生合成した単純系性フェロモンとも異なる．

ヒトの汗は皮脂とともに注目されるカの誘引・刺激源で，汗の質と量の違いによってカの刺咬部位が違う．図8.3はヒト皮膚の汗腺・皮脂腺と皮膚細菌数の分布を示す．左半身にはヒト吸血性の高い *An. gambiae* やオセア

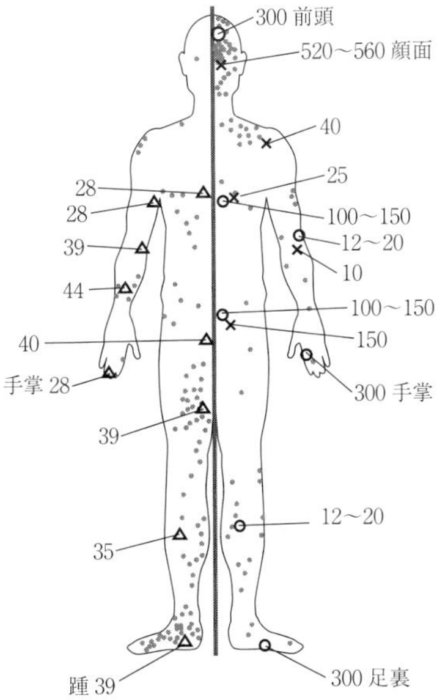

図 8.3　カのヒト刺咬部位と汗腺数，皮脂腺数，細菌種数（小川，1998；米国ヒトゲノム研究所データなどから作成）

図の左半分：● は *An. gambiae*，*An. farauti* の刺咬部位，△は細菌種数．

図の右半分：● は *An. atroparvus*，ネッタイシマカの刺咬部位，○は汗腺数/cm²，×は皮脂腺数/cm²．

ニアのマラリア媒介カ *An. farauti* の，右半身には動物吸血性の *An. atroparvus* やネッタイシマカの吸血部位を示す．前 2 種は下半身とくに足の裏と付け根，膝裏から多く吸血し，汗腺数（300/cm²）や細菌種数（35–40 種）の多い部位とほぼ一致している．ところが，後 2 種は上半身とくに顔面・前頭から吸血し，そこには皮脂腺（520–560/cm²）と汗腺（300/cm²）が集中している．前腕には細菌種（39–44）は多いが，皮脂腺・汗腺が少なくカ吸血数も少ない．つまり汗腺分泌物の細菌代謝産物が *An. gambiae* と *An. farauti* を誘引し，汗腺と皮脂腺の分泌物が *An. atroparvus* とネッタイシマカを誘引している．もっとも，汗腺数は 2 倍でも部位により発汗能（量）は 10 倍に達することもあり，また 205 属 1000 種以上ある皮膚細菌は部位や状態によって種構成や優占種が異なるので，これらの関係が変化することもありうる．

皮脂腺から離出分泌された皮脂や血液タンパク質，ペプチド，アミノ酸は皮膚細菌に代謝され，エクリン腺から露出分泌された低分子代謝産物もカを誘引する．体表で脂質から代謝された中・低級脂肪酸，グルコースからの乳酸，ピルビン酸，HCO_3^-，グルタミンからのグルタミン酸とアンモニア，含硫アミノ酸からの硫化水素はみな誘引物質である．さらに Na^+，Cl^-，K^+，HCO_3^-，アンモニア，尿素，乳酸は汗のみならず尿や血漿にも多く含まれる吸血刺激物質である．皮膚細菌の一種で，ヒトの足指間にすむ *Brevibacterium epidermis* は脂肪酸グリセリンエステルを代謝して一連の低脂肪酸を発散し，この細菌の近縁種 *Brevibacterium lines* もチーズ製造に使われ，リンバーガー（Limburger）チーズの匂いは *An. gambiae* を強く誘引する．

ウシは古くから家畜化され，役牛や肉・乳牛として利用され，ヒトに近接し飼育数も多い．ウシは汗腺を持たずパンティングで熱発散し，呼気や排泄物に特有の短鎖脂肪酸を含み，マラリア媒介カとくにシナハマダラカの占有吸血宿主となっている．ウシはウシ・シカ亜目とラクダ亜目に属する反芻類で，反芻行為の獲得は古く5000–3500万年前で，4600万年前のカ最古標本の時代と一致している．

反芻類の胃は4区分され，第1胃と第2胃はつながり，体重の1/3を占める．反芻胃の共生微生物はセルラーゼで，食草繊維を消化し，栄養源としている．エネルギー源の70%はグルコースではなく，揮発性短鎖脂肪酸の酢酸やプロピオン酸，酪酸などで，第1胃の乳頭から吸収されるが，呼気や唾液，牛乳のなかにも漏洩しカを誘引する．唾液はアルカリ性（pH 8.1–8.8）で短鎖脂肪酸を中和し，体重当たりヒトの10倍量，1日当たりヒトの1–2 *l* に対して100–180 *l* 分泌される．つまりウシは微生物が生産した大量の揮発性短鎖脂肪酸をパンティング呼気に，ヒトは筋肉で代謝した乳酸を呼気や汗に混ぜてカを誘引している．この代謝・排泄物の違いが宿主特異的なカを誘引すると考えられる．

また牡ウシの呼気は1–オクテン–3–オルを含み，カの嗅覚を刺激する．自然界ではS(＋)とR(－)の両鏡像体で存在するが，牡ウシの尿臭では80：20–92：8でR(－)体のほうが多い．Kline *et al.*（2007）はフロリダの森林湿地で1–オクテン–3–オルと1–オクチン–3–オルの両鏡像体を試験したところ，R(－)体はS(＋)体より多種・多数のカを誘引し，S(＋)体は炭酸ガスと同程度かやや低い誘引性を示した．ヤブカには誘引性を示したが，イエカには示さなかった．

(4) 吸血忌避剤

過去60年間に開発された合成忌避剤にはジメチルフタレイト（DMP）やエチルヘキサンヂオール（EHD），*N,N* ジエチル–3–メチルベンズアミド（ディート）などがある．ディートは標準忌避剤であるが，可塑性や低効力，非特異的活性，人畜安全性，抵抗性害虫出現などの問題が提起され，新規忌避剤の要望が高まっている．最近開発された忌避剤には次の10種などがある．

(1) IR3535（エチル3–*N*–ブチルアセチルアミノプロピオネート）．90%で *An. gambiae*，*An. funestus* に6時間有効で，ディートより短効．(2) KBR3023（ベイレペル，ピカリジン，2–[2–ヒドロキシエチル]–1–ピペリジンカルボン酸1–メチルプロピル・エステル）．>95%で *An.* に1時間，*Cx.* に5–7時間有効．(3) I3-37220（2–メチル・ピペリジニル–3–シクロヘキセン–1–カルボキサミド）．*An. albimanus* にはディートほどではないが，ネッタイシマカには卓効．(4) *N,N*–ジエチル–2–[3–(トリフルオロメチル)フェニル]アセトアミドは吸血膜試験で，ネッタイシマカや *An. stephensi* にディートより有効．8種の類縁化合物もディート程度．(5) U-2（2–ウンデカノン）．(6) 220（*1S, 2Ś*–メチルピペリジニル–3–シクロヘキセン–1–カルボキサミド）．(7) PMD（*p*–メンタン–3–3,8–ジオル）．(8) ネプタラクトン．(9) イソロンギフォラン–8–オル．(10) カリカルペナール．

8.7 吸血感覚器

第6章ではカの吸血メカニズムと動物の免疫反応について述べた．その後，嗅覚器と唾液腺の微細構造，機能に関する分子生物学的な進展があった．

(1) 嗅覚器の構造と機能

匂い受容器は触角と小顎上にあり，触角上の匂い受容細胞から樹状突起は数枝に分かれるが，同一糸状体（ニューロパイル）に集合している．同じ匂い受容器の別の匂い細胞の軸索とオーバーラップすることはなく，それぞれが異なる匂い分子に対応している．いっぽう，小顎上の匂い受容器から出た匂い細胞の軸索は，*An. gambiae* では同側と対側触角葉の背中央部に入っているが，ネッタイシマカでは同側触角葉だけに入っている．

カの宿主選択と吸血行動は嗅覚に影響され，嗅覚はおそらく G–タンパク質連結受容器の信号カスケードによって疎通している．ネッタイシマカの匂い受容器は *An. gambiae* の AaOR7 やショウジョウバエなどの受容器と同様に高いアミノ酸保全性を示し，この翻訳はネッタイシマカ成虫や各変態期の化学感覚組織で行われている．AaOR7 タンパク質は触角や小顎髭，口針内部で特異的にみられ，このタンパク質や類縁タンパク質は昆虫類の生活史を通して化学感覚の過程で重要と思われる（Melo *et al.*, 2004）．

匂い分子結合タンパク質（OBPs）は分子認識と情報伝達の第 1 歩である．ショウジョウバエでは全ゲノムの DNA 配位が解読されており，6 個のシステイン残基と挟まれた空間から判断して，多数の遺伝子が OBPs に関与していると解釈されている．これらのタンパク質は 2 量体 OBPs や Plus-C OBPs などの 3 亜種に分類されている．

29 種の *An. gambiae* の OBPs とショウジョウバエの OBPs の近似性を調べたところ，数種の *An. gambiae* のゲノム配列がショウジョウバエの OBPs や OS-E/OS-F，LUSH，PBPRP2/ PBPRP5 と類似していた．2 個の *An. gambiae* 遺伝子は OS-E，OS-F にオーソロガス（種分化相同遺伝子）で，AgamOS-E，AgamOS-F と命名でき，OS-E，OS-F 系統の複製はカとハエが分岐した 2 億 5000 万年前のことになる（Vogt, 2002）．

Li and Zhou（2004）は *An. gambiae* 全ゲノム配位に基づき，匂い分子結合タンパク質の候補遺伝子 agCP1588 を製作するため特異的プライマーをデザインした．候補遺伝子は逆転写 PCR で分析し，クローニングして DNA 配位を検証した結果，この遺伝子はほかの昆虫の OBPs と同様な構造と主旨を持ち，雌カの触角だけで発現した．

Ishida *et al.*（2003）は *Cx. tarsalis* 雌の触角から匂い分子結合タンパク質（CtarOBP）を同定し，クローニングした．そのタンパク質を酵素分解した 2 ペプチド分子のアミノ酸配列に基づいてプリマーを設計し，完成した cDNA で 24 アミノ酸残基のペプチド 1 分子と 125 アミノ酸残基の完成タンパク質を記号化した．完成タンパク質の分子量は 1 万 4515 Da で，等電点は

pI 5.5 であった．CtarOBP は匂い分子結合タンパク質の特徴を示し，6 個のシステイン残基やカの OBPs と高い配位の一致（61–96%）を示した．

昆虫の匂い分子受容器（ORs）は臭覚神経細胞（OSNs）の樹状突起膜にあり，感覚毛内のリンパ液に浸っており，匂い分子は規格 OR かリーガンド結合部位に認識され，OR7（ショウジョウバエでは OR83b）が適切な作用器官として働いている．昆虫忌避物質は関連匂い分子の有無で，ORs や OSNs の作動剤か拮抗剤として働く．Bohbot *et al.*（2011）は忌避物質が ORs と匂い分子の相互作用を妨げ，カと宿主の接触を妨げていることを証明した．すなわち，カ誘引剤のインドールと R(−)–1–オクテン–3–オルに特異的なネッタイシマカの ORs（AaOR2＋AaOR7 と AaOR8＋AaOR7）に対して，忌避剤 10 種と忌避性ピレスロイド殺虫剤 1 種の効果を調べた．その結果，匂い分子無処理では ORs からの電気信号を発生したが，忌避剤は信号の発生を抑制した．

さらにディートや 2–ウンデカノンもカの ORs を活性化か抑制する．ディートは ORs やアセチールコリンエステラーゼの作用に影響し，R(−)–1–オクテン–3–オルの受容器到達を妨げる．

（2） 唾液腺の構造と機能

カの唾液はマラリア原虫や病原性ウイルスを含み感染症の重要な媒体であるが，唾液のなかの酵素も吸血機能を容易にする重要な役割を持っている．雌カの唾液腺は 1 対で食道の左右にあり，それぞれが 1 個の中央管葉と 2 個の側管葉に分かれ，中心部は唾液管となっている．中央管葉の先端部はイオンと水運搬にかかわる非分泌細胞群である．側管葉の先端部は分泌部で，血小板の集合を抑制する酵素アピラーゼを分泌する．唾液腺の 1 つの役割は抗凝血剤を分泌して吸血動物の免疫反応を抑え，病原微生物数を増大する．

雄カや無吸血種 *Toxorynchites* は特異で，唾液腺は大きく唾液は分泌細胞から絨毛を通して分泌し，細胞は多数のミトコンドリアや粗面小胞体，大型核を持っている．これは糖摂取用の唾液タンパク質生産に高エネルギーが必要なことを示している．唾液タンパク質のプロフィールは他種雄カのそれと似ている．雌雄間では大部分のタンパク質は違わないが，雌特有のタンパク質もみられる．糖摂取の雌カは羽化1日目からタンパク質が増加し始めるが，吸血で特別なタンパク質が誘導されることはない．自然界のカの唾液タンパク質は地域間で多少の違いがみられる．

Valenzuela *et al.*（2003）は末端アミノ酸解体法で発見した *An. stephensi* の唾液中の13種タンパク質のうち，12種はcDNAクラスターライブラリーで発見し，33種の新cDNA配列を報告した．そのなかには新分泌のガレクチンやアノフェリン類縁体（スロンビン阻害剤），トリプシン/キモトリプシン阻害剤，アピラーゼ，リパーゼ，数種の作用未知の新D7タンパク質がある．分泌や体制維持に使われる *An. stephensi* と *An. gambiae* のタンパク質（すでに唾液タンパク質数種のアミノ酸配列が決定されている）を比較すると，唾液タンパク質の進化速度は早く，糖やタンパク質摂食過程での役割がわかった．インドの *An. stephensi* はアフリカの *An. gambiae* の亜属で，過去にアフリカ東海岸と南インド大陸とは森林でつながっていた．

ネッタイイエカの唾液は分子量35，28 kDaの主要唾液タンパク質を含み，ヒト血清はこれらのタンパク質に強いアレルギー反応を起こすIgE抗体を持っている．2つのcDNA，CuQuD7Clu1とCuQuD7Clu12D7が記号化しているD7タンパク質で，アミノ酸配列がこれらの唾液タンパク質と一致している．これらのタンパク質は雌カの唾液腺で特異的に発現し，3次元構造も疎水性分子運搬に適している（Malafronte *et al.*, 2003）．

マラリア原虫のスポロゾイトは中腸内壁でオオシストから成長し体腔に放出されるが，そのうち15–20%が唾液腺に侵入できる．スポロゾイト包皮タンパク質（CS）は唾液腺に特異的に結合し，ほかの体組織には結合しない．

8.8　糖摂取

カ（小さなハエ）は2億5000万年前の中生代三畳紀にショウジョウバエから分離し，2億5000万–1億6000万年前のジュラ紀にわたって進化し，1億4000万年前に現われた花卉植物との関係がうかがわれる．カナダから出土した最古のカ標本は7900–7600万年前の白亜紀のもので，すでに現在のカと同じ形態であった．続く6500万年前の第三紀暁新世には大型哺乳類が，

5800万年前の始新世には草本類が，さらに2400万年前の中新世には類人猿が，160万年前の第四紀更新世には人類が現われた．このようにカと花卉植物の出現は哺乳類や類人猿の出現よりはるかに古く，カの花蜜摂食は動物吸血より先行していた．

カの化学生態学のなかで，自然界の花蜜（nectar）や植物甘露（honey dew）はあまり注目されず，カの採蜜行動についての報告は少ない．しかし，カは羽化直後に糖を摂食できなければ数日間で死滅する．採蜜はカの生存・繁殖を左右し，寿命は病気媒介能に直結している．自然界の糖源とカの食物連鎖を理解して，カ駆除に応用することは重要である．

（1）花の昆虫誘引刺激と進化

第7章1節では，20% 以上の昆虫種が花蜜や花粉を摂食し，65% 以上の被子植物は虫媒花を持っている，つまり花は花粉媒介昆虫を誘引するため，効果的な色彩や形状に進化してきたと述べた．しかし反対意見もある．花の進化には，花蜜泥棒（昆虫）より環境変化などの進化促進作用が働いていたとする．たとえば，スパイクラベンダー（*Lavendula latifolis*，シソ科）の二重花弁をちぎって一重にしても，花粉媒介チョウはやってくる．二重花弁がチョウを誘引して花の進化を促進したのなら，そのようなことは起こらない．花の形状はチョウが進化する前からすでに発達していた．またアルプスの草花を傷めるアリやナメクジ，スリップス，青虫，アブラムシなどは桃色や合金色より黄色や白色の野生ハツカダイコンを好み，色のほかにも誘引要因を持っている．色鮮やかな包葉を持つケショウボク（*Dalechampia*，トウダイグサ科）は誘引色ではなく化学防衛策として新色を進化させており，4色の花と花粉媒介者の間に共（競）進化はない．生物学者は一時期に一事象だけをみるが，植物は全刺激を同時に受けて進化し，昆虫は花蜜・甘露だけでなくほかの多くの刺激にも誘引されている．

（2）蜜源とカの依存性

自然界のおもな蜜源には花蜜と甘露がある．花蜜はバラ科やセリ科，キク科の花やソラマメの托葉，サクラの葉柄，トウゴマの子葉などの花外蜜腺からも分泌される．甘露はウンカ・ヨコバイやアブラムシ，カイガラムシなどの半翅目昆虫が植物の篩管から吸汁して濃縮した排泄蜜液で，双翅目のカやハエ，鱗翅目のチョウやガ，膜翅目のハチやアリなどが利用する．花蜜や甘露は寄生蜂の生存にも必須で，コナガの寄生蜂 *Diadgegma insulare* は中腸に花蜜を蓄え，ロタムシヤドリコバチアブラの寄生蜂 *Aphelinus albipodus* の中腸内容物の 1/5 量は寄主アブラムシが排泄した甘露である．

カの訪花と花蜜摂取については第7章でも述べたが，ここで引用する種は 14 種で，どれも殺幼虫毒物や忌避物質を含む植物ではない．とくにシチヘンゲ（*Lantana camara*，シソ科）は花に忌避物質を含むので，カは茎葉から糖を摂取している．第8章4節で述べたカと防虫植物の共（競）進化の歴史がここでも繰り返され，糖源植物との共生関係へと昇華している．

羽化直後のカは雌雄とも限られた貯蔵エネルギー源しか持たず，欠食すると 1–1.5 日間で死亡する．この危機には親人的なネッタイシマカでさえも，ヒトの匂いより蜜の匂いを選好する．雄カはその後も吸蜜するが，雌カは4日目ころからヒトの匂いに強く反応するようになる．また雌カは夕刻に蜜に誘引されるが，早朝にはヒトの匂いにより誘引される．要するに羽化直後の雌カの採蜜行動は生存のための必須条件である．

An. gambiae はキャサバ（*Manihot esculenta*，トウダイグサ科）の茎葉を与えれば雌は 26.3 日間，雄は 19.2 日間，また 59% ショ糖液ではそれぞれ 29.7，24.3 日間生存したが，水だけでは 1.8 日間しか生存できなかった．同様にトウゴマ（*Ricinus commanis*，トウダイグサ科）の茎葉では雌カは 12.7 日間，雄カは 7.8 日間生存したが，無花期のシチヘンゲでは生存できなかった．また前2植物と共存した雌雄カからは果糖を検出したが，シチヘンゲと共存したカからは検出されなかった．ほかのネッタイシマカの実験ではトウゴマで7日間，5% ブドウ糖液で 8.7 日間生存したが，ほかの植物7種では生存率は水程度に低かった．この際，トウゴマやシチヘンゲ，モミジヒルガオ（*Ipomomea palmate*，ヒルガオ科）を与えた雌雄カからは果糖も検出され，糖残量と生存率の間に順位相関がみられた（相関係数 0.901，$p<0.0001$）．

Manda *et al.*（2007）は西ケニアのヒト居住域周辺の常緑植物 13 種を選

抜し，ケージに植物1種か同時に全13種（選択試験）を *An. gambiae s.s.* 100–200匹と一緒に入れ，1夜飼育した．選択試験では各植物係留カと摂食カを観察し，カと植物各部の磨砕液を分析して，カの摂食植物種・部位と果糖摂食率を調べた．その結果，*Parthenium hysterophorus*（キク科），テコマスタンス（*Tecoma stans*，ノウゼンカズラ科），トウゴマ，フタホセンナ（*Senna didymobotrya*，マメ科）では摂食率が高く，*P. hysterophorus*，シチヘンゲ，トウゴマでは花より茎葉から摂食していた．また雌カは雄カより摂食率が顕著に高かった．

（3） 吸蜜と吸血活動

カの糖摂食行動は種により，また雌雄間でも異なる．ネッタイシマカ雄は夜間2回ほど摂食し17日間以上継続するが，雌カは4夜に1度しか摂食せず短期間である．雌カは生殖栄養サイクルの卵成熟後と次の血液摂取前の間に糖を摂食し，血液消化と次の卵発育までの2日間は摂食しない．しかし産卵や吸血が遅れると，その期間の糖摂食頻度が増し1夜に1回以上摂取する．西ケニアでヒト囮採集したネッタイシマカは10.5–16.9%が未消化の果糖を残していたが，昼間の静止雌カは4.1–8.5%しか持たず，雌カは（花）蜜を高頻度で摂食し，急速に消化していることがわかる．

ケニアのネッタイシマカ摂食実験では，雌カが6%ブドウ糖液で29日間，2日に1回の人血では14日，両方では33日生存した．いっぽう，無糖では死亡率が85%まで増加した．つまりカは自然界で糖を摂取し，生存日数を延長しマラリアの伝播能力を高めている．さらにマラリア親和性の高い *An. stephensi* では栄養（血液と糖）摂取次第で，原虫のメラニン化（メラニン細胞による原虫包囲）が中腸で起こる．ある実験で，雌カにガラスビーズ挿入1日前に6%砂糖液を投与したところ，38%のカがビーズをメラニン化したが，2%砂糖液投与ではメラニン化はまったく起こっていない．

8.9 共生細菌ボルバキア

害虫の化学的駆除法は諸々の困難に直面しており，代替あるいは補完的な新駆除法を必要としている．そのなかで突然変異原による不妊化や雑種不稔，制限致死，転座，細胞質不和合などが検討されている．カの細胞質不和合性は共生細菌ボルバキア（*Wolbachia*）を持つ雄カが，非感染か他系統ボルバキア感染の雌カと交尾して未生育胚を生む現象である．

1967年ごろLavenは地理的に離れた*Cx. pipiens*群の間で細胞質不和合性を発見し，遠隔地のカの大量放飼による駆除を試みた．しかし，駆除効果は限定的で安定しなかった．数年後，UCLAの大学院生がこのカ細胞質不和合は共生細菌ボルバキアによることを突き止めた．以後，ボルバキアはショウジョウバエや農業害虫のシマノメイガ（*Cadra cauttella*），ミバエ（*Rhagolettis cerasi*），*Ceratitis capitata*でも発見され，研究されてきた．

（1）ボルバキアの生物学

ボルバキアは広く昆虫やダニ，等脚類，糸状虫など無脊椎動物の胚や体細胞に共生し母系伝達（垂直感染）するリケッチャで，進化過程で節足動物の病原体（ノミやシラミ，ダニなどによる発疹チフスやツツガムシ病，ロッキーマウンテン紅斑熱）として感染し，やがて共生するようになったという説がある．ボルバキアはカの細胞質不和合や単為生殖，雌転換，雄減少を，さらに具体的には急速な種分化，早期発育，染色体有糸分裂の変化，集団の遺伝子変換，個体数や病原媒介能の抑制を起こす．ボルバキアの増殖率は寄主細胞の増殖を越えることはなく，卵のボルバキア密度は胚発達期に最高で，卵休眠期には細胞分裂を休止し，ボルバキアの増殖も減少する．

ヒトスジシマカは自然界では1系統か複数系統の*Wolbachia pipientis*に感染しており，世代を通して自動的に不妊性を伝達している．感染形式の異なるボルバキアを接種した交配実験では，細胞質不和合性は付加的で一方向性を示し，非感染カに比べて生殖に有利であった．このことはヒトスジシマカとボルバキアの共生進化に役立ったと思われる．しかしCalvitti *et al.*（2009）の実験では，ボルバキア除去雄カと感染雄カの間で寿命や交尾率，精子容量，交尾競争力に差はなかった．

マレー糸状虫（*Brugia malayi*）やバンクロフト糸状虫（*Wuchereria bancrofti*）もボルバキアを持っている．Rasgon *et al.*（2004）は実時間定量

PCR法と顕微鏡検査でボルバキアの2遺伝子 *wsp*, *ftsZ* 種と糸状虫の *gst* の動態を調べ，これらの遺伝子は糸状虫の全発育段階を通して増殖し，ミクロフィラリアの宿主動物感染7日目には600倍に，4週以内には最高に達することを認めた．さらに糸状虫雄成虫はボルバキア数を15カ月維持し，雌成虫では増加し続け，卵巣と胚幼虫を感染した．この結果から，ボルバキアは動物宿主体内でのミクロフィラリア発育や成虫の長期生存に不可欠と判断した．Noda *et al.*（2002）はトビイロウンカ（*Laodelphax striatellus*）共生のボルバキアを，ヒトスジシマカやタバコスズメガ（*Heliothis zea*）の卵巣，マウスの培養細胞 L929 を入れたフラスコで簡便に培養し維持している．

（2） カ感染のボルバキア諸系統と分布

昆虫寄生のボルバキアはα-プロテオバクテリアに属する単一系統集団で，AとBの上位2グループと下位19グループに分かれている．Ruang-Areerate *et al.*（2003）による *wsp* 遺伝子の配位プライマーを使ったPCR法調査では，現在の東南アジア産のカには8系統あり，そのうち5系統はAグループに3系統はBグループに属し，既存の Mors か Con, Pip グループに属している．タイワンのカは51.7％が感染しており，3種はA，8種はB，4種はA, B両グループに感染していた．ヒトスジシマカやオオクロヤブカのボルバキア親和性から判断して，卵巣以外にも各組織に広く分布しているようである（Tsai *et al.*, 2004）．

インド産のネッタイイエカやヒトスジシマカからボルバキア特有の900 bp 16S rRNA，650 bp *wsp* 遺伝子をPCRで増殖し比較したところ，ネッタイイエカのボルバキアはBに属し，ヒトスジシマカのボルバキアは *w*AlbA ではなく新系統の *w*AlbA*であることがわかった．さらにインド南部のポンディチェリとチェンナイのネッタイシマカにも感染を認めた．北アメリカ産のカ5属 *Aedes, Anopheles, Culiseta, Culex, Ochlerotatus* の14種では，*Cx. pipiens* 複合種だけが感染していた（Rasgon and Scott, 2004）．

ドイツのライン川渓谷から採集した吸血・無吸血産卵の *Cx. pipiens* 5系統では雌カと無吸血産卵系で感染率が高く，逆にフィリピンのセブ島採集のネッタイイエカでは雄カが33.3％，雌カが10％，全感染率は10–100％であった．ロシアの遠隔各地モスコやペテルスブルグ，ボルツスキ，トムスクから採集したチカイエカ全7系統でも *W. pipientis* の感染を認め，mtDNA型はカの地理的変異よりむしろボルバキアの寄主細胞に関係していた．

(3) ボルバキアの細胞質不和合性によるカ駆除法

ヒトスジシマカのボルバキアは2系統 *w*AlbA と *w*AlbB があり，世界に均等分布している．野生種を不和合性に変えるには，(a) 他種からとったボルバキアを注入する．(b) カから感染ボルバキアを除去し，新系統のボルバキアを注入する．ところが，(a) は新感染型のカ発生危険度が高く，(b) は抗生物質処理でボルバキアを除去した雌カに生殖適合性がなく，雄カも交尾競争力が不明である．

ボルバキアは母系伝達するが，その前に感染雄カが非感染雌カと交尾して不和合性（卵孵化率減少）を導入する．Rasgon and Scott (2004) はカリフォルニアのカ駆除計画にこの方法による試験モデルを構築した．まず *Cx. pipiens* 自然集団のボルバキア系統数と感染率，分布を調べ，感染制御条件と平衡レベルを想定し，さらにボルバキア特有のPCR法や *wsp* 遺伝子配置の解析，カの交差実験を重ねて，1系統のボルバキアでカリフォルニアの全 *Cx. pipiens* 集団を感染できるとした．すなわち南北1000 kmのカリフォルニア州で2年間は感染率99.4%が定着し，不和合は100%と結論した．彼らはさらに *An. gambiae* や *Cx. pipiens*，ネッタイシマカについて，ボルバキアのパラメータや放飼カの発育段階，標的カ集団の年齢構成と世代重層化を加味した複雑モデルを提唱し，前記単純モデルの10–30倍のカ放飼数の必要性を説いている．

Brownstein *et al.* (2003) も最近発見したショウジョウバエの寿命を短縮する強伝染性ボルバキアを放飼して，デング熱媒介カの駆除モデルを提案している．まずカ自然集団の年齢構造を調べ，各レベルの不和合性と繁殖効果を与えてボルバキア導入後のカの寿命短縮を計算し，デング熱流行の減少を推定した．その結果，強力な不和合性と増殖率の調整で，ボルバキアの初期放飼比を0.4にすれば，媒介カの減少率60–80%が得られるとした．

8.10 分子生物学的手法による研究

病原媒介カに関する分子生物学的研究は多岐にわたる．とくに分類学や防除のための遺伝子転換カ（GMM）放飼の研究は多い．

（1） カ分類学と病原媒介種の特定

形態学的に分類困難なカや病原媒介カを正確に把握することは，系統発生学や疫学上重要な課題で，分子生物学的な新しい手法が開発されている．また病原媒介カとされる種や亜種，生態種や分子型がすべて病原親和性を持つわけではなく，野外のカ駆除計画では適切で簡便・敏速な識別法が必要で，すでに次のような多くの具体例が報告されている．

タンパク質コードの核遺伝子 *G_6pd*（462 bp）と *white*（801 bp），ミトコンドリア遺伝子 *ND5*，リボソーム 28 遺伝子の D2 領域を含むデータセット（2136 bp）から *Anophelinae* 亜科の系統樹を推測している．すなわち Anopheline 全 3 属の 16 種と *Anopheles* 6 種，他グループの 6 種を供試し，*Anophelinae* 亜科の単一系統性，*Chagasia* の根底位置，*Anopheles* 亜属の単一系統性，姉妹種 *Nyssorynchus*＋*Kerteszia*，亜属 *Cellia*＋*Anopheles* の単一系統起源，*Anopheles* 属と *Bironella* 属の姉妹種などは現在の分類と一致していた．また *Anophelinae* は 2 億 4500 万–6500 万年前の中生代の南米起源で，亜属 *Anopheles* から *Bironella* の分離はおそらく古生代–中生代のゴンドワナ大陸の分離と関係し，比較的最近の急速な亜属 *Anopheles* の分散と考えられる（Kryzwinski *et al.*, 2001）．しかし，*Anopheles* 亜属 *Cellia* の東洋 15 種とアフリカ 2 種，他 2 種の DNA 配位から分子系統関係を調べ，新しい系統群に分類したところ，現在のデータセットとは不一致であった．

さらに，rDNA の ITs spacer 2 の部分配位を比較してヨーロッパや中近東のマラリア媒介カ *An. claviger s.s.* と姉妹種 *An. petragnani* を分離し，西アフリカのマラリア媒介カ *An. funestus* グループ 5 種を診断分離し，カメルーンの *An. nili* の 3 分子系（典型系，オヴェン系，*carnevalei* 系）も分離している．さらにナイジェリアの熱帯熱媒介カを分類した結果，*An. gambiae s.s.* が 58.8%（マラリア感染率 5.6%），*An. arabiensis* が 41.2%（4.0%）

で，*An. funestus* グループでは *An. funestus s.s.* が 65.6%（4.3%），*An. livulorum* 34.4%（0%），*An. hancocki* 0% であった．北ジンバブエでは *An. arabiensis* 90%，*An. gambiae* 4%，*An. quadriannularis* 6% で，共所性の *An. gambiae s.s.* からは分子型 M と S を分離している．ケニアの *An. funestus* の野外個体群の解析では，5 反復配列の対立遺伝子変異の比較で，西部個体群は東部群より高い遺伝子変異がみられ，山岳地と大地溝帯が遺伝子交流を妨げていた．

東南アジアの *An. dirus* には簡易 PCR 法で分けられる姉妹種 A と B, C, D がある．主要マラリア媒介種 *Anopheles*（*Cellia*）*Myzomyia* シリーズのうち東南アジア産 10 種も形態学的には判別困難で，rDNA の ITs2 多型を対立遺伝子特有の PCR（AS-PCR）法で，*An. minimus s.l.* の姉妹種 A, C と *An. aconitus*，*An. pampanai*，*An. varuna*，*An. jayporiensis* が判別できた．東南アジアでもっとも広範なマラリア媒介種 *An. minimus* で，北ベトナムの A 種は屋内動物嗜好性で，南ベトナム，カンボジア，ラオスではウシがいないところではヒト嗜好性を示し，吸血動物種の有無で変化する．いっぽう，C 種は基本的に動物嗜好性で，マラリア媒介種ではない．さらに東南アジアの *An. minimus* とアフリカの *An. funestus* は，地勢・歴史的なつながりが強く成虫形態では判別しがたいが，両種のオクタノール脱水素酵素アロチームや制限断片長多型 PCR（PCR-RFLP）による解析では，A 種内で大きな差が認められた．*An. sundaicus s.l.* も東南アジア沿岸部の主要マラリア媒介種で，行動生態的変異がある．mtDNA のチトクローム酸化酵素 1 とチトクローム *b* を標識に遺伝的多様性や地理的隔離，系統群の関係をもとにして，任意増幅多型 DNA の PCR（RAPD-PCR）法で，マレーシアの *An. sundaicus s.s.* とタイ，ベトナムの *An. sundaicus* A の潜在種を確認した．

インドの同所性マラリア媒介種 *An. fluviatilis* 複合種には潜在種 S, T, U があり，媒介能やヒト吸血性，係留性が違うが，形態的には判別不可能である．しかし，28S rDNA の D3 ドメインの核酸配位に基づく対立遺伝子特有の PCR 法で，これら潜在種の判別に成功している．

中国のマラリア媒介カの重要種 *An. anthropophagus* と *An. sinensis* は卵の形態差が唯一の判別範ちゅうである．全発育段階で分類できる分子分類学的な判別法が必要で，rDNA ITs2 を制限断片長多型 PCR（PCR-RFLP）で増幅し，配列差を確認している．また中国の *Cx. pipiens* 複合種（*Cx. pipiens pipiens*, ネッタイイエカ，アカイエカ，チカイエカ）やコガタアカイエカ，ヒトスジシマカ，シナハマダラカの mtDNA の 16S rRNA 遺伝子断片の DNA 配列を調べたところ，*Cx. pipiens* 複合種間では顕著な差はないが，ほかの 3 種間とはコガタイエカ 0.54%，ヒトスジシマカ 5.77%，シナハマダラカ 9.62% の配列差があり，古典的分類と一致した．しかし，ネッタイイエカと姉妹種 *Cx. pipiens* の交雑種の区別には，アセチルコリン脱水素酵素遺伝子 Ace2 のイントロン 2 内の核酸配位差による PCR プライマーが利用できた．

タイワン東南部と西南部の中央山脈地帯で隔離されたネッタイシマカ個体群間では，ランダム混合による遺伝子交流がある．極東のヒトスジシマカの地理系統の分離は，23 部位の RAPD-DNA 部位の PCR 法で可能である．

（2） カ体内の病原生物検出と摂食血液種の判定

ハマダラカ体内のマラリア原虫検出にテストキット VecTest™ と標準 CS マイクロプレート ELISA 法を比較した．簡便な浸漬片による VecTest マラリア抗原パネル（V-MAP）を使って，カ体内の熱帯熱と三日熱原虫（210, 247 系統）スポロゾイトの表皮タンパク質を計測したところ，150 スポロゾイト以上で感度 100%，確度 99%，精度 0.95 で，野外研究では実用的レベルであった．いっぽう，包皮タンパク質抗原の（CS）ELISA テストでは熱帯熱の 12.5 スポロゾイト，三日熱 210 の 4 スポロゾイトまで検出可能であった．

PCR 法を利用したカ体内のバンクロフト糸状虫（*Wuchereria bancrofti*）DNA の SspPCR 分析法は 1994 年以来使用されており，従来のカ解剖と顕微鏡検出より簡便で，イタリア侵入のヒトスジシマカからイヌ糸状虫 *Dirofilaria repens* と *D. immitis* を検出している．

またヒトスジシマカの内部共生細菌 *Wolbachia* の *w*AlbA と *w*AlbB 系統の密度定量にも，系統特異的実時間質量 PCR 法を利用している．

病原媒介カが吸血した動物種の判定も疫学上大切で，ヒト吸血種のみを駆除対象にしぼれる．哺乳類（ウサギ，アライグマ，オポッサム，リス，ウマ，コウモリ，ヒト）と鳥類4目の血液をELISA法で判別し，さらに鳥類（スズメ目18種，ワシタカ目3種，ハト目3種，キジ目2種，アメリカカラス目）では体組織の制限酵素消化で区別できた．

ケニア海岸の*An. gambiae s.l.*と*An. funestus*の摂食血液を分析したところ，99%のカからヒトIgGが検出され，残りの1%はウシ，ニワトリ，ヤギから吸血していた．PCRによる*An. gambiae s.l.*の種判定では*An. gambiae s.s.* 70.6%，*An. arabiensis* 16.5%，*An. merus* 2.5%であったが，熱帯熱スポロゾイトの感染率は*An. gambiae s.l.* 6.2%，*An. funestus* 3.7%であった．

また中央ケニアの*An. funestus s.l.*は*An. leesoni*と*An. parensis*であるが，カの摂食血液はウシ82%とヒト1.44%であった．

（3） 殺虫剤抵抗性機構

ネッタイシマカの殺虫剤抵抗性10系統はすべてカルボキシエステル分解酵素かモノオキシナーゼ，グルタチオンS-転換酵素の活性上昇を示し，ピレトリン・DDT交差抵抗性を示す3系統はノックダウン抵抗性（kdr）を示した．交差抵抗性は電位依存性Naチャンネル遺伝子の突然変異と関連している．逆転写酵素PCRで電位依存性Naチャンネル遺伝子のドメインIIのS6疎水断片を増殖し，全13系統のカについてDNA配置決定したところ4カ所で新変異を発見した．すなわち3系統で2カ所のアミノ酸転換が，2系統ではほかのアミノ酸転換が，1系統ではさらにほかのアミノ酸転換がなされていた．ピレトリン非感受性をもたらすロイシン→フェニールアラニン転換はなかった．これらの突然変異カはピレトリン，ラムダサイハロスリンに対する神経感受性が低下していた．

（4） 殺幼虫細菌の遺伝子転換

殺幼虫細菌*Bacillus thuringiensis israelensis*や*B. sphericus*は殺幼虫製剤として市販されて久しい．最近はその毒性タンパク質遺伝子を利用しやすい他種細菌への挿入が試みられている．*Bti*の毒性遺伝子*Bti* cryIVDを挿入した窒素固定シアノバクテリア*Anabaena* PCC7120はネッタイシマカに数倍の毒性を示し，同じ遺伝子を挿入した大腸菌 *Escherichia coli* DH5α はアカイエカとヒトスジシマカに殺幼虫効果を示す．毒性遺伝子 Cry4Ba はネッタイイエカや *Cx. pipiens* には無効であるが，この遺伝子のドメイン II の 3 ループにアミノ酸を挿入したところ，変異タンパク質の毒性がネッタイイエカに 700 倍（LC_{50} 114 ng/m*l*），*Cx. pipiens* に 285 倍（37 ng/m*l*）増加した．ところが，ネッタイシマカには無効となった．

B. sphericus 系統 2297 の毒性タンパク質遺伝子（mtx1）を増幅し大腸菌に挿入したところ，グルタチオン S-転換酵素（GTS-t mtx1）との融合タンパク質として発現し，この転換大腸菌はネッタイイエカに高毒性を，*An. dirus* やネッタイシマカには低毒性を示した．

（5） 遺伝子転換カ（GMM）の野外放飼

不妊虫放飼技術（SIT）は 1950 年代後半に Nippling がテキサス州の畜牛害虫ラセンウジバエ防除に，放射線照射した不妊化ハエを放飼して始まった．その後，世界のミバエ類やコドリンガ，イエバエ防除にも局地的一時的成功はおさめたが，繁殖力の強い広範囲の親人カには成功しなかった．最近は分子生物学的な知識と技術の進歩で，各種の遺伝子転換カ放飼による遺伝的駆除法が脚光を浴びている．しかし，転換カの環境適合性や挿入遺伝子発現性，突然変異，転換種内増殖などの多くの課題がまだ残されている．

伝染病対策に GMO（遺伝子転換生物）を利用するには 2 通りの方法がある．1 つは媒介カではなく病原体を標的にする．そのためには媒介カへの転換遺伝子導入システムの研究が必要である．ところが，導入システムが目的としない表現形を導入して，予期しない危険な生態的影響をもたらすことがある．たとえば自動的なトランスポゾン（転位性遺伝因子）は多くの遺伝子挿入で変異を起こし，標的種の予期せぬ生物学的変化をもたらすことがある．トランスポゾンや共生微生物が注目を集めてきたが，さらに標的集団のなかで繁殖し続ける導入システムを探す必要がある．

もう 1 つは媒介カの駆除である．伝統的なカ集団の駆除法には，たとえば優勢致死昆虫の放飼（RIDL）を含む不妊昆虫技術（SIT）の改良や，遺伝的な性分離法もこれらの技術適応を有利に変える．ヒト吸血性の雌カの放飼が避けられるからである．適切な導入システムの欠如から，現在試験的に無数の病原非親和性のカを洪水のように，隔離閉鎖的空間に放飼している．このような方法は，かつてのSIT計画のように広域駆除計画には適応できない．

転換遺伝子の拡散は標的カ集団の規模によっても影響される．標的集団の測定はカ放飼前に必要で，放飼数の決定にも必要である．標的集団の規模の制御は環境次第で，導入遺伝子の拡散や安定性に有利に働いたり致命的であったりする．自然集団への転換遺伝子の拡散と維持を予知するには，標的集団の遺伝構造を解明していなければならない．もし隠れた異遺伝子型との間で生殖障害があると，導入した病原非親和性遺伝子の効果がなく，標的集団の遺伝子は転換されず，引き続き病原生物を伝播し続けることもある．多くの場合，放飼カと自然集団とのランダム交尾を想定しているが，それぞれが選別的交尾を行っており，特定の表現形が選択的に交尾する傾向が強い．

大量飼育するカは室内条件に適応し，野外での繁殖適応度を減少するので，導入機構の力強さや正確度と室内生産カの繁殖成功度の減少との間のバランスをとる必要がある．

病原菌の進化的帰結．マラリア原虫が抗マラリア剤に抵抗性を獲得したように，原虫も容易にGMMの障害を乗り越えるかもしれない．デング熱病原RNAウイルスなどはもっとも変異を起こしやすい微生物で，変異ウイルスがより強度の病原性を獲得するかもしれない．

昆虫学的危険度もある．たとえば，マラリア媒介カは場所により数種が存在する．ある種を原虫非親和性に変えても，次の種が原虫を媒介する．また遺伝子転換カを増殖するため殺虫剤使用をやめた場合，人々の健康への影響も考慮する必要がある．

以上のように，将来のGMM計画では過去の実験結果の解釈ではなく，正確なシミュレーションモデルの構築が必要で，いろいろな導入戦略モデルが必要である．ある集団遺伝学や疫学的解析によると，極度なマラリア流行地域でのGMM駆除計画では，カの非親和性が100％近くに上がらなければ，ほとんど効果はないようである．

参考文献

Alphey, L. *et al.* (2002) Malaria control with genetically manipulated insect vectors. *Science*, **298** : 119–122.

Bohbot, L. D. *et al.* (2011) Multiple activities of insect repellents on odorant receptors in mosquitoes. *Med. Vet. Entomol.*, **25** : 436–444.

Boyer, S. *et al.* (2011) Sexual performance of male mosquito *Aedes albopictus*. *Med. Vet. Entomol.*, **25** : 454–459.

Braks, M. A. H., S. A. Juliano and L. P. Lounibos (2006) Superior reproductive success on human blood without sugar is not limited to highly anthropophilic mosquito species. *Med. Vet. Entomol.*, **20** : 53–59.

Brown, K. (2002) A compromise on floral traits. *Science*, **4** : 45–46.

Brownstein, J. S. *et al.* (2003) The potential of virulent *Wolbachia* to modulate disease transmission by insects. *J. Invert. Path.*, **84** : 24–29.

Budiansky, S. (2002) Creatures of our own making. *Science*, **298** : 80–86.

Calvitti, M. *et al.* (2009) Effects on male fitness of removing *Wolbachia* infections from the mosquito *Aedes albopictus*. *Med. Vet. Entomol.*, **23** : 132–140.

Charlwood, J. D. *et al.* (2002) The swarming and mating behaviour of *Anopheles gambiae s.s.* from São Tome Island. *J. Vector Ecol.*, **27** : 178–183.

Chism, B. D. and C. S. Apperson (2003) Horizontal transfer of the growth regulator pyriproxyfen to larval microcosms by gravid *Aedes albopictus* and *Ochlerotatus riseriatus* mosquitoes in the laboratory. *Med. Vet. Entomol.*, **17** : 211–220.

Dekker, T., W. Takken and M. A. H. Braks (2001) Innate preference for host-odor blends modulates degree of anthropophagy of *Anopheles gambiae s.l. J. Med. Entomol.*, **38** : 868–871.

Dieng, M., M. Boots, Y. Tsuda and M. Takagi (2003) A laboratory oviposition study in *Aedes albopictus* with reference to habitat size, leaf litter and their interactions. *Med. Entomol. Zool.*, **54** : 43–50.

Fettene, M., R. H. Hunt, M. Coetzee and F. Tessema (2004) Behaviour of *Anopheles arabiensis* and *An. quadriannulatus* sp. B mosquitoes and malaria transmission in southwestern Ethiopia. *African Entomol.*, **12** : 83–87.

Fonseca, D. M. *et al.* (2001) *Aedes japonicus*, a newly recognized mosquito in the United States : analysis of genetic variation in the United States and putative source populations. *J. Med. Entomol.*, **38** : 135–146.

Foster, W. A. and W. Takker (2004) Nectar vs. human-related volatiles : behavioral response and choice by female and male *Aedes gambiae* between emergence and first feeding. *Bull. Entomol. Res.*, **94** : 145–157.

Gary, R. E. Jr. and W. A. Foster (2004) *Anopheles gambiae* feeding and survival on honeydew and extra floral nectar of peridomestic plants. *Med. Vet. Entomol.*, **18** : 102–107.

Hamilton, C. E., D. V. Beresford and J. F. Sutcliffe (2011) Effects of natal habitat odour, reinforced by adult experience, on choice of oviposition site in the mosquito *Aedes*

aegypti. *Med. Vet. Entomol.*, **25**：428–435.
Hayes, J. M. *et al.*（2003）Risk factors for infection during a sever dengue outbreak in El Salvador in 2000. *Am. J. Trop. Med. Hyg.*, **69**：29–33.
Himeidan, S. *et al.*（2004）Attractiveness of pregnant women to the malaria vectors, *Anopheles arabiensis* in Sudan. *Ann. Trop. Med. Parasit.*, **98**：631–633.
Ikeshoji, T. and H. H. Yap（1987）Monitoring and chemosterilization of a mosquito population. *Culex quinquefasciatus* by sound traps. *Appl. Ent. Zool.*, **22**：474–481.
Ishida, Y., A. J. Cornel and W. S. Leal（2003）Odorant-binding protein from *Culex tarsalis*, the most competent vector of West Nile virus in California. *J. Asia-Pacific Entomol.*, **6**：45–48.
Kamblampati, S. and W. C. Black IV and K. Rai（1991）Geographic origin of the US and Brazilian *Aedes albopictus* inferred from allozyme analysis. *Heredity*, **67**：85–94.
Kline, D. L. *et al.*（2007）Evaluation of the enantiomers of 1-octen-3-ol and 1-octyn-3-ol as attractants for mosquitoes associated with a freshwater swamp in Florida, U.S.A. *Med. Vet. Entomol.*, **21**：323–331.
Krzywinski, J. *et al.*（2001）Toward understanding Anophelinae phylogeny：insights from single-copy genes and the weight of evidence. *Syst. Biol.*, **50**：540–556.
Le Monnier, J.（1991）Major mosquito-borne diseases. *Natural History*, **7**：64–65.
Li Zheng Xi and Zhou Jing Jiang（2004）Cloning of odorant-binding protein candidate AGCP1588 in *Anopheles gambiae* and analysis of its tissue-specific expression pattern. *Acta Parasit. Med. Entomol.*, **11**：77–82.
Lindsay, S. *et al.*（2003）Changes in house design reduce exposure to malaria mosquitoes. *Trop. Med. Int. Hlth*, **8**：512–517.
Maciel-de-Freitas, R., C. T. Codeco and R. Lourenco-de-Oliveira（2007）Body size-associated survival and dispersal rates of *Aedes aegypti* in Rio de Janeiro. *Med. Vet. Entomol.*, **21**：284–292.
Malafronte, R. S. *et al.*（2003）The major salivary gland antigens of *Culex quinquefasciatus* are D7-related proteins. *Insect Biochem. Mol. Biol.*, **33**：63–71.
Manda, H. *et al.*（2007）Discriminative feeding behaviour of *Anopheles gambiae s.s.* on endemic plants in western Kenya. *Med. Vet. Entomol.*, **21**：103–111.
McGarry, H. F., G. L. Egerton and M. J. Yaylor（2004）Population dynamics of *Wolbachia* bacterial endosymbionts in *Brugia malayi*. *Mol. Biochem. Parasit.*, **135**：57–67.
Melo, A. C. *et al.*（2004）Identification of a chemosensory receptor from the yellow fever mosquito, *Aedes aegypti*, that is highly conserved and expressed in olfactory and gustatory organs. *Chemical Senses.*, **29**：403–410.
Mourya, D. T. *et al.*（2002）Effect of midgut bacterial flora of *Aedes aegypti* on the susceptibility of mosquitoes to dengue viruses. *Dengue Bulletin*, **26**：190–194.
邑田　仁監修・米倉浩司著（2009）高等植物分類表．北隆館，東京，189.
Noda, H., T. Miyoshi and Y. Koizumi（2002）*In vitro* cultivation of *Wolbachia* in insect and mammalian cell lines. *In Vitro Cell. Devel. Bio. -Animal*, **38**：423–427.
大場秀章（2009）植物分類表．アボック社，鎌倉，511.

小川徳雄（1998）汗の常識・非常識．講談社，東京，213.

Olagbemiro, J. O. *et al.*（2004）Laboratory responses of the mosquito *Culex quinquefasciatus* to plant-derived *Culex* spp. oviposition pheromone and the oviposition cue skatole. *J. Chem. Ecol.*, **30**：965–976.

Qui, Y. T. *et al.*（2006）Interindividual variation in the attractiveness of human odours to the malaria mosquito *Anopheles gambiae s.s. Med. Vet. Entomol.*, **20**：280–287.

Qui, Y. T. *et al.*（2011）Behavioral responses of *Anopheles gambiae sensu stricto* to components of human breath, sweat and urine depend on mixture composition and concentration. *Med. Vet. Entomol.*, **25**：247–255.

Rasgon, J. L. and T. W. Scott（2004）Impact of population age structure on *Wolbachia* transgene diver efficiency：ecology complex factors and release of genetically modified mosquitoes. *Insect Bioch. Mol. Biol.*, **34**：707–713.

Reiskind, M. H. and L. P. Lounibos（2009）Effects of interspecific larval competition on adult longevity in the mosquitoes *Aedes aegypti* and *Aedes albopictus. Med. Vet. Entomol.*, **23**：62–68.

Rohani, A. *et al.*（2002）Microalgae associated with mosquito breeding grounds in Malaysia. *Trop. Biomed.*, **19**：83–96.

Ruang-Areerate, T. *et al.*（2003）Molecular phylogeny of *Wolbachia* endosymbionts in Southeast Asian mosquitoes based on *wsp* gene sequences. *J. Med. Entomol.*, **40**：1–5.

Schaffner, F. *et al.*（2009）The invasive mosquito *Aedes japonicus* in Central Europe. *Med. Vet. Entomol.*, **23**：448–451.

Schlein, Y. and H. Pener（1990）Bait-fed adult *Culex pipiens* carry the larvicide *Bacillus sphaericus* to the larval habitat. *Med. Vet. Entomol.*, **4**：283–288.

Scott, T. W. *et al.*（2002）The ecology of genetically modified mosquitoes. *Science*, **298**：117–119.

Shirai, Y. *et al.*（2004）Landing preference of *Aedes albopictus* on human skin among ABO blood groups, secreators or nonsecreators, and ABH antigens. *J. Med. Entomol.*, **41**：796–799.

Shutt, B. *et al.*（2010）Male accessory gland proteins induce female monogamy in anopheline mosquitoes. *Med. Vet. Entomol.*, **24**：91–94.

Torre, S. J. *et al.*（2008）Towards a fuller understanding of mosquito behaviour：use of electrocuting grids to compare the odour-orientated responses of *Anopheles arabiensis* and *An. quadriannulatus* in the field. *Med. Vet. Entomol.*, **22**：93–108.

Tripet, F. *et al.*（2003）Frequency of multiple inseminations in field-collected *Anopheles gambiae* females by DNA analysis of transferred sperm. *Am. J. Trop. Med. Hyg.*, **68**：1–5.

Tsai, K. H. *et al.*（2004）Molecular（sub）grouping of endosymbiont *Wolbachia* infection among mosquitoes of Taiwan. *J. Med. Entomol.*, **41**：677–683.

Turell, M. J. *et al.*（2001）Vector competence of North American mosquitoes for West Nile virus. *J. Med. Entomol.*, **38**：130–134.

Valenzuela, J. G. *et al.* (2003) Exploring the salivary gland transcriptome and proteome of the *Anopheles stephensi. Insect Biochem. Mol. Biol.*, **33**：717–732.

Vindo, J. and R. C. Sharma (2001) Impact of vertically-transmitted dengue virus on viability of eggs of virus-inoculated *Aeds aegypti. Dengue Bulletin*, **25**：103–106.

Vogt, R. G. (2002) Odorant binding protein homologues of the malaria mosquito *Anopheles gambiae*：possible orthologues of the OS-E and OS-F OBPs of *Drosophila melanogaster. J. Chem. Ecol.*, **28**：2371–2376.

おわりに

私は大学卒業後の35年余りの研究歴を通じて，約100編の原著論文と総説を書いてきた．それは私の人生の並木路に植えた街路樹であるといえる．それらの50%はカに関するもので，また全体の30%はカの化学生態学に関する研究であった．本書では，それらの研究成果に最新情報を加え，再検討を試みた．そのほかに，一般の方々の質問に答えるためにカの興味深い部分を加え，さらに成書としてまとめるために必要な基礎知識に関する数章も加筆した．本書は，私の長い研究・教育歴の区切りとして，いわば「卒業論文」として成書としたものである．

若いころから一カ所に落ちつけず，「糸の切れたタコ」のように世界を放浪したわがままな半生であったが，次の先生方にはその都度あきずにご指導とご援助をいただいた．富山国際大学学長（元東京大学医科学研究所所長）佐々学先生からいただいたカの化学生態学に関する課題は，一生の研究課題となった．東京大学農学部教授（故）山崎輝男先生からは大学時代，殺虫剤の生物検定法をご教示いただいた．元東京大学医科学研究所助教授鈴木猛先生のもとでは，殺虫剤抵抗性問題の黎明期に研究させていただいた．ミネソタ大学教授 Dr. L. R. Cutcomp からは，優れた米国の大学院教育を受ける機会を与えていただいた．ここで学んだことは後年，教育職につき総合的な講義内容を組み立てるのにたいへん役立った．国際保健機構（WHO）勤務中は，フィラリア研究団長の（故）Dr. Bortha deMeillon から，月報の添削を通して以後の研究にもっとも役立つ手法を授けていただいた．カリフォルニア大学（リバサイド）教授 Dr. M. S. Mulla からは研究員，研究助教授として奉職する機会を与えていただいた．元横浜市立大学医学部長（元国立予防衛生研究所所長）林滋先生からは，研究・教育歴を通して終始適切なご訓導をいただいた．東京大学農学部名誉教授松本義明先生には，15年間にわたって農業害虫の研究にもご一緒させていただいた．

これらの先生方にあらためて心からお礼を申し上げたい．また，怠惰な私を根気よく激励し，本書の企画から刊行まで多々便宜を与えていただいた東京大学出版会編集部の光明義文氏に深く感謝する．

第２版おわりに

初版が発行されてから二十数年が経過した．第２版ではこの間の研究結果を取り入れ，世界の主要論文の要旨を紹介した．これまでにカの新学際であった化学生態学は成熟し，分子生物学的手法による分野が開拓されている．たとえば，従来の形態分類学と並んで分子分類学が発達し，カの種や亜種，複合種，姉妹種や生態種，地理種が整頓され系統化されるようになった．またカ体内の寄生・病原生物検出やカが摂取した血液判定も容易になった．とくに顕著な進展は，遺伝子転換カ（GMM）や病原生物（GMO）の創製と野外放飼による病原媒介カ防除の可能性も高くなっていることである．それらの進展はちょうどアメーバが新しい偽足を延ばして新領域に進む様に似ている．これまでのカに関する生態学や生理生化学さらに駆除法や疫学に関する課題も多く残されており，新手法による学術のさらなる深化が期待される．

この間に私はJICAのマラリア駆除研究計画の長・短期専門家として，大洋州や東アフリカ３国でマラリア媒介カの調査駆除に従事し，勉強させていただいた．関係各位に厚く御礼申し上げる．また東京大学出版会編集部の光明義文氏には，初版からこの第２版まで企画刊行の労をとっていただいた．

付表　おもなカの学名と和名の対照表

Aedes	
aegypti	ネッタイシマカ
albopictus	ヒトスジシマカ
flavopictus	ヤマダシマカ
hatorii	ハトリヤブカ
japonicus	ヤマトヤブカ
togoi	トウゴウヤブカ
vexans	キンイロヤブカ
Anopheles	
minimus	コガタハマダラカ
sinensis	シナハマダラカ
omorii	オオモリハマダラカ
Armigeres	
subalbatus	オオクロヤブカ
Culex	
orientalis	ハマダライエカ
pipiens fatigans（*quinquefasciatus*）	ネッタイイエカ
p. molestus	チカイエカ
p. pallens	アカイエカ
ryukyensis	リュウキュウクシヒゲカ
tritaeniorhynchus	コガタアカイエカ
vorax	トラフカクイカ
Mansonia	
uniformis	アシマダラヌマカ
Orthopodomyia	
anopheloides	ハマダラナガスネカ
Tripteroides	
bambusa	キンパラナガハシカ
Uranotaenia	
bimaculatus	フタクロホシチビカ

事項索引

サ　行

タ　行

学名索引

著者略歴

1932 年　広島県呉市に生まれる．
1956 年　東京大学農学部卒業．
1974–93 年　東京大学農学部助教授・教授，医学博士（東京大学）．
1993–97 年　JICA マラリア専門家．

主要著書

『昆虫の科学』（分担執筆）（1978 年，朝倉書店）
“The Pharmacological Effects of Lipids”（分担執筆）（1978，AOCS, III）
『昆虫生理・生化学』（共著）（1986 年，朝倉書店）
“Appropriate Technology in Vector Control”（分担執筆）（1991，CRC Press）ほか多数．

蚊［第 2 版］

1993 年 2 月 10 日　初　版第 1 刷
2015 年 7 月 15 日　第 2 版第 1 刷

［検印廃止］

著　者　池庄司　敏明（いけしょうじ　としあき）

発行所　一般財団法人　東京大学出版会

代表者　古田元夫

153-0041　東京都目黒区駒場 4-5-29
http://www.utp.or.jp/
電話　03-6407-1069　Fax 03-6407-1991
振替　東京 00160-6-59964

印刷所　株式会社三秀舎
製本所　誠製本株式会社

ISBN 978-4-13-060229-7　Printed in Japan